# 完全掌握

# Windows 8 +
# Office

## 2013　办公应用
## 超级手册

卞诚君 等编著

机械工业出版社
China Machine Press

图书在版编目（CIP）数据

完全掌握Windows 8＋Office 2013办公应用超级手册/卞诚君等编著. —北京：机械工业出版社，2014.8

ISBN 978-7-111-47397-8

Ⅰ. ①完… Ⅱ. ①卞… Ⅲ. ①Windows操作系统－手册 ②办公自动化－应用软件－手册 Ⅳ. ①TP316.7-62 ②TP317.1-62

中国版本图书馆CIP数据核字（2014）第161715号

　　本书以Windows 8＋Office 2013版本为基础，从电脑初学者的实际需求出发，以通俗易懂的语言、真实的办公案例、超级实用的技巧，全面介绍最新操作系统和办公软件的基本使用方法与综合应用技能。全书包括Windows 8基本操作、Office 2013的基础操作、Word 2013文档处理、Excel 2013电子表格、PowerPoint 2013幻灯片制作等几个部分，助你成为真正的电脑高手。

　　本书不但适用于使用Office处理办公事务的各类人员，也适用于希望对Windows与Office的使用从入门到精通的读者及电脑爱好者，还可以作为大中专院校以及各类电脑培训班的教材。

## 完全掌握Windows 8+Office 2013办公应用超级手册

卞诚君　等编著

出版发行：机械工业出版社（北京市西城区百万庄大街22号　邮政编码：100037）

责任编辑：夏非彼　迟振春

印　　刷：中国电影出版社印刷厂　　　　　　　　　　版　　次：2014年9月第1版第1次印刷

开　　本：203mm×260mm　1/16　　　　　　　　　印　　张：31（含0.5印张彩插）

书　　号：ISBN 978-7-111-47397-8　　　　　　　　定　　价：69.00元（附光盘）
　　　　　　ISBN 978-7-89405-473-9（光盘）

凡购本书，如有缺页、倒页、脱页，由本社发行部调换

客服热线：（010）68995261　88361066　　　　　　投稿热线：（010）82728184　88379604

购书热线：（010）68326294　88379649　68995259　　读者信箱：hzjg@hzbook.com

# Preface 前言

在当今社会，不管什么行业、什么工作，基本都需要与电脑打交道。电脑的功能非常强大，我们可以用它来娱乐，也可以用它来与亲朋或客户沟通，增进交流。最重要的是，它从很大程度上提高了办公效率，学会使用电脑已经成为当今社会的一项基本技能。基于这个层面的考虑，我们将目前最新的操作系统Windows 8和最新的办公软件Office 2013综合在一起编写了本书。

## 1. 本书主要特色

- **入门与提高的完美结合**：整合了"入门类"图书的优势，汲取了"从入门到精通类"图书的精华，借鉴了"案例类"图书的特点，让读者学以致用，提高工作效率，提升职场竞争力。
- **实际工作能力的培养**：既包括对操作系统和办公软件知识体系的详细讲解，又包括典型的实例，并能将所学知识真正应用到实际工作中，达到学有所用的效果。
- **精挑细选的实用技巧**：以详尽解释的"知识点"、贴心的"办公专家一点通"等多种形式穿插在正文中，让用户不仅能学得会，还能够拓展知识面，获取更多的应用技巧。
- **图文对照，轻松学习**：让读者直接从图中快速获取重要信息，易学易懂，对照操作步骤上机操作，有效降低学习难度。
- **DVD多媒体教学**：随书赠送一张大容量DVD多媒体语音教学光盘，读者不但可以看书，还可以通过观看光盘，像看电影一样学电脑。另外，还提供了书中案例的素材文件。

## 2. 本书主要内容

本书从电脑初学者的角度出发，以Windows 8操作系统为基础，全面、详细地讲解了Windows 8初体验、Windows 8基本操作、输入汉字、电脑常用办公设备及软件、电脑办公软件（Word、Excel、PowerPoint）的应用等相关知识，可以使广大用户在较短的时间内学会使用电脑。全书分为4个部分，共19章，具体内容如下。

- **第1部分**（第1章~第4章）介绍电脑的入门应用技巧。第1章介绍Windows 8的入门知识。第2章介绍Windows 8的基本操作。第3章介绍文件与文件夹的管理。第4章介绍中文输入法的使用方法。
- **第2部分**（第5章~第8章）介绍Office 2013的基本操作以及如何利用中文Word 2013制作图文并茂的文档。Word 2013是功能强大的文字处理软件，它既支持普通的商务办公和个人文档，又可以供专业印刷、排版人员制作具有复杂版式的文档。
- **第3部分**（第9章~第13章）介绍利用中文Excel 2013制作表格以及图表。Excel 2013是功能强大的电子表格处理软件，能够帮助用户制作各种复杂的电子表格，以及进行复杂的数据计算。
- **第4部分**（第14章~第19章）介绍利用中文PowerPoint 2013创建与发表一份极具影响力的演示文稿。PowerPoint 2013是演示文稿制作软件，可以制作出图文并茂、感染力强的讲演稿、投影胶片和幻灯片等，常用于教学、演讲和展览等场合。

## 3. 本书适合的读者

本书专为电脑的初、中级和广大家庭用户编写，适合以下读者学习使用：欲学习电脑操作应用的办公文员、公务员，以及对电脑有兴趣的爱好者；对Windows、Office 2013等软件感兴趣的读者；大、中专院校相关专业学生。

## 4. 本书答疑方式

本书主要由卞诚君编写，同时参与编写工作的还有施妍然、王国春、朱阔成、郭丹阳、李相兰、张楠、郎亚妹、冯秀娟、孟宗斌、王翔、张皓等。如果读者在学习过程中遇到无法解决的问题，或者对本书有建议，可以通过电子邮箱（bcj_tx@126.com）直接与作者联系。

由于编者水平有限，错误和疏漏之处在所难免，恳请广大读者批评指正。

编 者
2014年8月

# 多媒体教学光盘使用说明

## Windows 8 Office 2013

**完全掌握**
Windows 8 +
Office 2013
办公应用超级手册

**图格新知**

图格新知是新一代图书出版公司，集国内知名图书出版社的出版资源，打造先进、完善的优秀图书出版平台。

1 内容说明　2 浏览光盘　3 视频教程

4 退 出

**完全掌握**
Windows 8 +
Office 2013 办公应用超级手册

5
- 第1-2章
- 第3-4章
- 第5-8章
- 第9-11章
- 第12-13章
- 第14-16章
- 第17-19章

返 回

**完全掌握**
Windows 8 +
Office 2013 办公应用超级手册

6

返 回

1 单击可查看光盘说明
2 单击可浏览光盘内容
3 单击可打开视频教程主菜单
4 单击可退出光盘主界面
5 视频教程主菜单（单击可显示下一级菜单）
6 下一级菜单（单击可打开相对应的播放文件）

- **全程多媒体语音视频教学**
与图书内容完全对应，观看光盘即可轻松掌握。

- **18小时DVD讲解**
根据需要自由选择课程，学习更高效。

## 二、视频播放界面

① 暂停　② 快退　③ 播放　④ 快进　5 音量调节器

## 三、光盘文件夹内容

| 第5章 | 2014-7-10 15:39 |  |
| 第6章 | 2014-7-10 15:41 | 文件夹 |
| 第7章 | 2014-7-10 15:43 | 文件夹 |
| 第8章 | 2014-7-10 15:44 | 文件夹 |
| 第9章 | 2014-7-10 15:45 | 文件夹 |

本书视频教学内容

此文件夹包括

选择该文件夹

此文件夹包括本章范例结果文件

此文件夹包括本章范例原始文件

## 四、部分视频教学演示画面

正确启动与熟悉Windows 8

安装Windows 8应用程序

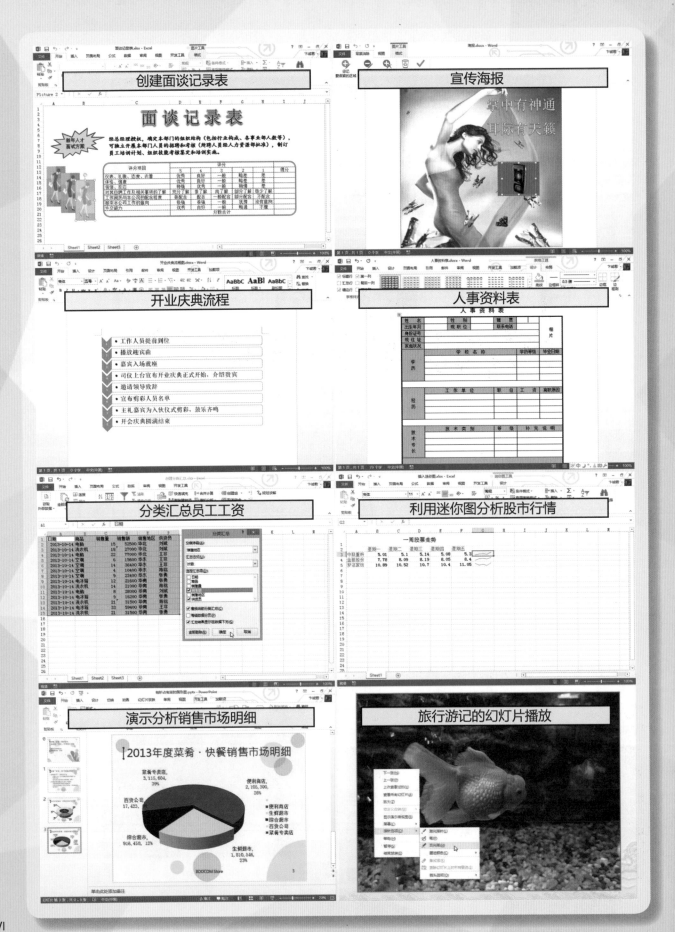

# 本书快速阅读指南

>>>>>>>>>>>>>>>>>>>>>>>>>>>>>>>>

## 开创性的内容设计，正确高效的学习方法

　　针对初学者学习规律，每一章均按照"基本操作→典型实例→办公诀窍"的结构进行安排，内容遵循由浅入深，由基础知识到实际应用，由初级到高级的层次。在讲完每章的软件知识后，都会给出一个综合实例帮助读者复习本章所学的内容。

### 目标明确的课前导读

在每章开始学习之前，先阅读章前的学习目标，了解本章核心内容、学习要点及视频索引，让你做到心中有数，目标明确。

### 直观清晰的图文对照

详细的操作步骤与图片对应，直观明了，一看就会，引你轻松上机实际操作。

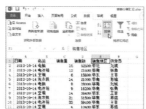

图12-14 "排序"对话框

### 满足实际工作的办公范例

每章都配合办公范例实践，让你不是纸上谈兵，而是学以致用，满足实际工作需要。

## 提高效率的诀窍

每章精心安排若干提高操作效率的诀窍，你可以花最少的时间，做最多的事。

# 10.6

## 提高办公效率的诀窍

### 窍门1：在保持表格形状的前提下，将表格复制到其他工作表

如果希望重复使用Excel制作的表格，利用"复制/粘贴"的方式将表格复制到其他工作表的话，往往因为粘贴位置的列宽与原来不一致，而破坏表格的形状。

这里要将表格当作"图片"来复制，转换成"图片"的表格就不会受到列宽的限制，而且还能以拖曳的方式调整图片大小。

## 增量提示、注意设计

文中贯穿了大量的"办公专家一点通"以及"小提示"，对重点内容及技巧进行提示，让你少走弯路，无师自通。

选择要设置填充效果的单元格，切换到功能区中的"开始"选项卡，单击"字体"组右下角的"字体设置"按钮，打开"设置单元格格式"对话框并单击"填充"选项卡，可以设置背景色、填充效果、图案颜色和图案样式等。

**磁贴是什么？**

磁贴是Windows 8开始屏幕上的表示形式，磁贴具有两种尺寸：正方形磁贴和宽磁贴。它可以是文字、图像或者图文组合。磁贴除了静态展示外还可以是动态的，它可以通过通知来更新显示。此外，磁贴还可以显示状态锁屏提醒，这时候它是一个数字或字形。

## 立体化教材，满足快节奏时代的学习需求

光盘多媒体教学与图书内容完全对应，并在书中明确标注素材链接，你可以在阅读教材的同时，轻松找到对应的多媒体联系素材课程，学习更高效。

### 11.7.2 实例操作指南

实例练习素材：光盘\第11章\原始文件\在职培训成绩一览表.xlsx
最终结果文件：光盘\第11章\结果文件\在职培训成绩一览表.xlsx

本实例的具体操作步骤如下：

# C目录
## Contents

## 第3章 实用高效的文件管理

## 第4章 办公必备的中文输入法使用技巧

## 第5章 融会贯通Office 2013

## 第6章　Word基础操作

## 第7章　使用表格与图文混排

## 第8章　Word文档自动化处理

## 第9章　Excel基本操作与数据输入

## 第10章 工作表的数据编辑与格式设置

## 第11章 使用公式与函数处理表格数据

# •••第12章••• 数据分析与管理

# •••第13章••• 使用图表和数据透视表分析数据

# 第14章 PowerPoint 2013的基本操作

## 第15章　丰富演示文稿的内容

## 第16章　演示文稿高级美化方法

# 01

## 第 1 章
## 融会贯通
# Windows 8

Windows 8是微软推出的继Windows 7后新一代操作系统。微软表示Windows 8进行了"Windows 95以来的最大创新"。除了沿承传统PC操作系统功能外,还增加了多点触控操作模式及支持ARM 架构以适配平板电脑,未来还与Windows Phone 8共享部分内核,甚至Xbox都将使用Windows 8。

【教学目标 〉〉〉〉〉〉〉〉〉〉〉〉〉〉〉〉〉〉

通过本章的学习,你能够掌握如下内容:

※ 掌握正确开机与Windows 8锁屏

※ 了解Windows 8新的开始屏幕

※ 熟悉Windows 8的超级按钮

※ 探索Windows 8传统桌面

※ 使用Windows应用商店安装购买的应用程序

※ 掌握Windows 8自带的应用操作

※ 打造适合自己的个性化桌面与背景

※ 掌握正确关机的方法

# 1.1

## 启动 Windows 8

不少用户可能还在使用Windows XP或Windows 7操作系统，看来要与时俱进了。本节将介绍启动Windows 8以及相关操作，让用户下定决心准备好了开始使用Windows 8。

## 1.1.1 正确开机与 Windows 8 锁屏

电脑设备分为主机与外部设备两部分。外部设备是指外接于机箱的设备，如显示器、打印机、扫描仪等。启动电脑时，最正确的方法就是先打开具有独立电源供电的外部设备，例如先打开打印机的电源等，再按下电脑机箱上的电源开关启动主机，这样可以避免外部设备打开时因不稳定的电流通过数据线等冲击主机。

Windows 8启动之后，用户最先看到的就是锁屏画面，之后才是登录。以后每次系统启动、注销、切换用户及登录时就会出现这个锁屏画面，如图1-1所示。如果是PC用户的话，直接点击鼠标或按空格键即可，如果是触摸屏设备直接手指一扫即可。

图1-1 锁屏画面

小提示

锁屏是在锁定计算机时，以及重新启动设备或从睡眠状态唤醒它时显示的屏幕。在Windows 8中锁屏主要具有三种基本用途：防止触控设备上的意外登录尝试、为用户提供个性化的界面、向用户显示精简的信息（日期、时间、网络状态和电池状态、部分应用通知）。

单击鼠标或按空格键后，进入用户界面，输入密码并按下Enter键即可登录系统，如图1-2所示。

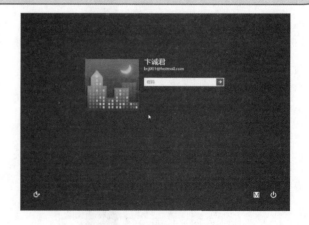

图1-2 输入密码登录系统

## 1.1.2 为触屏设计的"开始"屏幕

初次接触Windows 8时，发现最大的变化就是开始屏幕，它取代了原来的"开始"菜单，如图1-3所示。这是全新的Metro界面，Metro界面之前已经在Zune音乐播放器、Windows Phone手机中被使用了，因此微软大胆地把Metro界面带到桌面版Windows操作系统中。现在智能手机、平板电脑市场如火如荼，其他系统占据着很大的份额，微软也不可能放弃此市场，及时推出了Windows 8操作系统。虽然现在的台式电脑还没有普及使用触摸屏幕，但是微软已经提前考虑未来硬件的发展趋势而及早地在Windows操作系统中做出改变。

图1-3 从"开始"菜单转变为开始屏幕

Windows 8中"开始"屏幕不仅仅是开始菜单的替代品，它占据了整个屏幕，取代了以前的桌面和开始菜单，成为一个强大的应用程序启动和切换工具，一个提供通知、可自定义、功能强大并且充满动态的界面。

在"开始"屏幕中一个个图块不再是简单的静态图标，而是实时动态更新的磁贴，"开始"屏幕使用单个进程从Windows通知服务获取通知，并保持图块的最新状态。因此，很多时候不用点击打开应用，就可以直接从实时图块上获取如天气情况、股票报价、头条新闻、好友微博、更新等信息。

**小提示**

**磁贴是什么？**

磁贴是Windows 8开始屏幕上的表示形式，磁贴具有两种尺寸：正方形磁贴和宽磁贴。它可以是文字、图像或者图文组合。磁贴除了静态展示外还可以是动态的，它可以通过通知来更新显示。此外，磁贴还可以显示状态锁屏提醒，这时候它是一个数字或字形。

此时，如果是使用触摸屏幕的用户，可以向右滑动浏览其他的应用程序。如果是使用鼠标，可以通过移动屏幕下方的长条查看屏幕右边的应用程序或者向下滚动鼠标的滑轮，如图1-4所示。

移动长条，可以查看其他的应用程序

图1-4 向右滑动查看开始屏幕的其他应用程序

### 1.1.3 将常用的应用程序固定到"开始"屏幕

鉴于屏幕在大小方面有一定的局限性，不能显示全部的应用程序。如果"开始"屏幕中没有要用的应用程序，则通过右键单击"开始"屏幕空白处，就可以在"开始"屏幕右下方显示"所有应用"。单击"所有应用"就可以在"开始"屏幕上显示全部的应用程序，如图1-5所示。

图1-5 显示全部的应用程序

这时，可以选择一些常用的应用程序固定到开始屏幕上，具体操作方法是：鼠标右键选择需要的应用程序，并在屏幕下方的操作选项中选择"固定到'开始'屏幕"，如图1-6所示。

图1-6 将常用的应用程序固定到开始屏幕

如果要将常用的文件夹固定到开始屏幕上，可以在"文件资源管理器"窗口中右击该文件夹，在弹出的快捷菜单中选择"固定到'开始'屏幕"命令，如图1-7所示。

图1-7 将文件夹固定到开始屏幕

**从"开始"屏幕取消固定**

如果有不使用的应用，则可以将其从"开始"屏幕取消固定。在开始屏幕上右击一个应用以打开其命令，然后单击"从'开始'屏幕取消固定"。虽然，你取消了固定应用，但是该应用仍然安装在你的计算机上。

## 1.1.4 重新排列磁贴并调整其大小

如果要移动开始屏幕上的磁贴，可以利用鼠标单击并拖动，直至拖动到所需的位置。如果开始屏幕上的磁贴是大图标，对于触摸屏的用户而言，可以用两根手指触摸此磁贴，然后将手指捏合以进行缩小；如果用户使用的是鼠标，则可以利用鼠标右键选择该磁贴，然后从下方的操作选项中选择"缩小"，如图1-8所示。

单击此按钮

缩小了磁贴

图1-8 缩小磁贴

5

对于一些具有动态信息更新的应用程序，也可以通过鼠标右键选择该磁贴，从下方的操作选项中选择"关闭动态磁贴"，从而停止自动更新动态信息。

## 1.1.5 关闭"开始"屏幕

当用户单击开始屏幕上的某个应用磁贴，即可关闭开始屏幕，进入Windows桌面并运行相应的程序。另外，还可以单击开始屏幕上的"桌面"磁贴，即可进入到大家熟悉的Windows传统桌面。

用户还可以按键盘上的Windows徽标键，可以快速在Windows桌面与"开始"屏幕之间进行切换。

**快速返回到"开始"屏幕**

如果用户运行了某个Windows应用，又想返回"开始"屏幕运行其他的应用。下面介绍几种快速返回到"开始"屏幕的方法：

● 如果是使用触控功能，则在屏幕右侧边缘轻扫（触控），然后点击超级按钮中的"开始"按钮。

● 如果是使用鼠标，则将鼠标指针移到屏幕右上角或右下角以显示超级按钮，然后将鼠标向上或向下移动并单击"开始"按钮。

● 按键盘上的 Windows 徽标键。

● 将鼠标指针移到屏幕左下角，就会显示"开始"屏幕的缩略图，如图 1-9 所示，单击它返回"开始"屏幕。

图1-9 "开始"屏幕缩略图

# 1.2

## 超级按钮——Charm

在Windows 8中，将鼠标移至屏幕右上角或右下角会显示一个功能强大的菜单，此菜单就是Charm菜单，中文名称为"超级按钮"。如果是触摸屏用户，可以在屏幕的右边缘轻扫，即可显示超级按钮，如图1-10所示。超级按钮可执行的操作会因为当前是位于开始屏幕上还是在使用应用而有所不同。

图1-10 超级按钮

这个超级按钮是Windows 8中连接传统PC桌面和新的Windows 8平板界面的桥梁。超级按钮上有5个按钮："搜索"、"共享"、"开始"、"设备"和"设置"。

- 搜索：允许用户搜索任何内容。可以仅搜索所在的应用（如查找邮件中的特定邮件）、搜索其他应用（在 Internet 上查找内容）或搜索整个电脑（应用、设置或文件）。
- 共享：允许用户与其他人或应用共享应用中的内容，并且接收共享的内容。
- 开始：返回"开始"屏幕。如果当前已经位于"开始"屏幕，则可以使用此超级按钮返回到你使用的上一个应用。
- 设备：使用连接到用户电脑的所有有线及无线设备。用户可以从应用打印、与手机同步或将最新的家庭电影流媒体传送到电视。
- 设置：更改应用和电脑的设置。用户将找到正在使用的应用设置、帮助和信息，以及常用的电脑设置（网络连接、音量、亮度、通知、电源和键盘）。

如果在Windows 8桌面中单击超级按钮的"设置"按钮，则显示的是关于系统和桌面的设置及属性（如控制面板、个性化、电脑信息等），如图1-11所示。如果当前已经位于其他应用窗口中，单击超级按钮中的"设置"按钮，出现的是关于当前应用的设置，如图1-12所示就是在新浪微博下看到的设置窗口。

图1-11 Windows 8桌面下的设置窗口

图1-12 当前应用的设置窗口

# 1.3
## 认识 Windows 8 传统桌面

Windows 8桌面分为两个：一个为传统桌面；另一个是前面介绍的"开始"屏幕。当用户单击"开始"屏幕上的"桌面"磁贴或者按Windows徽标键+D，即可进入到如图1-13所示的Windows 8传统桌面。Windows 8桌面和任务栏采用了清晰而明快的颜色，去除了Windows 7的玻璃和反射效果，并将窗口和任务栏的边缘做成了方形，还删除了镶边中所有按钮上的发光和渐变效果。

通过去除这些不必要的阴影和透明，新的传统桌面的窗口外观更明快、简洁，整体风格显得更加现代。

桌面图标

桌面背景

任务栏

通知区域

图1-13 Windows 8传统桌面

　　默认情况下，Windows 8桌面上只有一个"回收站"图标。随着安装的应用程序以及桌面文件或文件夹的增多，桌面图标就会越来越多。当然，用户还可以根据自己的需要添加图标。

# 1.4
## Windows 应用商店

　　当用户进入Windows 8首先看到的是开始屏幕和上面一个个应用程序磁贴，那么有些应用程序是从哪儿来的呢？就是Windows应用商店。如果使用Microsoft账户（邮件地址和密码）登录电脑，则可以从Windows应用商店下载应用并可以在线同步设置，这种方式适合你拥有多台电脑可以获得同样的观感体验。

　　Windows应用商店是向用户提供Metro应用程序的商城，用户可以在Windows商站下载和购买喜欢的应用程序。

### 1.4.1 安装 Metro 应用程序

　　Windows应用商店是安装Metro应用程序的唯一途径，商店中提供免费和收费两种类型的Metro应用程序。

　　单击"开始"屏幕上的"应用商店"磁贴，进入如图1-14所示的应用商店界面，采用了和开始屏幕相似的风格，以磁贴形式展示各款应用，只需左右滚动即可查看其他应用。对于平板用户来说一些操作更是直接用手指轻击、向左或向右平移即可。

　　Windows应用商店的分类有"精品聚焦、游戏、社交、娱乐、照片、音乐和视频、运动、图书和思考、新闻和天气、健康和健身、饮食和烹饪、生活、购物、旅行、金融、高效工作、工具、安全、商业、教育、政府"21个大类。每个类别下有"最热免费产品"、"最热付费产品"或"新品推荐"大分类，每个分类下还有以子分类、价格（免费、付费）和关注度（最新发布、最高评分、最低价格、最高价格）类别筛选器来帮助用户快速找到想要的应用程序。

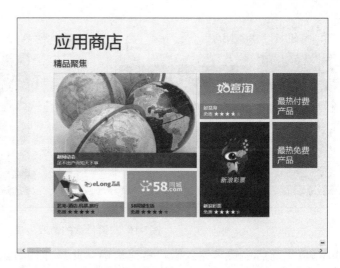

图1-14 Windows应用商店

应用商店中免费Metro应用程序可以直接安装，这里以安装Metro版QQ应用程序为例。在商店的"社交"分类下找到QQ并单击打开，在打开的Metro版QQ应用程序介绍界面中，单击"安装"按钮，Windows应用商店会自动下载并安装Metro版QQ应用程序，如图1-15所示。安装过程是在后台进行的，因此可以继续安装其他的应用。

Metro版QQ应用程序安装完毕之后，会在屏幕的右上角弹窗提示应用已安装成功，并伴有声音提醒，单击弹窗就会打开Metro版QQ应用程序。

图1-15 Metro版QQ应用程序

## 1.4.2 购买 Metro 应用程序

Windows应用商店中，有一部分应用程序是需要付费才能下载安装使用，例如游戏等。与安装免费的应用程序一样，先找到该应用，然后单击打开，部分收费应用程序会提供试用选项，用户可以对其试用，再决定是否购买，试用和免费安装过程一样操作即可。这里以购买一款游戏为例，具体操作步骤如下：

**1** 打开要购买的Metro应用程序介绍页面，单击其中的"购买"，Windows应用商店会提示是否确认要购买此应用程序，单击"确认"按钮，如图1-16所示。

图1-16 购买付款的游戏应用

**2** Windows应用商店会要求输入账户密码来确认此操作的合法性，单击"确定"按钮，如图1-17所示。

**3** 选择付款方式。目前在Windows应用商店中只能通过信用卡来购买应用程序（以后微软可能会支持国内用户常用的网络支付方式），选择信用卡类型并填写相关的信息之后，单击"提交"按钮，如图1-18所示。

图1-17 输入账户密码　　　　　　　　　　图1-18 购买应用付款步骤

## 1.4.3 更新 Metro 应用程序

当安装的Metro应用程序有了新的更新之后，Windows会自动检测到并在应用商店的动态磁贴中显示需要更新的Metro应用程序数量。

单击应用商店磁贴，在打开的应用商店主界面的右上角会有更新提示数量。单击它就会打开"应用更新"界面，如图1-19所示。默认选择更新全部的应用程序，可以单击不想更新的应用程序图标，取消对其选择，然后单击下方AppBar工具栏中的"安装"按钮，Windows应用商店就开始自动更新选择的应用程序。

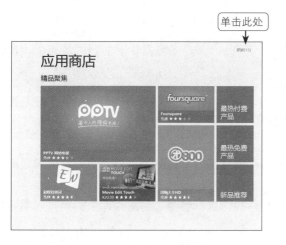

单击此处

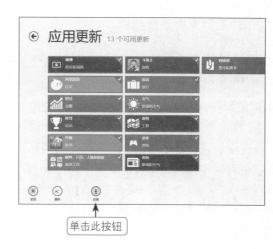

单击此按钮

图1-19 应用更新

**小提示**

如果要卸载某个应用程序，可以在"开始"屏幕上右键单击该应用磁贴，然后单击下方AppBar工具栏中的"卸载"按钮。

# 1.5
## 操作系统自带 Metro 应用程序

Windows 8自带了一些很好用的Metro应用程序，通过这些应用程序，用户可以很方便地完成一些基本的工作任务。

## 1.5.1　使用照片应用

随着数码相机的普及，人们平时旅游、聚会时都喜欢拍一些照片，然后放到电脑中查看，甚至可以上传到网上让更多的人欣赏。记得iPad刚出来时，大家经常将照片复制到其中欣赏，由于新颖的平板触摸技术使得在播放照片时可以很方便旋转、缩放等。

Windows 8的"照片"应用相比其他应用更偏向于未来的产品模式，支持多设备、多平台、多服务，可以将其他地方的照片统一集中到一个地方查看，并可以在应用内直接分享，对平板适合的触控模式支持较好。

用户可以使用Windows 8自带的"照片"应用程序查看和管理计算机和SkyDrive中的图片。单击"开始"屏幕中的"照片"磁贴，进入如图1-20所示的照片应用程序主界面，其中显示已被添加到"图片库"中的本地计算机图片和SkyDrive的图片。

图1-20 照片应用程序主界面

### 1. 向图片库中添加照片

默认情况下，"照片"应用中会显示图片库中的图片。因此，需要先将照片添加到图片库中，具体操作步骤如下：

**1** 将鼠标指向屏幕的右上角，在弹出的超级按钮中单击"搜索"按钮，在搜索框中输入"资源管理器"，然后依次单击"应用"和"文件资源管理器"，即可打开文件资源管理器。

**2** 单击左侧导航窗格中的"图片"，切换到图片库中。

**3** 在图片库中，单击"文件"菜单，再单击"打开新窗口"命令，即可打开第二个"文件资源管理器"窗口。

**4** 在新的"文件资源管理器"窗口中，浏览包含照片的文件夹，选择要添加到图片库中的照片，然后将它们拖到图片库窗口中。

### 2. 从相机中导入照片或视频

用户可以直接在"照片"应用中将相机保存的照片或视频导入进来。具体操作步骤如下：

**1** 将相机或存储卡连接到电脑中。

**2** 在"照片"应用中，用鼠标右键单击任意位置，然后单击屏幕下方工具栏的"导入"按钮，从弹出的列表中选择存放照片的相机或存储卡，如图1-21所示。

**3** 用鼠标右键单击要导入的照片以将其选中，在下方的文本框中输入要放入文件的文件夹名称，然后单击"导入"按钮，如图1-22所示。

图1-21 选择导入的相机或存储卡

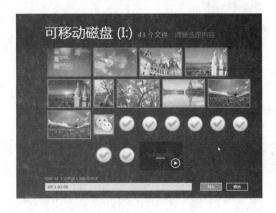

图1-22 选中要导入的文件

**4** 导入完成时，单击"打开文件夹"按钮即可在"照片"应用中看到这些文件。

### 3. 查看图片

当用户向图片库中添加文件后，就可以查看本地图片库中的文件了。具体操作步骤如下：

**1** 打开"照片"页面，单击"图片库"进入图片库中，如图1-23所示。

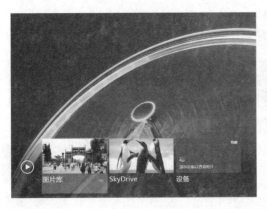

图1-23 进入图片库

**2** 单击图片库中的某个文件夹，即可看到其中的照片，如图1-24所示。要翻阅查看其他的照片，可以拨动鼠标滑轮快速前后查看；要放大全屏显示某张照片，只需单击此照片，如图1-25所示。要缩小照片显示，可以单击右下角的 ▬ 按钮，可以连续单击以查看此文件夹中照片缩略图。

单击可以返回上一层文件夹

单击屏幕左侧和右侧中央的箭头，播放前一张和后一张照片

图1-24 浏览照片                         图1-25 全屏显示照片

**3** 如果用户不想手动逐张来翻看照片，还有一种偷懒的方法就是使用幻灯片播放，也就是每隔几秒就可以自动播放下一张照片。鼠标右键单击全屏显示照片的任意位置，在屏幕底部工具栏中单击"幻灯片放映"按钮，如图1-26所示。现在就可以边喝茶边欣赏精美的照片了。

图1-26 单击"幻灯片放映"按钮

### 1.5.2 使用邮件应用

使用Windows 8自带的邮件应用程序，可以轻松地接收或发送电子邮件。单击"开始"屏幕中的"邮件"磁贴将进入当前Microsoft账户的收件箱，如图1-27所示。

当用户收到新的邮件后，邮件应用程序会在屏幕的右上角弹窗并显示邮件的部分信息，单击弹窗即可打开邮件应用程序查看新邮件。

#### 1. 撰写邮件并发送

如果要给其他人发送邮件，可以按照下述步骤进行操作：

**1** 单击收件箱页面上方的"新建"按钮 ⊕，即可进入发件箱页面，由并排的两个窗格组成，适合平板用户触控操作。

**2** 用户可以输入收件人，并且可以指定优先级，然后在右侧添加邮件的主题，并输入邮件的正文，如图1-28所示。如果要插入表情之类的符号，可以右击鼠标，在屏幕下方会弹出AppBar工具栏，单击"表情"按钮即可选择一个符号。

**3** 如果要发送照片或写作文档之类的文件，可以单击"附件"按钮，然后选择所需的文件。

**4** 写作完毕后，单击"发送"按钮 ⊠，即可将邮件发送出去。

#### 2. 添加电子邮件账户

如果用户使用的是Microsoft账户登录操作系统，会自动添加此账户到邮件应用中。不过，部分用户可能不会使用Microsoft账户自带的邮件服务，因此需要添加别的电子邮件账户。邮件应用支持添加Hotmail、Outlook、QQ等类型的电子邮件账户。这里以添加QQ邮件账户为例，添加其他邮件账户。具体操作步骤如下：

**1** 在邮件应用主界面中，将鼠标指向屏幕的右下角以显示超级按钮，再单击"设置"按钮，即可显示有关邮件的设置窗口，如图1-29所示。

图1-27 邮件应用程序

图1-28 输入邮件的内容

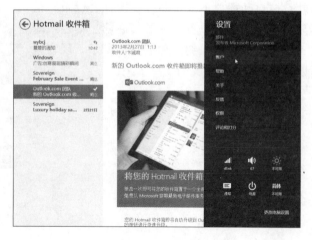

图1-29 有关邮件的设置窗口

**2** 单击"账户"按钮，再单击"添加账户"按钮，让用户选择要添加的邮箱类型。例如，有个QQ邮箱，可以单击QQ，如图1-30所示。

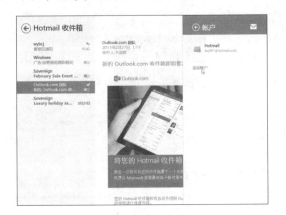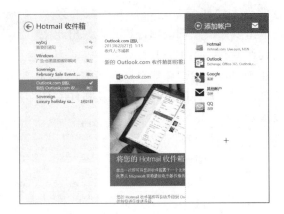

图1-30 添加账户

**3** 输入电子邮件地址和密码，然后单击"连接"按钮，如图1-31所示。

**4** 添加完毕后，即可看到此邮件的收件箱，开始阅读邮件，如图1-32所示。

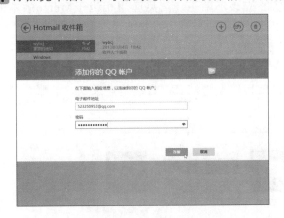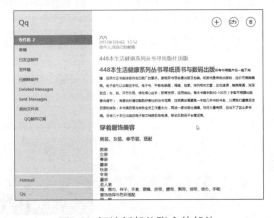

图1-31 添加邮件账户          图1-32 阅读新邮件账户的邮件

### 3. 管理与设置邮件

在邮件应用中，用户可以对邮件进行一些基本的操作，这些操作命令都是在AppBar工具栏中，选中邮件之后，会自动出现AppBar工具栏，选择相应的操作即可，如图1-33所示。

● 删除邮件

用户打开想要删除的邮件或者使用鼠标右键选中多个邮件，然后单击右上角的"删除邮件"按钮（🗑），即可删除邮件。

● 答复邮件

想对一封邮件进行答复，只需单击右上方的"答复"按钮（↩），在弹出的下拉列表中选择"答复"选项，出现答复邮件窗口。

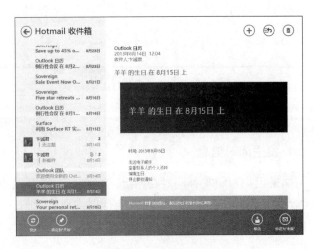

图1-33 管理邮件

● 修改邮件账户设置

在邮件应用中，打开超级按钮，单击"设置"和"账户"，在打开的账户列表中，单击要修改设置的邮件账户，弹出此账户的设置窗口，如图1-34所示。

用户可以在窗口中修改账户名称、下载新邮件时间、邮件同步时间段以及邮件签名等设置。

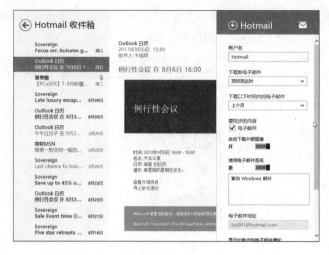

图1-34 账户的设置窗口

## 1.5.3 使用消息应用

如果用过MSN Messenger，对它的即时信息等功能应该不陌生。消息应用相当于Metro版本的MSN，可以与好友实时聊天。

单击"开始"屏幕上的"消息"磁贴，即可打开消息主界面，如图1-35所示。消息主界面由三部分组成，左边是联系人列表，可以单击其中的"+"按钮，从人脉中添加聊天好友；中间为对话界面，通过下面的文字输入框，可以输入文字，然后按回车键就可以发送消息；右边是登录账户的账户信息和状态。

图1-35 消息主界面

### 1. 发送即时信息

如果用户和朋友都同时在网上，那么双方就可以相互发送信息了。相信不少用户都使用过QQ与好友聊天，所以使用消息也可以与朋友即时沟通。

**1** 单击消息主界面的"新消息"选项，进入人脉页面，让用户选择要相互发送信息的联系人，然后单击"选择"按钮，如图1-36所示。

**2** 在"消息"主界面中，在消息输入框中输入信息并按回车键。对方收到你发来的信息后，可能会立即给你回复，如图1-37所示。

图1-36 选择联系人

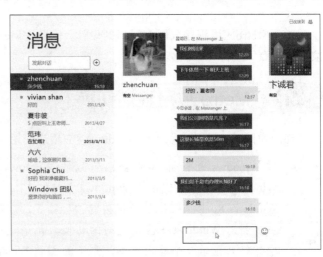

图1-37 与朋友即时交流

**3** 就这样一来一往，就可以在网上交流了。最后要结束交谈时，只要彼此打声招呼，然后关闭消息页面即可。

**办公专家一点通**

**删除对话**

为了避免聊天记录被泄露，可以在消息应用主界面中单击鼠标右键，在底部的**AppBar**工具栏的右侧单击"删除"按钮，在随后出现的确认菜单中单击"删除"，即可删除聊天记录。

### 2. 从消息应用中注销

如果想把自己从消息应用中注销，可以按照下述步骤进行操作：

**1** 打开消息主界面，将鼠标指向屏幕的右下角，在弹出的超级按钮中单击"设置"按钮。

**2** 单击"选项"按钮，然后关闭"发送/接收消息"选项，如图1-38所示。此时，如果在Windows中还用Messenger登录，也会一起注销。

如果想重新开始聊天，可以打开消息页面，右击空白位置，单击屏幕下方弹出的"状态"按钮，选择"有空"选项。

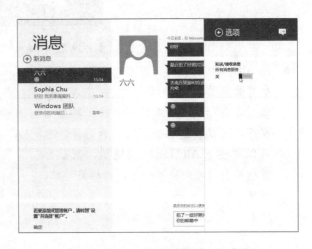

图1-38 关闭"发送/接收消息"选项

# 1.6
## Metro 应用程序的相关操作

由于Metro应用程序采用沉浸式的设计，因此在Metro应用程序本身的界面中没有任何关闭该程序的按钮或命令。

## 1.6.1　Metro 应用程序切换

当用户同时启动两个以上的Windows 8应用或应用程序时，需要学会如何切换这些应用。

● 按 Windows 徽标键 +Tab 键，可以在 Windows 8 应用之间切换，如图 1-39 所示。在 Vista 和 Windows 7 操作系统中按 Windows 徽标键 +Tab 键，会看到 Aero Flip 3D 立体切换效果。而到了 Windows 8，这个 3D 切换特效就被去除了，取而代之的是 Windows 8 全新的应用切换系统，它 主要针对 Windows 8 应用之间的切换，无论运行了多少个传统桌面程序（如 Word、Excel 等），它始终只显示一个桌面缩图，剩下的都是 Windows 8 应用。每按一次 Tab 键，就能够循环切换 Windows 8 应用，当选中某个应用缩图时再放开按键，即可将其切换为使用窗口了。

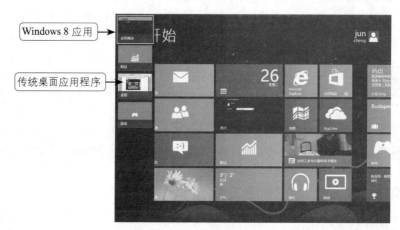

图1-39　在Windows 8应用之间切换

● 按 Alt+ Tab 快捷键，弹出一个窗口显示 所有的应用，如图 1-40 所示。按住 Alt 键， 然后每按一次 Tab 键即可切换一次应用 程序，可以快速切换至需要的程序，也 可以在按下 Alt+Tab 快捷键后，用鼠标 直接单击需要的应用程序，这样更简单、 快捷。

图1-40　弹出所有应用

## 1.6.2 关闭 Metro 应用程序

由于Metro应用程序都是采用沉浸式的设计，所以Windows 8应用程序本身的界面中没有关闭按钮，当系统从一个应用切换到另一个应用时，Windows 8会将其自动"挂起"。虽然挂起状态除了少许的内存占用，对于CPU和网络带宽毫无消耗，但是很多人还不习惯"悬挂"过多的进程。

在Windows 8中，先切换到该应用下，然后进行如下的操作：

● 如果使用鼠标，则单击应用程序顶部并将其拖到屏幕底部。当鼠标指向应用程序顶部时，鼠标呈手形，向下拖动时窗口将缩小，然后继续拖到屏幕底部，即可关闭该程序。同样，在传统桌面环境下也可以将鼠标移到桌面顶部，然后拖到屏幕底部将其关闭，以进入"开始"屏幕。

● 如果使用平板触摸，则直接用手将应用程序拖到屏幕底部，即可关闭该程序。

另一种关闭Windows应用程序的方法是：将鼠标指向屏幕的左上角，显示最近打开的应用程序缩略图，沿着该应用程序缩略图左侧向下移动，在屏幕左侧显示切换边栏。右键单击要关闭的应用程序缩略图，然后单击"关闭"命令，如图1-41所示。

图1-41 关闭Windows 8应用

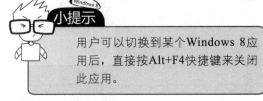

用户可以切换到某个Windows 8应用后，直接按Alt+F4快捷键来关闭此应用。

# 1.7

## 打造个性化桌面与背景

桌面是我们工作的场所，但总是盯着一成不变的图片实在很枯燥，所以体贴的Windows 8系统内置了许多精美的图片让用户随时更换。当然，还可以换上自己得意的照片来当桌面。仅是换桌面还不过瘾，还可以变换不同的背景主题来打造个性化的工作环境。

## 1.7.1 套用现成的背景主题

　　Windows 8提供多组现成的背景主题，如地球和鲜花等，它是一组桌面背景（俗称桌布），具体套用步骤如下：

**1** 在桌面的空白处单击鼠标右键，在弹出的快捷菜单中选择"个性化"命令，打开如图1-42所示的"个性化"窗口。用户还可以指向屏幕的右下角，在超级按钮中单击"设置"按钮，在弹出的"设置"窗口中选择"个性化"命令，同样可以打开"个性化"窗口。

**2** 单击主题缩图即可套用，如选择"地球"主题。此时，桌面图案立即进行更换。

**3** 套用主题后，单击"个性化"窗口右上角的"关闭"按钮关闭窗口。

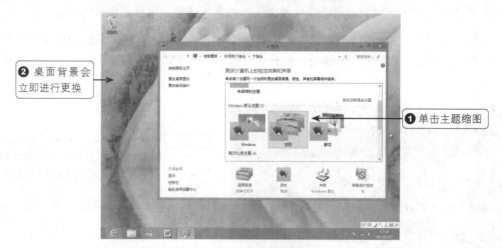

图1-42 "个性化"窗口

## 1.7.2 定时更换桌面背景

　　刚才套用背景主题时，桌面背景的图片也会随时进行更换。如果选择的是"地球"或"鲜花"的背景主题，那么一次会有多张桌面背景可以变换；如果选择的是"基本和高对比度主题"类的背景主题，就只有单张或单色的桌面背景。

　　当用户套用了"地球"或"鲜花"的背景主题，将每隔30分钟自动更换一次图片。如果觉得每张图片的播放间隔太久，或者想跳过几张不喜欢的图片等，都可以自行设置。具体操作步骤如下：

**1** 在桌面的空白处单击鼠标右键，在弹出的快捷菜单中选择"个性化"命令，打开"个性化"窗口。在"Windows默认主题"类单击套用一种主题，如单击"鲜花"主题。

**2** 单击"桌面背景"按钮，弹出如图1-43所示的"桌面背景"窗口，选中要轮流播放的图片。

**3** 在"图片放置方式"中建议选择"填充"，让图片填满整个画面；除非图片的尺寸太小，才需要改选为"平铺"或"居中"。

**4** 在"更改图片时间间隔"下拉列表框中选择每张图片的播放时间，如选择"15分钟"更换一张图片。

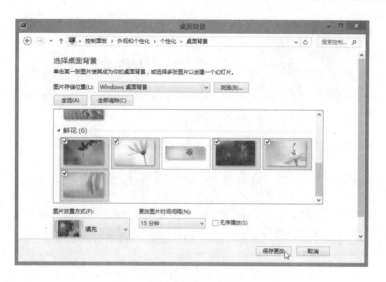

图1-43 设置更改图片时间间隔

**5** 设置完成后，单击"保存更改"按钮，再关闭"桌面背景"窗口。

### 1.7.3 将自己的照片设置为桌面幻灯片

虽然系统提供的图片都很精美，但有时我们也想将自己收藏的照片设置为桌面。例如，喜欢拍照的人就会想将自己的得意之作展示在桌面上；有宝宝的父母，也想将桌面换成小孩的生活照等。

**1** 单击"个性化"窗口中的"桌面背景"图标，打开如图1-44所示的"桌面背景"窗口。

**2** 要将自己喜欢的图片作为背景，可以单击"图片存储位置"右侧的"浏览"按钮，然后找到要作为桌面图片文件的存储位置并单击该文件夹，单击"确定"按钮返回"桌面背景"窗口，如图1-45所示。

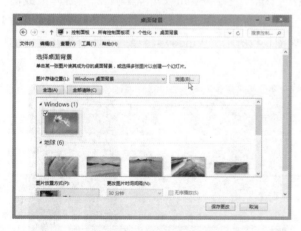

图1-44 "桌面背景"窗口

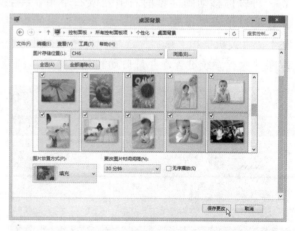

图1-45 选择背景图片

**3** 该文件夹的图片文件已经显示在列表中，并且会选择所有的图片。用户可以单击"全部清除"按钮，然后直接在照片缩略图左上角逐一挑选要播放的照片。

**4** 在"图片位置"列表框中可以设置图片的位置及每张照片轮播的时间。

**5** 单击"保存更改"按钮，结果如图1-46所示。此时，就可以在桌面上看到漂亮的图片了。

图1-46 改变了桌面背景

# 1.8

## 关闭计算机

对于没有传统"开始"菜单的Windows 8系统，关机成为了一个问题，很多用户很不习惯这种感觉，下面介绍几种关机的方法。

### 方法1：通过超级按钮选择关机选项

将鼠标移动到屏幕的右上角或右下角，会显示超级按钮（或者按Win+C组合键），然后向上或向下移动以单击"设置"按钮，接着在弹出的窗口中单击最下面的"电源"，在弹出的列表中就有"睡眠"、"关机"和"重启"选项，选择"关机"选项，如图1-47所示。Windows将会关闭所有正在运行的程序并保存系统设置，并且自动断开电脑的电源。

图1-47 选择"关机"选项

### 方法2：使用键盘关机

如果想使用键盘来关机，可以按Win+I组合键直接弹出如图1-47所示的"设置"窗口，然后利用向下或向上箭头键选中"电源"按钮后按回车键，再选择"关机"选项。

### 方法3：使用快捷键调出关机对话框

在Windows传统桌面中，按Alt+F4组合键调出"关闭Windows"对话框，在下拉列表中选择"关机"选项，然后单击"确定"按钮，如图1-48所示。

图1-48 "关闭Windows"对话框

# 1.9
## 提高办公效率的诀窍

## 窍门1：将常用的网站添加到开始屏幕

如果用户经常浏览某个网站，想将其添加到开始屏幕中，具体操作步骤如下：

**1** 在"开始"屏幕中，单击IE浏览器磁贴图标（见图1-49），进入IE浏览器。

**2** 访问喜欢的网站，然后单击鼠标右键，屏幕底部将会出现操控菜单，单击"固定网站"图标，在弹出的列表中选择"固定到'开始'屏幕"选项，弹出小窗口要求输入磁贴名时，再次单击"固定到'开始'屏幕"按钮，如图1-50所示。

图1-49 单击IE浏览器磁贴

图1-50 将网站固定到开始屏幕

这样，我们当前浏览的网站就被固定到Windows 8开始屏幕了，如图1-51所示。以后我们启动Windows 8进入开始屏幕，直接单击开始屏幕中的对应磁贴即可直接访问该网站，非常方便。

图1-51 单击网站磁贴即可快速打开网站

## 窍门2：快速打开常用的程序和文件

如果经常需要打开某些程序，每次都从开始屏幕上选择，显得有些麻烦。现在可以将常用的程序直接放在任务栏上，这样不但方便取用，还能够快速打开最近使用过的文件。这里将"画图"程序固定到任务栏上，具体操作步骤如下：

**1** 按Windows徽标键进入"开始"屏幕，通过在"开始"屏幕空白处单击鼠标右键，就可以在"开始"屏幕右下方显示"所有应用"。单击"所有应用"显示全部的应用程序。

**2** 在"Windows附件"组中的"画图"磁贴上单击鼠标右键，在开始屏幕下方显示一排按钮，单击"固定到任务栏"按钮，如图1-52所示。

**3** 将"画图"程序固定到任务栏后，会看到此图标，单击即可打开，如图1-53所示。

图1-52 单击"固定到任务栏"按钮　　　　　　　图1-53 将"画图"固定到任务栏中

**4** 如果想将画图从任务栏上取消固定，可以在其图标上单击鼠标右键，在弹出的快捷菜单中选择"从任务栏取消固定此程序"命令。

## 窍门3：放大画面中的文字和图标

　　现在大尺寸的显示器很普及，但是由于大屏幕的分辨率很高，画面中的文字或图标就会很小。如果用户觉得看起来很吃力，可以自行调整，将文字和图标再放大一点，这样长时间使用计算机会比较舒适。

　　这里要介绍一个小秘技，让用户能够快速缩放桌面上的图标。先在桌面上单击，接着按住Ctrl键不放，将鼠标滚轮向前滚动，即可放大桌面图标；如果要缩小图标，同样先按住Ctrl键不放，再将鼠标滚轮向后滚动就行了。

# 02

俗话说："磨刀不误砍柴工"，不论你想用电脑来完成日常事务还是创建丰功伟业，首要的就是熟练掌握操作系统的使用方法，这是学习电脑的第一步。

本章将学习Windows 8的基本操作，包括整理桌面的窗口、了解窗口内的各组件并设置自己习惯的操作环境、选择不同的视图方式来浏览文件、将文件有条理地排序和分组、探索电脑的文件夹与文件等。

## 第 2 章
# Windows 8传统桌面的基本操作

**教学目标** 〉〉〉〉〉〉〉〉〉〉〉〉〉〉〉〉〉〉〉〉〉

通过本章的学习，你能够掌握如下内容：

※ 快速整理桌面的窗口使其有条理地排列

※ 了解窗口的组成并设置自己习惯的操作环境

※ 选择不同的视图方式来浏览文件

※ 将文件有条理地排序和分组

※ 探索电脑中的文件夹和文件

# 2.1
## 整理桌面的窗口

很多人都会同时打开好几个窗口做不同的事情，如果没有好好整理桌面上的窗口，相信不久"桌面"就会被窗口占满，变得不易操作。本节将介绍一些Windows 8特有的窗口操作技巧，让你的桌面更加有条不紊。

## 2.1.1 Windows 8 的窗口最大化、最小化及还原操作

窗口的最大化、最小化和还原等基本操作，相信用户已经用得很熟练。下面就来介绍在Windows 8下使用更直观的方式操作窗口。

### 1. 将窗口最大化

当用户要专注在某个窗口中编写报告、画图、看DVD、玩游戏等，为了避免其他窗口的干扰，可以将窗口最上面的标题栏拖到屏幕的最上方（鼠标指针要靠近屏幕的边线上），窗口会最大化，并且填满整个桌面，如图2-1所示。

将窗口拖曳到屏幕上方的边线，此时屏幕四周会出现一个边框，表示窗口放大后的范围

将窗口最大化后，按住标题栏向下拖曳，即可恢复成原来的窗口排列

图2-1 将窗口最大化

### 2. 一次将多个不用的窗口最小化

如果要专注在某个窗口中工作，暂时用不到其他窗口，可以单击窗口右上角的"最小化"按钮，将窗口最小化。不过，一次要缩小多个窗口，逐一单击"最小化"按钮显得比较麻烦。在Windows 8下，只要切换到当前要用的窗口，然后按住标题栏左右或上下摇晃窗口，就可以将其他不用的窗口全部最小化；如果要还原成刚才的画面，只需按住标题栏再摇晃几下即可，如图2-2所示。

按住窗口标题栏
左右或上下摇晃

其他窗口会缩小为任务按钮，只留下要使用的窗口，再摇晃

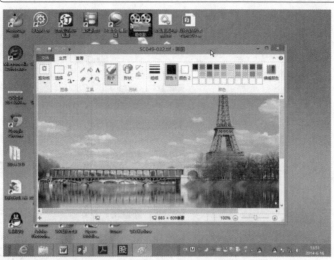

图2-2 一次将多个不用的窗口最小化

## 2.1.2 使用并排窗口来对比内容

当用户要比较两个商品的价钱、规格或者想查看内存中的文件与电脑中的文件一致等，通常会打开两个窗口进行对比，以往需要手动调整窗口的大小和位置。现在只要分别将两个窗口拖动到屏幕的左、右两侧，Windows会自动帮助用户将窗口的宽度调整成屏幕的一半，并且将窗口高度放到最大，方便用户进行对比。下面对比两个窗口中的文件数是否一致，以确定内存中的文件已经完全复制到硬盘中。

**1** 将窗口的标题栏拖动到屏幕的最左侧，会出现一个透明的边框线，表示窗口的显示范围，如图2-3所示。

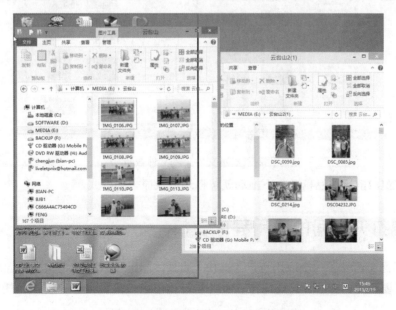

图2-3 边框线确定窗口的显示范围

**2** 将此窗口的标题栏拖动到屏幕的最右侧，如图2-4所示。

窗口的宽度展开为屏幕的一半

图2-4 调整窗口的位置

这里会显示选择的文件夹中的文件数量，如图2-5所示。

图2-5 显示文件夹的文件数量

之后，只要将窗口的标题栏稍微向下拖动就可以还原成原来的样式。

## 2.1.3 快速打开相同的应用程序窗口

如果已经在桌面上打开了一个应用程序（如IE）窗口，想再打开另一个相同的应用程序窗口进行对照，不必每次单击要运行的程序，只要先按住Shift键，再单击任务栏上的应用程序任务按钮就可以了，如图2-6所示。

按住 Shift 键,再单击任务按钮(也可以在任务按钮上按鼠标滚轮)

打开两个 IE 窗口对比两项商品的价格与规格

图2-6 快速打开相同的应用程序窗口

## 2.1.4 切换到同一应用程序中的各个文件

将鼠标指针移到任务栏上的任务按钮上,会出现已打开的窗口缩图,方便用户切换窗口。除此之外,还有一个切换窗口的技巧,专门用来切换到已打开的窗口。

例如,想从3张照片中挑选一张作为桌面背景,使用"Windows照片查看器"分别打开这3张照片进行观看和比较。要切换到不同的窗口,可以先按住Ctrl键,再单击"Windows照片查看器"的任务按钮,每次单击任务按钮,就会按顺序切换一个窗口,如图2-7所示。

图2-7 切换到同一应用程序中的各个文件

## 2.2
### 了解窗口的组成并设置自己习惯的操作环境

在学习如何管理文件之前，先认识窗口中的各部分功能，并学习设置自己最习惯的操作环境，方便以后浏览和管理文件。

### 2.2.1 全新的 Ribbon 界面

Windows 8的窗口在外观上看起来和之前的版本很不一样，不过只要看了下面的说明，相信用户很快就能上手了。单击任务栏上的"文件资源管理器"按钮，再单击左侧的"文档"图标，我们将借助此窗口来熟悉各项功能，如图2-8所示。如果使用过Office 2007或Office 2010的用户，对此窗口并不陌生，采用了全新的Ribbon界面。Ribbon界面把所有的命令都放在了功能区中，把命令组织成一组"标签"，每个标签下包含了同类型的命令。设计Ribbon界面的目的就是为了使用户更快地找到使用应用程序的相关命令。传统的级联菜单，相当一部分命令被隐藏得很深，导致用户无法轻松使用到这些命令，这也是Windows 8采用Ribbon界面的一个很重要的目的。

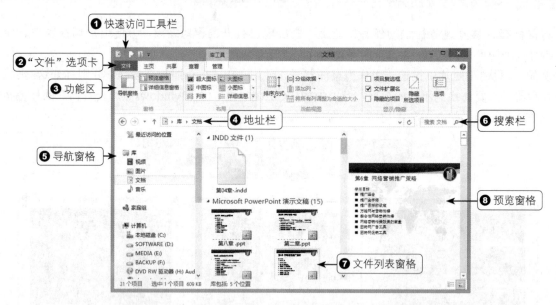

图2-8 "文档"窗口

① 快速访问工具栏：快速访问频繁使用的命令，如查看文档属性或新建文件夹。在快速访问工具栏的右侧，可以通过单击下拉按钮，在弹出的菜单中可以选择已经定义好的命令，即可将选择的命令以按钮的形式添加到快速访问工具栏中。

② "文件"选项卡：单击"文件"选项卡，用户能够获得与文件有关的操作选项，如"打开新窗口"、"关闭"或打开常用的位置等。

③ 功能区：单击相应的标签，可以切换到相应的选项卡，不同的选项卡中提供了多种不同的操作设置选项。如图2-9所示，每个选项卡按照功能将其中的命令进行更详细的分类，并划分到不同的组中。例

如，"主页"选项卡的功能区中收集了对文件的移动、复制、重命名等常见操作的命令按钮。

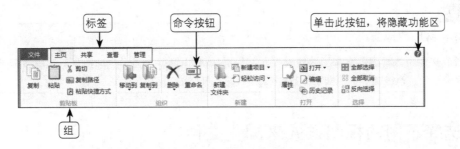

图2-9 功能区的组成

④ 地址栏：让用户切换到不同的文件夹浏览文件。

⑤ 导航窗格：包含了"收藏夹"、"库"、"计算机"和"网络"这几个项目，可以让用户从这几个项目来浏览文件夹和文件。

⑥ 搜索栏：在此输入字符串，可以查找当前文件夹中的文件或子文件夹。例如输入"蓝牙"，就会找到文件名中有"蓝牙"的文件或文件夹。

⑦ 文件列表窗格：显示当前所在的文件夹内容，包括子文件夹和文件。

⑧ 预览窗格：可以在此窗格查看大部分的文件内容。当用户安装了某些应用程序（如Office等），也可以在此预览文件。

## 2.2.2 设置成自己习惯的操作环境

通过刚才的介绍，相信用户已经了解窗口中各个窗格的功能，接下来我们讲解调配符合自己习惯的窗口环境。例如，不经常使用预览窗格来查看文件内容，就可以将此窗格隐藏起来，让窗口空出右侧的空间，以便显示更多的文件。

如果要调整为自己习惯的窗口布局，请单击"查看"选项卡，在"窗格"组中单击要显示或隐藏的窗格名称即可，如图2-10所示。

图2-10 调配窗口的布局

**可视热键**

新版文件资源管理器增加了快捷键提示，只需按下**Alt**键就会显示浮动提示，然后按提示的快捷键选择选项卡，再按提示的快捷键选择相应的命令。

## 2.2.3　选择不同的视图方式来浏览文件

当用户在浏览电脑中的文件时，可以根据不同的使用时机来切换视图模式，以便更顺利完成工作。例如，在Windows XP下想查找照片，由于缩图很小不容易看清楚，现在可以用"超大图标"或"大图标"模式看清楚；当你想根据照片的拍摄日期来排序，就很适合切换到"详细信息"模式。

Windows提供了8种文件的视图模式，包括：超大图标、大图标、中图标、小图标、列表、详细信息、平铺以及内容，接下来了解它们的特色以及适用的场合。单击"查看"选项卡，在"布局"组中单击相应的按钮可以快速切换视图模式，如图2-11所示。

如果缩小了窗口，可能"布局"组中仅显示部分视图按钮，需要单击右侧的向上或向下箭头来翻滚查看，还可以单击"布局"组右下角的"详细信息"按钮 ▼ 来查看所有的视图按钮。

图2-11　切换视图模式

---

# 2.3

## 将文件有条理地排序和分组

当文件夹中包含许多各种各样的文件时，要查找某一类或某个文件，仅仅切换到不同视图模式来浏览是不够的，此时搭配"排序"与"分组"功能，将文件夹内的文件进行整理，这样不论是浏览或者查找文件都会更加便捷。

## 2.3.1　根据文件名、类型、大小和日期来排序文件

排序就是按照设置的条件，如名称、大小、日期、标记、类型等，按递增（由小到大）或递减（由大到小）顺序来排列文件。例如，旅游外出想必一定拍了不少好的照片，将文件全部复制到电脑后，可以先按拍摄日期进行排序，然后分别创建新文件夹，将同一天的照片归纳在一起。

现在就来进行文件的排序，先切换到"详细信息"视图模式，然后单击要排序的列名称，就可以快速排列文件，如图2-12所示。

图2-12 对拍摄日期进行排序

**小提示**

　　用户还可以对其他的列进行排序，只需单击"查看"选项卡中的"当前视图"组的"排序方式"按钮，在弹出的下拉列表中先选择某个列，再选择按照"递增"或"递减"进行排序。

　　将文件按照日期排序后，就可以根据日期来创建文件夹，然后将同一天拍摄的照片全部移到同一个文件夹中，以便管理。下面简单介绍其具体操作步骤。

**1** 单击"主页"选项卡中的"新建"组的"新建文件夹"按钮，以便创建新文件夹，并自行输入文件夹名称，如图2-13所示。

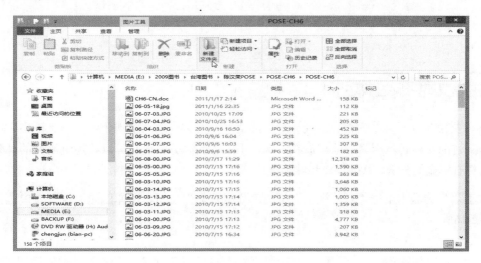

图2-13 新建文件夹

**2** 将同一天拍摄的照片全部移动到此文件夹中，如图2-14所示。

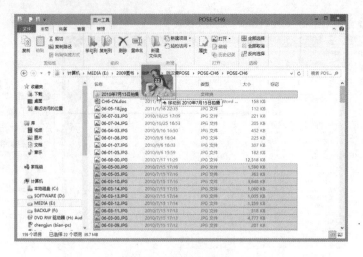

图2-14 移动文件夹

**3** 双击刚才新建的文件夹，这样同一天的照片就全部放在一起，如图2-15所示。

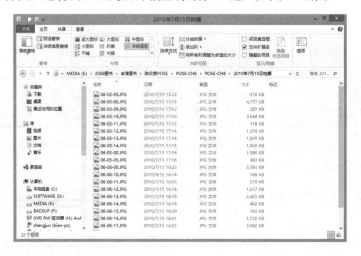

图2-15 存放同一天的照片

## 2.3.2 将文件分组排列

如果文件夹中包含了多个文档、图片、影片等文件，虽然可以利用刚才所学的"排序"功能进行整理，不过排列过的文件仍然会紧邻地排放在一起，不太容易区分。现在可以改用更清爽的"分组排列"方式，让文件有明显的分隔。具体操作步骤如下：

单击"查看"选项卡中的"当前视图"组的"分组依据"按钮，在弹出的下拉列表中选择"类型"选项，如图2-16所示。

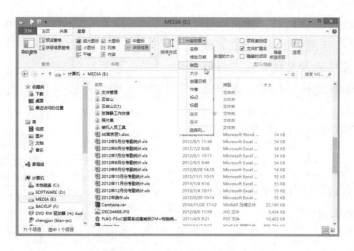

图2-16 选择"分组依据/类型"选项

此时，会清楚标示文件类型和数量，并且每个文件类型之间还会用线条来分隔，如图2-17所示。

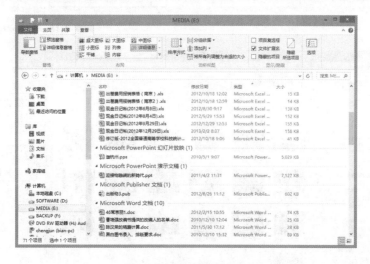

图2-17 按类型进行分组

# 2.4

## 探索电脑中的文件夹和文件

要进行文件与文件夹的管理操作，除了可由导航窗格来切换到目的地，还有其他更快速的方法，本节将告诉你浏览文件夹与文件的技巧，并带你深入电脑的各个地方，探索电脑中的文件夹与文件。

### 2.4.1 浏览文件夹和文件

在介绍浏览技巧之前，我们要先说明Windows的阶层和路径概念。建立这些基本概念，日后在浏览电脑中的文件时，才不会分不清目前所在的位置。

Windows是以树状结构来显示计算机中所有的文件夹，借助一层层打开的文件夹的方式，就能浏览计算机内所在的文件夹和文件。在"导航窗格"中，当文件夹名称前显示 ▷ 标记，表示文件夹内还有下一层文件夹，在 ▷ 标记上单击可以展开下一层文件夹，这样就能一直探究下去，直到文件夹中只显示文件为止，如图2-18所示。

在导航窗格的文件夹名称上单击，表示切换到该文件夹中，此时右边的文件列表窗格就会显示该文件夹的内容，如图2-19所示。

展开文件夹时， ▷ 标记会变成 ◢，在 ◢ 上单击，又可以将文件夹折叠起来

图2-18 导航窗格

这里会显示当前所在的文件夹

❷ 文件列表窗格会显示此文件夹的内容

❶ 单击

图2-19 切换文件夹

## 2.4.2 文件与文件夹的路径

所谓路径是指文件或文件夹的地址，通过路径可以知道要到哪里去找所要的文件（或文件夹）。路径的表示法如图2-20所示。

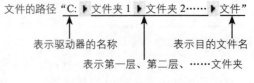

文件的路径 "C: ▷ 文件夹 1 ▷ 文件夹 2……▷ 文件"

表示驱动器的名称　　　　　表示目的文件名

表示第一层、第二层、……文件夹

图2-20 路径的表示法

我们可以通过如图2-19所示窗口左侧的"导航窗格"和"地址栏"上,看出当前所在的文件夹或文件的路径。

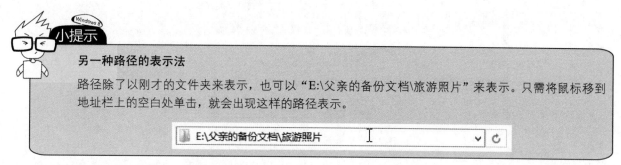

**另一种路径的表示法**

路径除了以刚才的文件夹来表示,也可以"E:\父亲的备份文档\旅游照片"来表示。只需将鼠标移到地址栏上的空白处单击,就会出现这样的路径表示。

这样的表示法有个好处,当你明确知道某个文件夹的名称以及所在的位置时,可以直接在地址栏输入路径来切换文件夹,而且当你在输入时,Windows会比较以前浏览过的路径。如果发现有重复,就会在地址栏下显示列表,让用户直接选择;如果列表中没有要切换的路径,请继续输入完整的路径。值得注意的是,Windows 8添加了一个"复制路径"的命令,用户只要选中文件或文件夹之后,单击"主页"选项卡的"剪贴板"组中的"复制路径"按钮,就可以复制此文件路径到任何位置,此功能非常实用。

另外,在地址栏中输入网址(如http://www.sina.com.cn),还可以立即打开Internet Explorer让你浏览网页。

## 2.4.3 快速切换文件夹

如果要切换到经常浏览的位置,请按下地址栏右边的 ▾ 按钮,可以从下拉列表中选择,如图2-21所示。

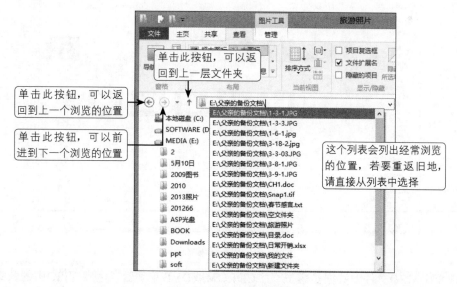

图2-21 快速切换文件夹

在地址栏中单击 ▾ 按钮,也会出现同一层级的文件夹列表,让用户快速选择要切换的文件夹,如图2-22所示。

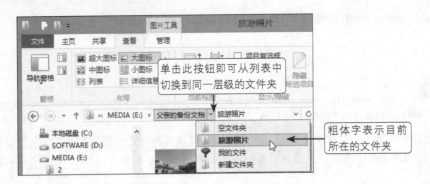

图2-22 切换到同一层级的文件夹

# 2.5
## 挂载或卸载 ISO 文件或 VHD 文件

许多公司将软件或驱动程序等以ISO文件或VHD文件的形式放到网站上供客户下载。Windows 8默认支持浏览ISO和VHD文件中的数据，微软专门为这两种文件设计了单独的Ribbon标签"光盘映像工具"。当用户选中ISO文件或VHD文件时，在文件资源管理器中就会自动显示此标签，如图2-23所示。

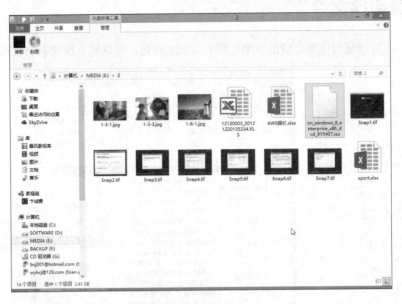

图2-23 光盘映像工具

Windows 8浏览ISO文件的数据是虚拟一个CDROM或DVD驱动器，然后把ISO中的数据加载到虚拟光驱中，读取虚拟光驱中的数据速度和读取硬盘中数据的速度相同。而浏览VHD文件是以硬盘分区的方式呈现。

选中ISO或VHD文件，在出现的"光盘映像工具"选项卡中选择"装载"按钮，用户就可以在文件资源管理器查看这些文件中的数据，如图2-24所示。对于ISO文件而言，还可以单击"刻录"按钮，调用Windows自带的"Windows光盘映像刻录机"刻录ISO文件到DVD或CD中。

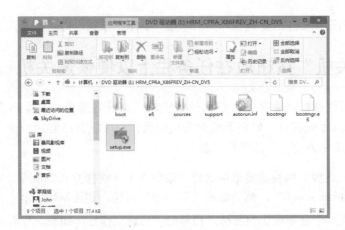

图2-24 查看ISO中的数据

当用户不再需要使用ISO或VHD中的文件时，选中虚拟光驱或虚拟硬盘分区，然后在出现的"驱动器工具"选项卡中，单击"弹出"按钮即可。

# 2.6
## 提高办公效率的诀窍

### 窍门1：找回传统桌面的几个常用图标

用户首次进入Windows 8的传统桌面后发现只有"回收站"一个图标。如果用户想在传统桌面上显示"计算机"、用户的文件、"网络"等图标，可以按照下述步骤进行操作：

**1** 在传统桌面的空白处单击右键，在弹出的快捷菜单中选择"个性化"命令，打开"个性化"窗口。

**2** 单击窗口左侧的"更改桌面图标"链接文字，打开如图2-25所示的"桌面图标设置"对话框。

图2-25 "桌面图标设置"对话框

**3** 在"桌面图标"区内选中相应的复选框，然后单击"确定"按钮，即可在桌面上显示对应的图标。

## 窍门 2：将"关机"按钮放在任务栏上以便快速关机

Windows 8下关闭计算机，需要单击超级按钮中的"设置"按钮，再单击"电源"按钮，再单击"关机"选项，Windows才能关机。如果要缩短关机的操作，可以自己创建一个"关机"按钮并放在任务栏上，这样关机时就非常方便。具体操作步骤如下：

**1** 在桌面上单击右键，在弹出的快捷菜单中选择"添加"｜"快捷方式"命令，打开"创建快捷方式"对话框后，输入"Shutdown -s -t 0"，然后单击"下一步"按钮，如图2-26所示。

**2** 为这个快捷方式输入一个容易辨认的名称，再单击"完成"按钮，如图2-27所示。

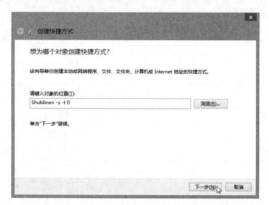

图2-26 "创建快捷方式"对话框

图2-27 为快捷方式命名

**3** 创建"关机"的快捷方式后，还需要改变快捷方式的图标，这样比较容易辨识。请在快捷方式上单击右键，在弹出的快捷菜单中选择"属性"命令，打开如图2-28所示的对话框，并单击"更改图标"按钮。

原快捷方式图标

图2-28 "关机属性"对话框

**4** 弹出如图2-29所示的对话框，表明此程序没有图标，单击"确定"按钮。弹出如图2-30所示的"更改图标"对话框，拖曳滚动条来浏览图标，可以选用关机按钮图标（或自己喜爱的图标），提醒自己这是"关机"按钮，最后单击"确定"按钮。

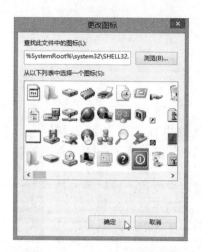

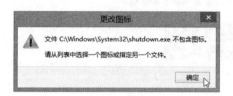

图2-29 提示对话框

图2-30 "更改图标"对话框

**5** 现在将桌面的"关机"快捷方式拖曳并锁定到任务栏上，以后就可以从任务栏关机了，如图2-31所示。最后将桌面上的"关机"快捷方式图标删除。

图2-31 将"关机"按钮固定到任务栏

# 03

## 第 3 章
## 实用高效的
## 文件管理

电脑中往往有各种各样的文件，如照片文件、MP3音乐文件、影片文件、程序文件等。当用户使用一段时间的电脑后，不知不觉就会累积上千甚至数万个文件，如果将文件到处乱放，待需要用时就不易找到，因此要学习如何做好文件管理。

在以前版本中，人们谈到文件管理就想到"Windows资源管理器"，在Windows 8中微软将它改称"文件资源管理器"，其功能和使用方法都有很大的变化。本章将详细介绍文件管理的技巧。

### 教学目标 >>>>>>>>>>>>>>>>>>>>>

通过本章的学习，你能够掌握如下内容：

※ 了解文件与文件夹的关系
※ 快速新建文件或文件夹
※ 快速批量重命名文件或文件夹
※ 掌握移动文件与文件夹的技巧
※ 掌握复制文件与文件夹的技巧
※ 删除与恢复文件或文件夹
※ 压缩文件以便发送与管理
※ 掌握搜索文件的技巧

# 3.1

## 了解文件与文件夹

电脑中文件夹是用来存放文件的地方。两者关系就如同生活中实际的文件和文件夹、抽屉或者文件柜的关系。然而，要新增一个文件夹或者文件时，必须加以命名，以方便识辨与管理，如图3-1所示。

图3-1 文件与文件夹的关系

其中，文件命名结构主要分为"主文件名"与"扩展名"两部分，中间以"."分隔开来。

**主文件名 . 扩展名**

- 主文件名：通常使用有意义的文字命名，为了分辨与说明。
- 扩展名：主要是用来区别不同的文件类型。

一般常见的文件都是以文件名为主，打开"文件资源管理器"可以看到右侧文件列表窗格中的文件类型。如果系统能够识别扩展名的文件类型，将显示对应的图标；如果无法识别，将显示扩展名，如图3-2所示。

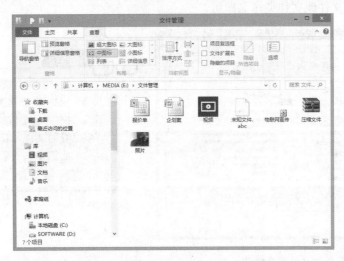

图3-2 不同的文件类型有不同的图标

默认情况下，系统会将已知文件"扩展名"隐藏起来，主要是系统为了保护扩展名不遭受任意窜改，防范文件无法打开操作。如果要显示文件扩展名，可以单击"查看"选项卡，选中"显示/隐藏"组内的"文件扩展名"复选框，如图3-3所示。

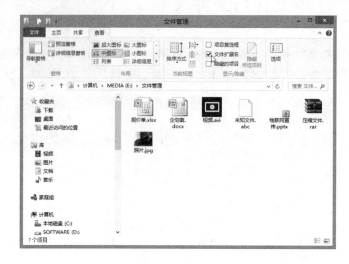

图3-3 选中"文件扩展名"复选框可以显示扩展名

如果没有更改扩展名，电脑却仍然出现未知文件的图标，不要担心，可能是系统没有安装对应的应用程序，只要安装软件，就会出现正确的图标。以常用的PDF文件来说，需要安装PDF阅读器，才会出现PDF文件对应的图标。

# 3.2
## 新建文件或文件夹

Windows提供了多种新建文件与文件夹的操作，其中最为常用的是，右击文件资源管理器的文件列表窗格中的空白区域，在弹出的快捷菜单中选择"新建"命令（见图3-4），从其级联菜单中选择一个要新建的项目，然后为新文件或文件夹命名即可。

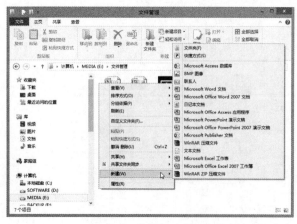

图3-4 新建文件或文件夹

**小提示**

另一种快速新建文件夹的方法是：切换到要新建文件夹的驱动器或文件夹中，利用Windows 8全新的Ribbon界面功能，切换到"主页"选项卡，然后单击"新建"组中的"新建文件夹"按钮。

# 3.3

## 重命名文件或文件夹

如果觉得文件或文件夹的名称不合适，还可以对其进行重命名。具体操作步骤如下：

**1** 在"文件资源管理器"窗口中，选择要重命名的文件或文件夹。

**2** 单击"主页"选项卡的"组织"组中的"重命名"按钮，这时被选择的文件或文件夹的名称将高亮显示，并且在名称的末尾出现闪烁的插入点。

**3** 直接输入新的名字，或者按←、→键将插入点定位到需要修改的位置，按Backspace键删除插入点左边的字符，然后输入新的字符。

**4** 按Enter（回车）键确认，如图3-5所示。

图3-5 重命名文件夹

小提示

选择要重命名的文件或文件夹，然后按F2键进入编辑状态，直接输入要修改的文件名即可。

# 3.4

## 移动文件与文件夹

如果前面已经创建（或下载）了很多文件，并且没有好好整理与分类，现在就可以用"移动"的方法进行分类。

### 3.4.1 利用鼠标移动文件与文件夹

下面将示范用鼠标拖动的方式来移动文件。如果要移动的对象是文件夹，也是同样的做法。

**1** 单击第一个图片文件，按住Shift键再单击最后一个图片文件，将它们全部选中，如图3-6所示。

图3-6 选中要移动的图片

**2** 在任意一个选中的文件上，按住鼠标左键不放，然后拖动到"摄影"文件夹图标上。移到"摄影"文件夹时，会出现一个提示框，告诉用户文件将移动到此文件夹，如图3-7所示。

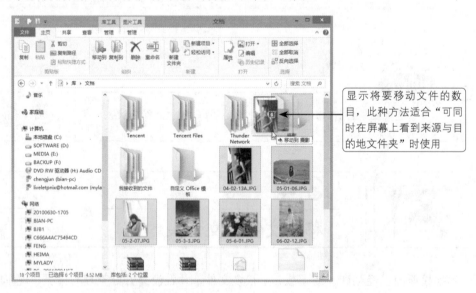

显示将要移动文件的数目，此种方法适合"可同时在屏幕上看到来源与目的地文件夹"时使用

图3-7 移动文件

**3** 释放鼠标左键后，原本在"文档"文件夹中的几个图片文件就会被移动到"摄影"文件夹。接着双击"摄影"文件夹，会看到刚刚移进来的文件，如图3-8所示。

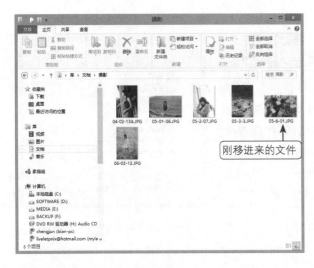

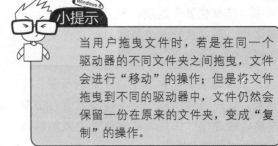

当用户拖曳文件时，若是在同一个驱动器的不同文件夹之间拖曳，文件会进行"移动"的操作；但是将文件拖曳到不同的驱动器中，文件仍然会保留一份在原来的文件夹，变成"复制"的操作。

图3-8 选择目的文件夹

## 3.4.2 利用快捷键移动文件与文件夹

虽然使用鼠标拖曳的方法来移动文件比较方便，但是有时手一滑不小心放开鼠标，文件就会被移动到别的地方，尤其是将文件移到其他驱动器中的某个文件夹。建议在选中文件后，按Ctrl+X快捷键来剪切文件，切换到目的文件夹后，再按Ctrl+V快捷键来粘贴文件。

## 3.4.3 利用"移动到"按钮移动文件与文件夹

在Windows 8中可以使用"移动到"按钮移动文件与文件夹，此种方法适合跨不同分区的文件夹。具体操作步骤如下：

**1** 选择要移动的文件或文件夹，单击"主页"选项卡中的"移动到"按钮，在弹出的下拉列表中选择最近常用的文件夹，如图3-9所示。

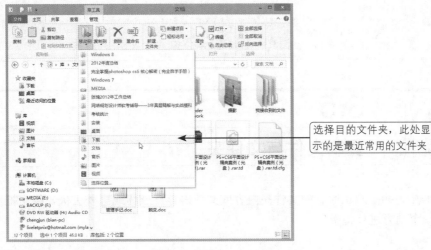

选择目的文件夹，此处显示的是最近常用的文件夹

图3-9 选择目的文件夹

**2** 如果要移到其他的文件夹，可以从"移动到"下拉列表中单击"选择位置"选项，打开如图3-10所示的"移动项目"对话框，逐层选择驱动器和目的文件夹，然后单击"移动"按钮。

如果将某个文件移走后才发现不妥，先别着急把文件移回来，这里告诉用户一个小技巧，请右击窗口中的文件列表窗格，在弹出的快捷菜单中选择"撤销移动"命令，就可以撤销刚才的移动操作。

图3-10 "移动项目"对话框

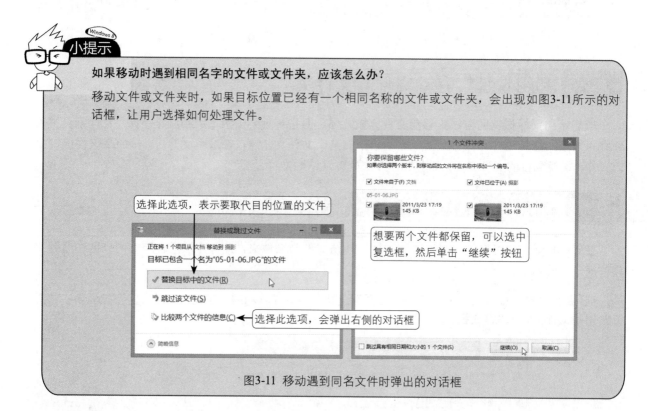

**如果移动时遇到相同名字的文件或文件夹，应该怎么办？**

移动文件或文件夹时，如果目标位置已经有一个相同名称的文件或文件夹，会出现如图3-11所示的对话框，让用户选择如何处理文件。

选择此选项，表示要取代目的位置的文件

想要两个文件都保留，可以选中复选框，然后单击"继续"按钮

选择此选项，会弹出右侧的对话框

图3-11 移动遇到同名文件时弹出的对话框

# 3.5
## 复制文件与文件夹

在操作过程中，为了防止原有的文件夹内容或文件内容被破坏或意外丢失，经常把原有的文件夹或文件复制到另一个地方进行备份。

## 3.5.1 快速复制文件

复制文件的方法很简单，下面举例说明如何将"文档"下的"A01.txt"文件（用户可以利用"记事本"程序创建一个文件，并且将其保存到"文档"文件夹中）复制到E盘的"BOOK"文件夹下。

**1** 在"资源管理器"窗口中，选择文件夹列表窗格中的"文档"文件夹，在右边窗格中显示该文件夹中包含的子文件夹和文件。

**2** 选择"A01.txt"文件。

**3** 单击"主页"选项卡中的"剪贴板"组的"复制"按钮（快捷键为Ctrl+C），将选择的文件复制到Windows剪贴板中。

**4** 打开目标文件夹。例如，打开E盘的BOOK文件夹。

**5** 单击"主页"选项卡中的"剪贴板"组的"粘贴"按钮（快捷键为Ctrl+V），即可将"A01.txt"文件从"文档"文件夹复制到E盘的"BOOK"文件夹下，如图3-12所示。

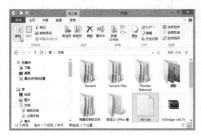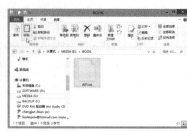

图3-12 使用复制和粘贴按钮

另外，也可以同时打开两个窗口，选择要复制的一个或几个文件，用鼠标拖曳到另一个指定的文件夹中，如图3-13所示。另外，用户可以在复制一个文件后，继续复制另一处的文件。

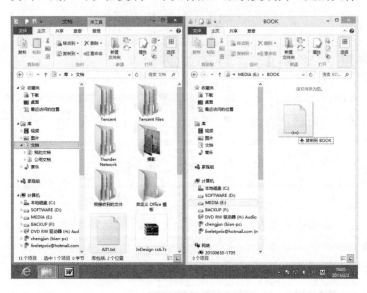

图3-13 鼠标拖动复制文件

复制文件夹的方法与复制文件的方法类似。不过，复制文件夹时，该文件夹中包含的子文件夹和文件也会被同时复制，读者可以自行练习。

## 3.5.2 全新的复制预览界面

在Windows 8之前的操作系统中，微软一直努力提升文件复制的速度，其他方面没有大的变革。不过，Windows 8除了文件复制速度得到了提升，文件的复制、粘贴的显示方式和相同选项的处理也得到了大的革新，不仅可以对多项作业同时操作，也可以显示当前文件操作的相关信息。

Windows 8中的复制预览界面是除了"任务管理器"外又一个让人眼前一亮的改进，详细信息视图中的实时吞吐量可以一目了然的显示每项复制作业中的数据传输速度、传输速度趋势以及要传输的剩余数据量。如图3-14所示，用户只需在复制文件的任务管理器中单击"详细信息"，即可看到直观的可视化效果，并且可以随时单击"暂停"按钮 II 或"取消"按钮 × 来暂停或取消当前的复制操作。

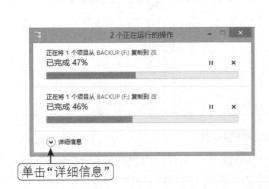
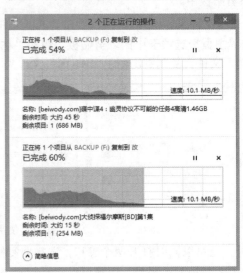

图3-14 可视化的移动和复制任务操作

## 3.5.3 快速将文件复制到指定的地方

Windows有个"发送到"功能，可以将文件或文件夹快速发送到指定的目的地，这个功能其实就是在进行文件的复制操作，不过一般的复制是可以将文件任意贴到想要的目的地，但"发送到"功能有个固定的目的地。在文件或文件夹上单击鼠标右键，可以在快捷菜单的"发送到"命令中看到发送目的地，如图3-15所示。

Windows事先替用户创建的发送目的地有6个，但实际上文件发送的目的地不只这几个，它会根据计算机所安装的应用程序及硬件设备而有所不同。例如，接上U盘或读卡器，就会出现U盘对应的驱动器，提示用户可将文件复制一份到U盘中。

图3-15 发送到目的地

# 3.6
## 删除与恢复文件或文件夹

删除文件也是文件管理的一部分，一些过时或不需要的文件、文件夹，留着会占用硬盘空间，及时将它们删除可以节省硬盘空间。

## 3.6.1 删除文件或文件夹

不管是文件还是文件夹，删除它们的操作步骤都是一样的，只是删除文件夹时，会连同其中的文件一起删除而已。

如果要删除文件或文件夹，可以按照下述步骤进行操作：

**1** 在"资源管理器"窗口中，选择要删除的一个或多个对象。

**2** 单击"主页"选项卡中"组织"组的"删除"按钮向下箭头，从弹出的下拉列表中选择"回收"选项，将选择的文件暂存到回收站中；从弹出的下拉列表中选择"永久删除"选项，将选择的文件直接删除，如图3-16所示。

**3** 如果在"删除"下拉列表中选择"显示回收确认"选项，则单击"删除"按钮时，会弹出如图3-17所示的"删除文件"对话框，单击"是"按钮。此时文件被暂时存放在回收站中，打开"回收站"可以看到被删除的文件。

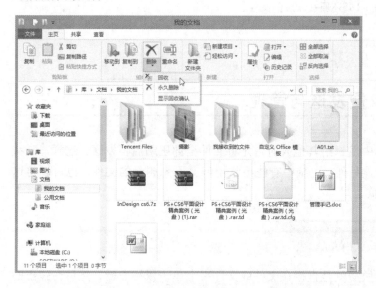

图3-16 删除文件

图3-17 "删除文件"对话框

另外，如果想快速删除这些文件，只需用鼠标选中要删除的文件，将其拖到回收站窗口中即可。

双击桌面上的"回收站"图标，打开"回收站"窗口，如果要彻底删除其中的某个文件，首先在要删除的项目上单击鼠标右键，然后在弹出的快捷菜单中选择"删除"命令。如果要清除"回收站"中的所有内容，可单击"管理"选项卡中的"清空回收站"按钮，一旦清空"回收站"，删除的文件或文件夹将无法恢复。

### 3.6.2　恢复被删除的对象

如果要恢复被误删除的对象，可以按照下述步骤进行操作：

**1** 双击桌面上的"回收站"图标，打开"回收站"窗口。

**2** 在"回收站"窗口中选择要恢复的对象。

**3** 单击"管理"选项卡上的"还原选定的项目"按钮，可以将文件还原到原来的位置，如图3-18所示。
单击"管理"选项卡上的"还原所有项目"按钮，可以将回收站的所有文件还原到原来的位置。

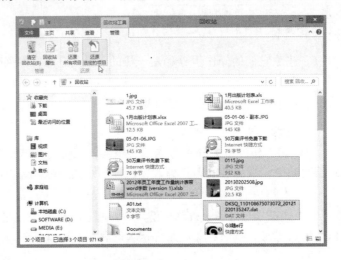

图3-18　还原被删除的文件

# 3.7
## 压缩文件以便发送与管理

当用户要将多个文件附加在电子邮件中发送给其他人时，先将文件全部压缩后再发送。这样，既减少传输时间，还省去逐个选择文件的时间。另外，电脑中有些不常用但又不想删除的文件，也可以将这些文件压缩起来，以免占用太多的硬盘空间。

### 3.7.1　压缩文件或文件夹

如果要压缩文件或文件夹，最快捷的做法就是直接在文件或文件夹上单击鼠标右键，然后在弹出的快捷菜单中选择"发送到"→"压缩（zipped）文件夹"命令。下面以压缩文件为例进行说明。

**1** 选择要压缩的文件并单击鼠标右键，在弹出的快捷菜单中选择"发送到"→"压缩（zipped）文件夹"命令，如图3-19所示。另外，还可以选择要压缩的文件后，单击"共享"选项卡中的"压缩"按钮。

**2** 此时，开始压缩选择的文件。稍待几秒就会出现图标，表示文件已经压缩完成，用户还可以为压缩的文件重命名，如图3-20所示。

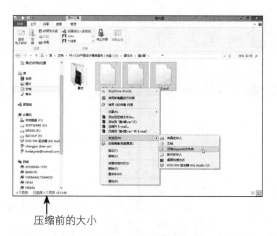

压缩前的大小

图3-19 单击"压缩（zipped）文件夹"命令

压缩后的大小

图3-20 压缩文件

如果压缩的文件为*.jpg、*.wma、*.mp3、*.mpg等格式，由于这类的文件格式原本已经压缩过，因此压缩前和压缩后的文件大小并不会有很明显的差别。不过，可以使用这种方法将多个文件打包成一个文件，以便发送到其他电脑或网络等。

## 3.7.2 解开被压缩的文件或文件夹

如果要解开被压缩的文件或文件夹，可以按照下述步骤进行操作：

**1** 双击压缩的文件夹，就可以看到所包含的文件内容，如图3-21所示。

双击

原始素材.zip

图3-21 进入压缩的文件夹，查看文件内容

**2** 如果仅想解压缩部分的文件，先选择要解压缩的文件，然后从"解压缩"选项卡的"解压缩到"组中选择要存放解压后的目的文件夹，即可快速解压缩。

**3** 如果要解压缩当前压缩包中的所有的文件，则单击"解压缩"选项卡中的"全部解压缩"按钮，打开"提取压缩（zipped）文件夹"对话框，选择要存放解压后的文件夹，再单击"提取"按钮，如图3-22所示。

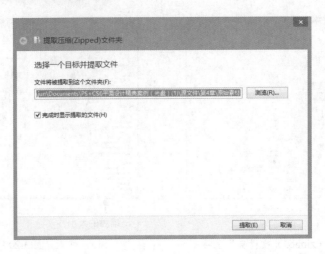

图3-22 "提取压缩（Zipped）文件夹"对话框

### 3.7.3 使用 WinRAR 压缩与解压缩文件

除了使用Windows 8自带的压缩功能外，还可以使用比较流行的压缩/解压缩工具——WinRAR，它使用简单方便，支持几乎所有类型的压缩文件，压缩率相当高，而且资源占用相对较少。WinRAR的官方网址为：http://www.winrar.com.cn/，用户可以登录网站获取更多相关信息。WinRAR的安装程序是可以从网络下载得到，双击该安装程序就可以进行WinRAR的安装。

#### 1. 压缩文件

为了方便文件传输，用户需要将整个文件夹打包成一个压缩文件。这个工作是WinRAR的强项，用户可以方便的创建压缩包，并对压缩包进行相关的设置。具体操作步骤如下：

**1** 在要压缩的文件夹上单击鼠标右键，在弹出的快捷菜单中选择"添加到压缩文件"命令，如图3-23所示。

**2** 打开如图3-24所示的"压缩文件名和参数"对话框。用户可以进行压缩文件名、文件格式等选项的设置（保持程序的默认设置即可）。

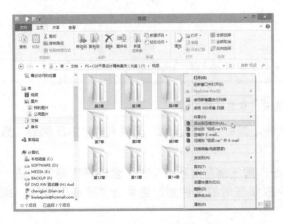

图3-23 选择"添加到压缩文件"命令

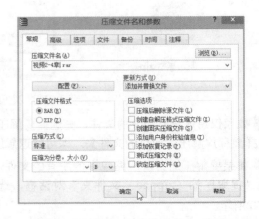

图3-24 "压缩文件名和参数"对话框

**3** 单击"确定"按钮,打开如图3-25所示的"正在创建压缩文件"对话框,显示压缩进度及时间信息,压缩完成后该对话框将自动关闭。被压缩后的文件如图3-26所示。

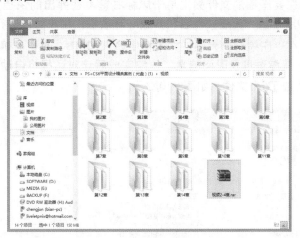

图3-25 "正在创建压缩文件"对话框         图3-26 生成的压缩文件

### 2. 解压缩文件

WinRAR可以直接打开相关联的文件类型。用户只需双击显示为WinRAR特有的图标的压缩文件,就可以使用WinRAR将其打开。具体操作步骤如下:

**1** 双击压缩文件,启动WinRAR的解压缩界面,如图3-27所示。

**2** 在WinRAR的解压缩界面中选择压缩文件中需要释放的文件,然后单击"解压到"按钮,打开如图3-28所示的"解压路径和选项"对话框。

图3-27 打开WinRAR解压缩界面         图3-28 "解压路径和选项"对话框

**3** 在"解压路径和选项"对话框右侧的列表框中选择解压后文件存放的位置,单击"确定"按钮即可执行解压缩操作。

### 3. 分卷压缩文件

WinRAR提供了分卷压缩功能。在文件比较大、不易在网上传输或携带的时候,可以将文件压缩为多个文件,这就是分卷压缩。这里讲解以WinRAR将一个83MB的文件分卷压缩,每个压缩包不超过

20MB，具体操作步骤如下：

**1** 在要压缩的文件夹上单击鼠标右键，在弹出的快捷菜单中选择"添加到压缩文件"命令，打开如图3-29所示的"压缩文件名和参数"对话框，用户可以进行压缩文件名、文件格式等选项的设置。

**2** 在"压缩分卷大小"文本框中输入20MB，单击"确定"按钮，打开"正在创建压缩文件"对话框，显示压缩进度及时间信息，压缩完成后该对话框将自动关闭。用户可以看到在被压缩的文件夹所在目录中生成了5个文件，如图3-30所示。

图3-29 "压缩文件名和参数"对话框 　　　　　图3-30 创建完成的压缩包

# 3.8
## 搜索文件的技巧

　　"刚才用Word编辑的文档保存到哪里去了呢？"、"昨天从网络上下载的图片存到哪里，怎么找不到了？"、"前几天从U盘复制的文件放到哪里呢？"，用户是否偶尔会遇到这种情况呢？还好Windows内置了一个强大的搜索功能，可以帮助用户快速找到想要的文件。

### 3.8.1 查找符合条件的文件

　　打开"文件资源管理器"窗口，可以在窗口的右上角看到搜索框，打开"控制面板"窗口也可以在右上角看到搜索框。下面来看看如何利用搜索框查找电脑中的文件。

　　例如，用户不记得文件保存在哪个磁盘，也不记得完整的文件名，只想找出与"考勤统计"有关的文件。具体操作步骤如下：

**1** 打开"文件资源管理器"窗口，由于不知道文件放在哪个磁盘中，所以在左侧的导航窗格中选择"计算机"以搜索整个计算机。

**2** 在右上角的搜索框中输入要搜索的条件。输入文字后就立即开始查找了，如图3-31所示。

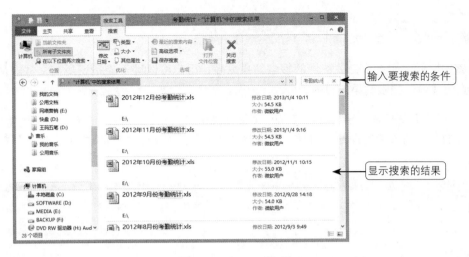

图3-31 搜索文件

在输入搜索条件时，如果只记得部分文件名，那么可用*来代表0至多个字符；用？代表1个字符。如果只想找出同一类别的文件，还可以输入文件的扩展名（*.txt、*.jpg等）。

例如，在搜索框中输入"张家界*信息"，则Windows会找出文件名同时包含"张家界"和"信息"的所有文件。

## 3.8.2 根据文件内容搜索

如果不记得要查找的文件在哪个磁盘，也不记得文件名，只记得文件中的部分内容，Windows也能通过文件的内容进行搜索，不过搜索时间会比较久一些。例如，只记得文件中有"旅游"这两个字，可以按照下述步骤进行操作：

**1** 在"文件资源管理器"窗口的左侧选择"计算机"选项，以搜索整个计算机，在搜索框中输入搜索条件，将立即显示搜索结果，如图3-32所示。

**2** 单击"搜索"选项卡的"选项"组中的"高级选项"按钮，在弹出的下拉列表中选择"文件内容"选项，进一步从文件的内容中进行查找，如图3-33所示。

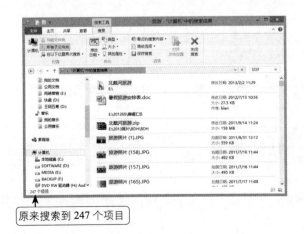

原来搜索到 247 个项目

图3-32 显示搜索结果

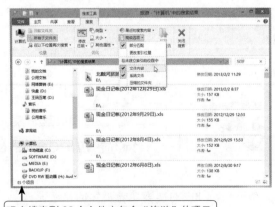

现在搜索到 85 个文件中包含"旅游"的项目

图3-33 搜索文件的内容

### 3.8.3 通过日期或文件大小搜索

在搜索的时候，如果符合关键词的搜索结果太多，用户可以进一步指定所需文件的最后修改日期和大小，达到快速筛选搜索结果的目的。

**1** 打开"文件资源管理器"窗口，在搜索框中输入关键词，然后单击"搜索"选项卡的"修改日期"按钮，在弹出的下拉列表中选择一个日期，如选择"去年"。此时，即可搜索出去年有关旅游的文件，如图3-34所示。

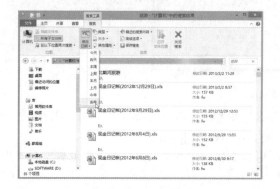

图3-34 通过日期搜索

**2** 为了加快搜索速度，接着使用大小筛选，单击"搜索"选项卡中的"大小"按钮，在弹出的下拉列表中选择文件的大小范围，即可快速显示符合条件的搜索结果，如图3-35所示。

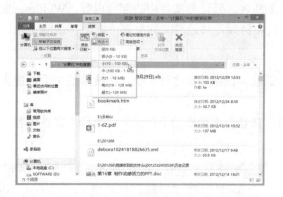

图3-35 按文件大小筛选搜索结果

# 3.9

## 体验 Windows 8 一站式搜索

Windows 8中的搜索功能最大的特色是一站式搜索，用户在一个页面就能完成对应用、设置、文件以及邮件、应用商店在内的所有应用的搜索，搜索结果也显示在一个页面中，有很明显的搜索结果分类、预览和数字提示。

用户只需在"开始"屏幕直接输入即可自动搜索，或者调出超级按钮并单击"搜索"按钮，输入关键词后，即可开始查找，如图3-36所示。

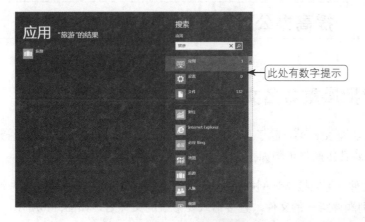

图3-36 利用"搜索"按钮查找

单击"文件"，即可切换到有关文件的搜索，其中包括"文档"、"图片"和"其他"分类（后面的数字为文件数），如图3-37所示。

Windows 8中搜索并非仅限于系统文件、设置和应用，其无缝集成了自带和第三方应用搜索。当前用户在哪个界面唤出搜索功能，就会默认搜索目前所在位置的应用。例如，单击"开始"屏幕中的地图磁贴，然后搜索地名，即可显示该地区的地图，如图3-38所示。

图3-37 显示搜索结果

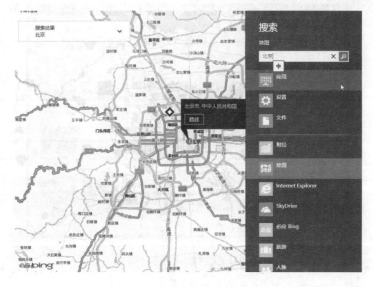

图3-38 搜索某个应用中的信息

# 3.10
## 提高办公效率的诀窍

## 窍门 1：快速批量重命名文件

如果同时要修改大量文件名，除了使用F2键来修改外，还可以配合Ctrl键选择要修改的文件，从而大幅度降低修改时间。具体操作步骤如下：

**1** 选择要重命名的文件，可以按Ctrl+A快捷键全选，或者按住Ctrl键并单击要选择的文件，如图3-39所示。

**2** 按F2键，针对排列顺序第一的文件，直接输入要修改的文件名，如图3-40所示。

图3-39 选择要重命名的文件

图3-40 重命名第一个文件

**3** 按Enter键完成后，将发现所有文件名以修改文件名为开头，加上括号数字，依序排列，如图3-41示。

图3-41 快速重命名多个文件

# 窍门2：遇到无法删除的文件怎么办

当用户删除文件或文件夹时，有时会遇到删除不掉的情况，这是因为文件或文件夹被某个程序正在使用，如图3-42所示。以前要重新启动或另外安装小软件来结束正在使用文件的程序才行，现在只要利用Windows任务管理器就能轻松解决问题了。

图3-42 文件或文件夹删除不掉

**1** 在任务栏上单击鼠标右键，在弹出的快捷菜单中选择"任务管理器"命令，在出现的对话框中切换到"性能"选项卡，然后单击"打开资源监视器"按钮，如图3-43所示。

**2** 切换到"CPU"选项卡，输入删除不掉的文件名或文件夹，即可开始查找正在使用的程序。逐个在程序上单击鼠标右键，在弹出的快捷菜单中选择"结束进程"命令，以关闭该程序，如图3-44所示。

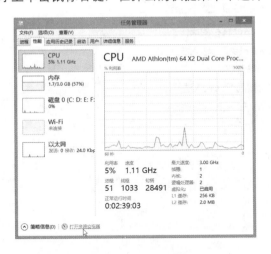

图3-43 "性能"选项卡

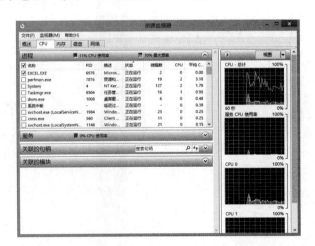

图3-44 "CPU"选项卡

**3** 关闭正在使用的文件程序后，即可将文件删除。

# 04

## 第 4 章
## 办公必备的中文
## 输入法使用技巧

要在Windows中编辑文档，必须备妥两项工具，一个是掌管输入法的语言栏，另一个是编辑文档的软件（例如，记事本、Word等）。本章除了介绍输入法的基础操作外，还将介绍最常用的微软拼音输入法和搜狗输入法的使用技巧。

**教学目标** »»»»»»»»»»»»»»»»»

通过本章的学习，你能够掌握如下内容：

※ 掌握Windows 8下语言栏的操作
※ 安装非Windows 8自带的输入法
※ 删除不想使用的输入法
※ 将常用输入法设置为默认输入法
※ 学会使用常用中文输入法

# 4.1

## 语言栏的操作与输入文字

Windows 8的输入法切换方式与之前的操作系统有较大区别，本节将介绍语言栏的基本操作与输入文字的方法。

### 4.1.1 语言栏的操作

在Windows 8的传统桌面上，我们会在右下角或者任务栏的右侧看到控制Windows输入法的语言栏，本节详细介绍语言栏上各个按钮的功能和作用。

#### 1. 调整语言栏的位置

首先在桌面上找到语言栏，通常语言栏浮动在桌面上，可以通过鼠标将它拖动到桌面的任何位置，或者单击语言栏上的最小化按钮，将它最小化到任务栏上，避免遮挡桌面上的窗口，如图4-1所示。

拖动把手可以任意移动语言栏

图4-1 最小化语言栏

> **小提示**
>
> 也许用户已经习惯了"Ctrl+Shift"切换键盘布局、"Ctrl+空格"切换键盘语言，但这两种方法到了Windows 8中似乎都不那么好用了。Windows 8使用Windows徽标键+空格键进行输入法之间的切换。利用Shift键在中文与英文模式间来回切换。

#### 2. 找不到语言栏

如果桌面和任务栏上都不显示语言栏，可能是语言栏被隐藏了，可以执行如下操作将语言栏显示出来。

**1** 将鼠标指针移到屏幕的右上角或右下角，会显示超级按钮，然后向上或向下移动以单击"设置"按钮。此时，会显示"设置"菜单，单击其中的"控制面板"命令，如图4-2所示。

图4-2 单击"控制面板"命令

**2** 打开"控制面板"窗口，单击"时钟、语言和区域"选项下的"更改输入法"链接文字，如图4-3所示。

**3** 打开"语言"窗口，单击左侧的"高级设置"链接文字，如图4-4所示。

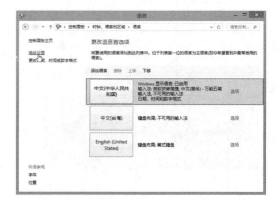

图4-3 "控制面板"窗口　　　　　　　　　　　　　　　　图4-4 "语言"窗口

**4** 打开"高级设置"窗口，选中"使用桌面语言栏"复选框，并单击右侧的"选项"链接文字，如图4-5所示。

**5** 打开"文本服务和输入语言"对话框，选中"悬浮于桌面上"单选按钮，单击"确定"按钮即可，如图4-6所示。

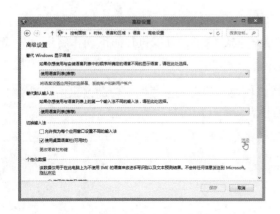

图4-5 "高级设置"窗口　　　　　　　　　　　　图4-6 "文本服务和输入语言"对话框

## 4.1.2 切换中 / 英文输入模式

Windows 8系统自带的微软拼音简捷输入法，无论是在Windows的开始屏幕界面中还是在Windows传统桌面中，都可以在中文的输入模式下按Shift键，或者单击"中/英"标识切换到英文输入模式，如图4-7所示。另外，单击语言栏的"中"字按钮，当变成"英"字按钮时，表示已经切换到英文输入模式。

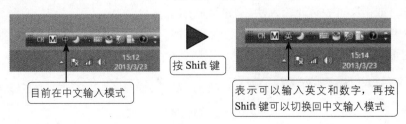

目前在中文输入模式

按 Shift 键

表示可以输入英文和数字，再按 Shift 键可以切换回中文输入模式

图4-7 切换中/英文输入模式

## 4.1.3 切换全角 / 半角输入模式

在中文输入模式下语言栏会显示一个全角/半角按钮 🌙 ，按下Shift+Space（空格）组合键可以切换半角和全角的输入模式，如图4-8所示。

目前为半角

按 Shift+Space 键

目前为全角

图4-8 切换全角/半角

小提示

**半角与全角的差异对比**

半角模式下输入的符号、英文、数字的宽度是中文汉字的一半，为了使文字对齐，可以切换到全角模式下输入，使符号、英文、数字的宽度和汉字一样。

# 4.2
## 安装、切换和删除输入法

目前流行的中文输入法有搜狗、谷歌、紫光拼音、智能五笔、万能五笔等，用户可以根据个人喜好选择合适的输入法，当然要考虑输入法适用于Windows 8。本节介绍安装、切换和删除输入法的基本方法。

## 4.2.1 安装输入法

如果Windows自带的输入法无法满足用户的需要，也可以根据自己的喜好下载并安装合适的输入法。我们以安装搜狗输入法为例，介绍如何安装非Windows提供的中文输入法。

首先登录搜狗输入法网站（http://pinyin.sogou.com/）下载搜狗输入法，然后在计算机中找到下载的输入法的安装程序。双击即可安装此输入法，如图4-9所示。

在安装的过程中，只需按照提示进行简单的设置即可。安装完毕后，单击任务栏的输入法图标，就可以看到安装好的输入法，如图4-10所示。

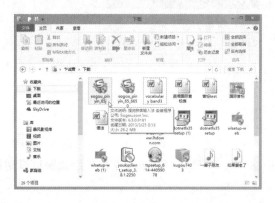

图4-9 找到下载输入法的文件夹

图4-10 新安装的输入法

## 4.2.2 切换不同的中文输入法

由于一般用户会安装多种输入法，使用时会遇到多种输入法互相切换的问题。用户可以使用鼠标单击语言栏选择要使用的输入法，还可以利用Windows徽标键+空格键快速切换，屏幕的右侧显示一个大的切换框，每按一次组合键，就会切换一种输入法，按顺序循环显示，如图4-11所示。

在 Windows 传统桌面切换输入法

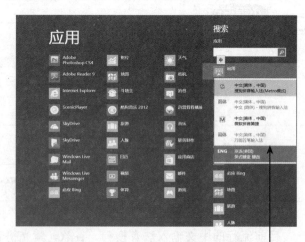

在 Windows 8 开始屏幕搜索界面切换输入法

图4-11 切换输入法

## 4.2.3 删除输入法

当用户误装某种输入法，或者某种输入法不常使用时，可以将其删除。我们以删除搜狗输入法为例，来介绍如何删除输入法。

**1** 按Windows徽标键+X键在屏幕的左下角弹出"快速访问菜单"，如图4-12所示。选择其中的"控制面板"命令，打开"控制面板"窗口，单击"时钟、语言和区域"分类下的"更换输入法"文字链接，如图4-13所示。

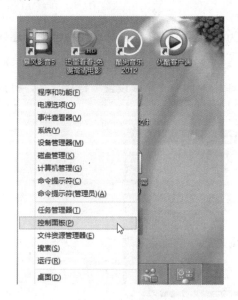

图4-12 快速访问菜单　　　　　　　　　　图4-13 单击"更换输入法"文字链接

**2** 打开"语言"窗口，其中显示当前系统的语言种类和对应的输入法。单击输入法右侧的"选项"文字链接，如图4-14所示。

**3** 打开如图4-15所示的"语言选项"窗口，可以查看该语言下已安装的输入法。单击"删除"文字链接，即可卸载对应的输入法。

图4-14 "语言"窗口　　　　　　　　　　图4-15 "语言选项"窗口

**添加输入法**

如果要添加某个输入法，可以在如图4-15所示的窗口中单击"添加输入法"链接文字，在打开的窗口中选择要添加的输入法，然后单击"添加"按钮。

## 4.2.4　设置默认输入法

一般情况下，用户习惯使用某种输入法，可以将其设置为默认输入法，省去每次使用都需要连续切换输入法的麻烦。设置默认输入法的操作步骤如下：

**1** 使用前一节的方法，打开如图4-14所示的"语言"窗口，单击左侧的"高级设置"链接文字，打开如图4-16所示的"高级设置"窗口。

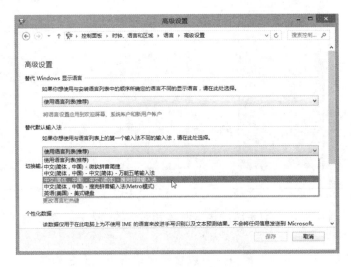

图4-16　"高级设置"窗口

**2** 在"替代默认输入法"下拉列表框中选择一种输入法，即可将自己习惯的输入法设置为Windows系统默认的输入法。

# 4.3
## 使用常用中文输入法

目前，已经开发了上千种中文输入法，但是无论哪一种输入法都离不开拼音输入、形码输入和音形输入这3种基本的模式。下面介绍几种常用输入法的使用方法。

## 4.3.1 使用微软拼音简捷输入法

Windows 8系统自带的微软拼音简捷输入法提供了许多功能，无论是在Windows传统桌面还是Metro界面均提供了相应的输入体验，以方便用户在每种模式下都能够快速准确地输入。

微软拼音简捷输入法是一种汉语拼音语句输入法。在使用微软拼音输入法输入汉字时，可以连续输入汉语语句的拼音，系统会自动根据拼音选择最合理、最常用的汉字，免去逐字逐词挑选的麻烦。

### 1. 输入单个汉字

下面以在"记事本"窗口中输入汉字为例，介绍微软拼音输入法的使用方法：

**1** 为了打开"记事本"窗口，切换到开始屏幕界面，在空白处单击右键，然后单击屏幕下方的"所有应用"按钮，在"应用"界面中单击"Windows附件"组中的"记事本"磁贴，打开"记事本"窗口。

**2** 按Windows徽标键+空格键，切换到微软拼音简捷输入法。

**3** 使用键盘输入拼音dian，弹出输入法候选框，如图4-17所示。

**4** 在汉字候选框中，按照汉字对应的数字键输入汉字。例如，按2键，即可输入"电"。如果要翻页，可以点击翻页按钮 ⌄ 或者按键盘的减号（-）或等号（=）。

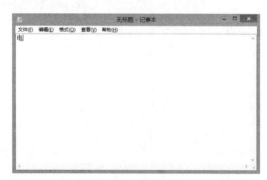

图4-17 输入法候选框

### 2. 输入词组

微软拼音输入法还具有词组输入功能，以提高录入的速度。词组的输入方法与单字输入很相似。例如，利用微软拼音输入法输入"中国人"，具体操作步骤如下：

**1** 在记事本窗口中，将输入法切换为微软拼音输入法。

**2** 按顺序输入拼音字母"zhongguoren"，在输入过程中自动显示内容搭配，如图4-18所示。由于"中国人"出现在第一位，按下空格键选择排在第一位的词组，完成该词组的输入。

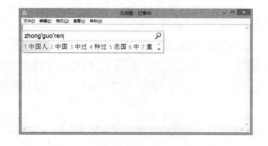

**3** 当需要输入单个字的时候，如直接输入全拼"min"，将会出现很多单字，经过观察"民"仍然排在候选框的第一位，所以直接按下空格键即可。

图4-18 输入拼音

**4** 还可以尝试使用简拼，如需要输入"共和国"，那么只需输入"ghg"这3个字母，将会出现一系列词组，会发现"共和国"仍然排在第一位，直接按下空格键完成输入。

## 4.3.2　使用搜狗输入法

下面介绍一种使用比较广泛、输入速度快、无需记忆且有智能组词的输入法——搜狗拼音输入法。它博采众长，设计理念和一些必要的功能都非常符合时代的要求。其强大而且不断及时更新的词库和非常好用的输入功能以及个性化的界面设置，使它在众多输入法中脱颖而出，成为网上输入法的主流之一。新版搜狗输入法与Windows 8兼容性较好，安装搜狗输入法时除提供了常用传统的输入法模式外，还提供了"搜狗拼音输入法（Metro模式）"，让用户可以在Windows 8的Metro界面下输入汉字。

### 1. 全拼输入

全拼输入是拼音输入法中最基本的输入方式。只要利用Ctrl+Shift组合键切换到搜狗输入法，在输入窗口输入拼音，如图4-19所示，依次选择所要的字或词即可。用户可以用"逗号（，）、句号（。）"或"[ ]"进行翻页。

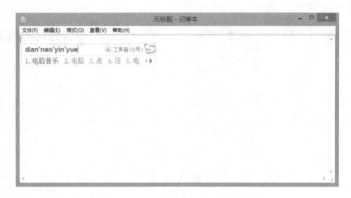

图4-19 全拼输入

### 2. 简拼输入

简拼是输入声母或声母的首字母进行输入的一种输入方法，有效地利用简拼，可以大大提高输入的效率。目前搜狗输入法支持的是声母简拼和声母的首字母简拼。例如，想输入"张靓颖"，只要输入"zhly"或者"zly"都可以输入"张靓颖"。

另外，搜狗输入法支持简拼全拼的混合输入，例如，输入"srf"、"sruf"、"shrfa"都可以得到"输入法"。

当遇到候选词过多时，可以采用简拼与全拼混用的模式，这样能够利用最少的输入字母达到最准确地输入效率。例如，要输入"指示精神"，输入拼音"zhishijs"、"zsjingshen"、"zsjingsh"或"zsjings"都是可以的。打字熟练的人会经常使用全拼和简拼混用的方式。

### 3. 模糊音输入

模糊音是专为对某些音节容易混淆的人设计的。启用模糊音后,例如sh<-->s,输入"si"也可以出来"十",输入"shi"也可以出来"四"。

搜狗支持的模糊音有:

声母模糊音:s <--> sh, c<-->ch, z <-->zh, l<-->n, f<-->h, r<-->l;

韵母模糊音:an<-->ang, en<-->eng, in<-->ing, ian<-->iang, uan<-->uang。

### 4. 使用自定义短语

在输入过程中,有很多短语(如单位名称、地址等)会反复出现,如果能用几个简单的字母就能轻松输入这些短语,一定可以提高输入速度。搜狗输入法提供了自定义短语的功能,具体操作步骤如下:

**1** 单击搜狗状态栏右侧的 按钮,在弹出的快捷菜单中选择"设置属性"命令,打开如图4-20所示的"搜狗拼音输入法设置"对话框。

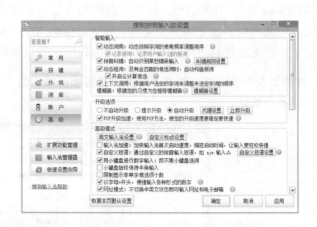

图4-20 "搜狗拼音输入法设置"对话框

**2** 单击左侧的"高级"分类,然后单击右侧的"自定义短语设置"按钮,打开"自定义短语设置"对话框,在此可以添加、编辑与删除短语。

**3** 单击"添加新定义"按钮,打开如图4-21所示的"添加自定义短语"对话框,在"缩写"文本框中输入英文字符,在"短语"文本框中输入想要的文本。

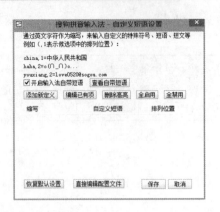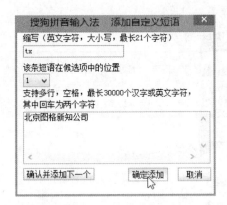

图4-21 "添加自定义"对话框

**4** 单击"确认添加"按钮。此时，输入"tx"，就会出现"北京图格新知公司"的候选词了。

# 4.4
## 提高办公效率的诀窍

## 窍门 1：Windows 8 输入法切换也智能

在Windows 8中，预装的输入法比之前的输入法可谓是改变不小。虽然第三方输入法仍有一些不够完美之处，但是应付日常使用完全足够。在Windows 8中，不仅对中文输入做了优化，对于输入法的切换也提供了一种更加便利的设置——为不同的程序单独设置输入法。

**1** 在"控制面板"窗口中，单击"时钟、语言和区域"组下的"更换输入法"链接文字，打开如图4-22所示的"语言"窗口。

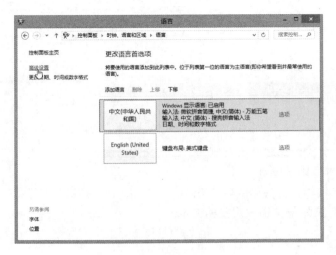

图4-22 "语言"窗口

**2** 打开"高级设置"窗口，勾选"允许我为每个应用窗口设置不同的输入法"复选框，然后单击"保存"按钮，如图4-23所示。

图4-23 "高级设置"窗口

此时，用户可以试着打开两个"记事本"窗口，在第一个记事本窗口中输入英文，然后在第二个记事本窗口中切换到中文输入法下输入中文。此时，切换到第一个记事本窗口，则输入状态恢复回英文状态。这样的设置，可以方便在不同的窗口中快速进入工作状态，例如，在QQ与同事沟通时需要输入中文，而在英文写作中需要输入英文。

## 窍门2：设置 Windows 8 输入法指示器的显示/隐藏

输入法指示器是Windows 8传统桌面任务栏右下角的一个有关输入法的指示图标，如微软拼音简捷输入的"M"图标、搜狗输入法的"简体"图标等，单击它可以随时切换和设置输入法。在Windows 8中可以显示或隐藏输入法指示器，具体操作步骤如下：

**1** 单击任务栏右端的向上三角形图标按钮，在弹出的列表中选择"自定义"选项，如图4-24所示。

图4-24 选择"自定义"选项

**2** 打开"通知区域图标"窗口，单击"启用或关闭系统图标"文字链接，打开"系统图标"窗口，找到"输入指示"，然后选择"启用"或"关闭"，如图4-25所示。

图4-25 启用或关闭"输入指示"

# 05

Office是世界上应用最广泛的办公软件，不仅界面友好、操作简单，而且安全性和稳定性也非常高。由于Office 2013界面与低版本有很多不同，这给许多老用户带来了困扰，增加了学习难度。为了使读者尽快掌握与熟悉新界面，本章将从如何启动与设置Office 2013讲起，然后介绍制作Office文档的规范流程、Office 2013的通用操作，最后通过实例完整介绍创建第一个Office文档的方法，为读者后续的学习打下基础。

# 第 5 章
# 融会贯通
# Office 2013

## 教学目标 〉〉〉〉〉〉〉〉〉〉〉〉〉〉〉〉〉〉〉〉〉

通过本章的学习，你能够掌握如下内容：

※ 学习启动与退出Office 2013的基本方法

※ 先睹为快，了解Office 2013的一些新增功能

※ 为新手着想，全面介绍Office 2013的操作环境

※ 让老用户根据自己的操作习惯，定制个性化的办公环境

※ 集中介绍Word、Excel、PowerPoint三大软件的通用功能

# 5.1
## 启动与设置 Office 2013

如果准备使用Office软件，必须先启动Office程序；如果是首次使用Office 2013，肯定会对其界面感到既新鲜又陌生，需要熟悉与灵活设置Office 2013操作环境。

## 5.1.1 启动与退出 Office 2013

启动Office是指将Office系统的核心程序（Winword.exe、Excel.exe、PowerPnt.exe等）调入内存，同时进入Office应用程序及文档窗口进行文档操作。退出Office是指结束Office应用程序的运行，同时关闭所有Office文档。

下面以启动与退出Word为例，其流程图如图5-1所示。

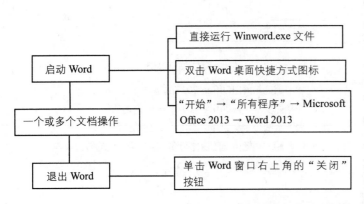

图5-1 启动与退出Word流程

如果在Windows 8中启动Word 2013，可以按键盘上的Windows徽标键切换到Windows 8的开始屏幕，如果是触摸屏，可以用手指向右滑动屏幕找到Word 2013磁贴并点击；如果是普通电脑屏幕，可以拨动鼠标的滚轮向右滚动，然后单击Word 2013磁贴，如图5-2所示。

图5-2 Windows 8中启动Word 2013

**办公专家一点通**

如果计算机中已经有编辑的Word文档，那么可以打开保存Word文档的文件夹，然后双击Word文档，也可以启动Word并打开选择的文档；同样，双击Excel文档，可以启动Excel并打开选择的文档。

如果要退出 Office 2013应用程序（这里以退出 Word 2013为例），可以选择下述方法之一：

- 单击 Word 窗口右上角的"关闭"按钮。
- 按 Alt+F4 组合键。

**办公专家一点通**

**在Windows 8中将Office应用程序固定到任务栏**

在Windows 8中，用户每次启动Office应用程序时都需要从开始屏幕中单击某个磁贴，显得比较麻烦。如果每天都要用Word 2013来写文章，可以将其应用程序固定到任务栏中。具体操作方法是：按键盘上的Windows徽标键切换到开始屏幕，在Word 2013磁贴上单击右键，单击下方弹出的"固定到任务栏"按钮（见图5-3），即可将Word 2013固定到任务栏。

图5-3 将应用程序固定到任务栏

## 5.1.2 Office 2013 新特性

新版Office 2013是一项功能强大的服务，不仅提供了为适应平板电脑操作而重新设计的界面，还加入了SkyDrive同步、社交协作等功能。

### 1. 在云中保存和共享文档

Office 2013与微软SkyDrive网盘服务紧密，到处可以看到SkyDrive或者Windows Live账户的身影，如图5-4所示。只要登录用户的账户，就可以将文档在线保存到SkyDrive或SharePoint中，便于随时访问、编辑和共享。

图5-4 随处可见Windows Live账户

### 2. 社交功能

Office 2013集合了社交功能，可以通过邮箱链接，邀请同事或好友共同编辑文档。只要将文档保存到云中，填入好友的邮箱链接，然后选择交给好友的权限（可编辑或只读），就可以将邀请链接发送给好友，如图5-5所示。

好友进入邮箱单击邀请链接后，就会以浏览器打开SkyDrive，用Office的在线模式查看文档。如果用户给予了好友可编辑的权限，那么就可以在线编辑或者打开Word来一起编辑文档了，如图5-6所示。

图5-5 给好友发送文档链接

图5-6 好友可以在线编辑文档

### 3. Word 2013的新阅读模式

全新的Word 2013，可以让阅读者重点更明确、注意力更集中，屏幕阅读体验大大改善，让阅读者感觉在翻阅一本电子杂志，如图5-7所示。

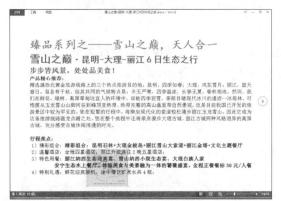

图5-7 新阅读模式

当用户查看表、图表、图像或在线视频时，通过手指点击或鼠标单击即可查看详细信息。完成后再点击或单击一次对象外部可将其返回原始大小。

另外，Word 2013会自动为用户上次访问的内容添加书签。当用户阅读文档时休憩片刻，再次打开此文档，可以从中断的地方继续阅读，甚至可以在不同的电脑或平板电脑上阅读。

### 4. Word 2013新图文混排工具

以前在Word文档中尝试移动图像或者图表时经常会碰到各种莫名其妙的位置偏差问题，令人抓狂。在新版的Word 2013中专门针对这个用户抱怨颇多的问题提供了一些方便图片控制和操作的新功能。

- "布局选项"按钮，可以方便用户在文档编辑时快速选择和改变图片布局，如图 5-8 所示。
- 实时布局，方便用户在对图片做移动、调整大小或者旋转时实时看到文档的新布局效果，如图 5-9 所示。

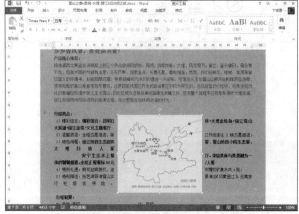

图5-8 "布局选项"按钮　　　　　　　　图5-9 实时布局

### 5. 打开并编辑PDF文档

在Word中打开PDF并编辑内容。编辑段落、列表和表格，就像编辑普通的Word文档一样，让它看起来更加出色。

### 6. Excel 2013即时分析数据

使用新增的"快速分析"工具，可以在两步或更少步骤内将数据转换为图表或表格。预览使用条件格式的数据、迷你图或图表，并且仅需一次单击即可完成选择，如图5-10所示。

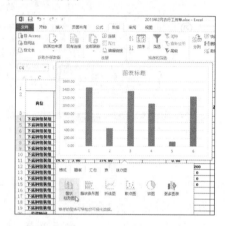

图5-10 利用"快速分析"工具一次单击快速创建图表

### 7. 快速填充数据

"快速填充"像数据助手一样帮助完成工作。当检测到需要进行的工作时，"快速填充"会根据从数据中识别的模式，一次性输入剩余数据。例如，要将姓名中的姓氏和名字分隔到单独的列，就可以利用Excel 2013的"快速填充"功能，如图5-11所示。

图5-11 快速填充数据

### 8. 推荐合适的图表及快速微调图表

通过"图表推荐"，让Excel推荐能够最好地展示用户的数据模式的图表。通过快速预览查看图表和图形选项，然后选择最适合的选项，如图5-12所示。

插入图表后，图表的右侧会弹出三个图表按钮，让用户可以快速选择和预览对图表元素、图表的外观样式或显示数据的更改等，如图5-13所示。

图5-12 Excel推荐适合的图表

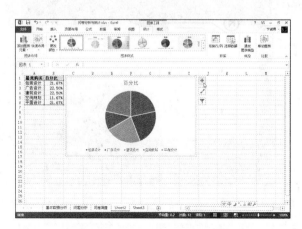

图5-13 快速微调图表按钮

### 9. 创建适合数据的数据透视表

在Excel 2013中创建数据透视表变得比较容易，它会推荐一些方法来汇总数据，并提供各种数据透视表选项的预览，让用户选择最能体现观点的数据透视表，如图5-14所示。

创建数据透视表后，还可以使用一个相同的"字段列表"来创建使用了一个或多个表格的数据透视表布局，如图5-15所示。"字段列表"通过改进以容纳单表格和多表格数据透视表，可以更加轻松地在数据透视表布局中查找所需字段、通过添加更多表格来切换为新的"Excel数据模型"，以及浏览和导航到所有表格。

图5-14 Excel推荐适合的数据透视表

图5-15 使用"字段列表"创建不同的数据透视表

### 10. 改进的演示者视图

在PowerPoint 2013中，演示者视图允许用户在自己的监视器上查看笔记，而观众只能查看幻灯片。在以前的版本中，很难搞清楚在哪个监视器上查看哪些内容，新的演示者视图使用起来更加直观，如图5-16所示。

幻灯片放映过程中，可以局部放大幻灯片，将观众的注意力引向重点。只需几次单击即可放大文字、图表或图形，如图5-17所示。

图5-16 改进的演示者视图

图5-17 选择要放大显示的内容后单击

### 11. 贴心的幻灯片设计

PowerPoint 2013的主题提供了一组变体，例如不同的配色和字体等。只需切换到"设计"选项卡，从"主题"和"变体"组中选择一个主题和变体，如图5-18所示。

以前用户要对齐幻灯片中的多个对象，通常采用目测的方法查看是否对齐。现在使用PowerPoint 2013，当用户拖动对象（例如图片、形状等）距离较近并且均匀时，智能参考线会自动显示，并告诉对象的间隔均匀，如图5-19所示。

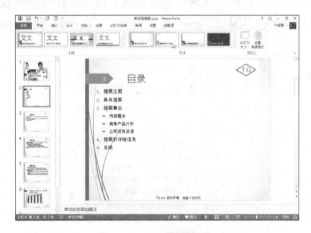

图5-18 主题和变体

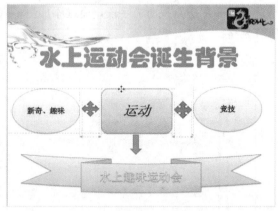

图5-19 对齐参考线

### 12. 利用取色器可实现颜色匹配

用户可以利用取色器从屏幕上的对象中捕获精确的颜色，然后将其应用于任何形状中，如图5-20所示。

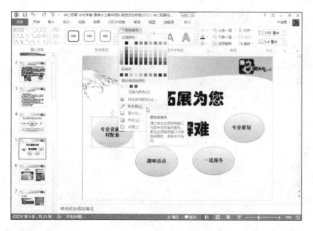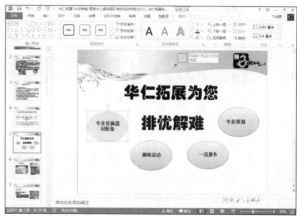

图5-20 利用取色器从屏幕上捕获颜色

## 5.1.3 新手入门：快速认识 Office 2013 的操作环境

启动Office 2013程序后，如果是首次使用，会对其界面感到陌生。用惯了早期Office版本的工具栏和菜单式的操作，在Office 2013的新界面中可能不太容易找到相应的操作。因此，学习新界面是掌握Office 2013的第一步。

启动Office 2013程序后，首先看到的是"开始"屏幕。如图5-21所示就是启动Word 2013后的"开始"屏幕，其中显示一些精美的模板，帮助用户从最近查看的文档的列表开始，这样能够快速返回到上次离开时的位置。

图5-21 Word 2013的新"开始"屏幕

当用户单击"空白文档"图标，即可打开新的空白文档，在打开的主窗口中包括"文件"选项卡、快速访问工具栏、标题栏、功能区、编辑区以及状态栏等部分，如图5-22所示为Word 2013的操作界面。

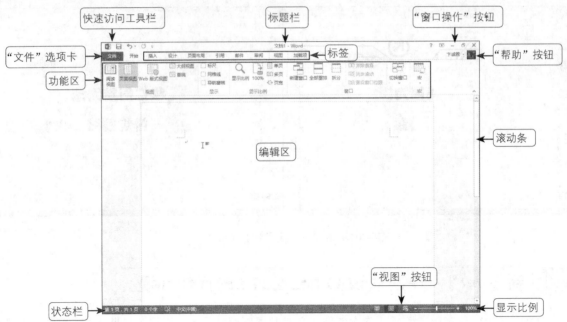

图5-22 Word 2013操作界面的组成

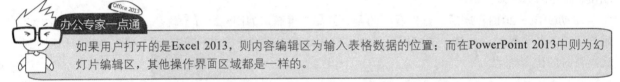

办公专家一点通

如果用户打开的是Excel 2013，则内容编辑区为输入表格数据的位置；而在PowerPoint 2013中则为幻灯片编辑区，其他操作界面区域都是一样的。

- "文件"选项卡：打开"文件"选项卡，用户能够获得与文件有关的操作选项，如"打开"、"另存为"或"打印"等。

  "文件"选项卡实际上是一个类似于多级菜单的分级结构，分为 3 个区域。左侧区域为命令选项区，该区域列出了与文档有关的操作命令选项。在这个区域选择某个选项后，右侧区域将显示其下级命令按钮或操作选项。同时，右侧区域也可以显示与文档有关的信息，如文档属性信息、打印预览或预览模板文档内容等。

- 快速访问工具栏：快速访问频繁使用的命令，如"保存"、"撤销"和"重复"等。在快速访问工具栏的右侧，可以通过单击下拉按钮，在弹出的菜单中选择 Office 已经定义好的命令，即可将选择的命令以按钮的形式添加到快速访问工具栏中。

- 标题栏：位于快速访问工具栏的右侧，在标题栏中从左至右依次显示了当前打开的文档名称、程序名称、窗口操作按钮（"最小化"按钮、"最大化"按钮、"关闭"按钮）。

- 标签：单击相应的标签，可以切换到相应的选项卡，不同的选项卡中提供了多种不同的操作设置选项。

- 功能区：在每个标签对应的选项卡中，按照具体功能将其中的命令进行更详细的分类，并划分到不同的组中，如图 5-23 所示。例如，"开始"选项卡的功能区中收集了对字体、段落等内容设置的命令。

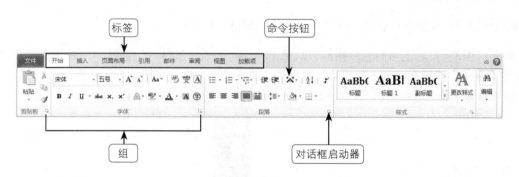

图5-23 功能区的组成

**办公专家一点通**

有些选项卡只有在特定操作时才会显示出来，例如，当在文档中选择插入的图片时，会在功能区中显示"图片工具"的"格式"选项卡。将光标定位到文档中的表格时，将会显示"表格工具"的"设计"和"布局"选项卡。

- 编辑区：是 Office 窗口中面积最大的区域，在 Word 2013 中默认为白色区域，在 Excel 2013 中默认为带有线条的表格，在 PowerPoint 2013 中也是一个白色区域。用户可以在内容编辑区中输入文字、数值、插入图片、绘制图形、插入表格和图表，还可以设置页眉页脚的内容、设置页码。通过对内容编辑区进行编辑，可以使 Office 文档丰富多彩。
- 滚动条：拖动滚动条可以浏览文档的整个页面内容。
- 状态栏：位于主窗口的底部，可以通过状态栏了解当前的工作状态。例如，在 Word 状态栏中，可以通过单击状态栏上的按钮快速定位到指定的页、查看字数、设置语言，还可以改变视图方式和文档页面显示比例等。

## 5.1.4 Office 操作环境的初步设置——账户设置

如果用户注册了一个微软账户，然后使用这个账户登录Office 2013，这时就像微软宣传的那样，"现在这就是你的Office，而不是你某台电脑的Office。在新的环境下，只要注册Office，你的文件、数据和设置就可以保存到云计算系统，并在所有设备之间同步，即使只是借用他人的设备。"

如果用户使用Windows 8操作系统，并且使用微软账户登录系统，则Office 2013也自动以此账户进行登录。每个Office 2013软件右上角的账户图标都表明已经登录到微软的在线服务，可以在云中存储文件，如图5-24所示。

图5-24 登录到微软账户

如果用户要改用其他账户登录，可以按照下述步骤进行操作：

**1** 单击Word 2013窗口右上角的账户图标，从弹出的下拉列表中选择"切换账户"链接文字，弹出如图5-25所示的"登录"对话框。输入电子邮件地址后，单击"下一步"按钮。

**2** 弹出对话框要求输入登录密码，然后单击"登录"按钮，如图5-26所示。

图5-25 "登录"对话框

图5-26 输入登录密码

**3** 此时，将登录到此新的账户。用户可以将文件保存到此账户的SkyDrive中。

## 5.1.5 Office 背景与主题设置

大家进入Office 2013的组件后，会发现其背景更加特别（默认为电路背景）。Office 2013允许用户设置不同的背景与主题。具体操作步骤如下：

**1** 单击"文件"选项卡，在弹出的菜单中单击"账户"按钮，弹出"账户"窗口。

**2** 在"Office背景"下拉列表框中可以选择一种背景，如果不想使用背景，则选择"无背景"；在"Office主题"下拉列表框中可以选择一个主题颜色，如图5-27所示。

图5-27 选择Office背景和主题

# 5.2

## 必要的准备：定制个性化的办公环境

本节将通过制作具体的案例——定制个性化的办公环境，让用户在一个适合自己的工作环境中工作，更加得心应手。

## 5.2.1 实例描述

本实例将以自定义Word操作环境为例，介绍设置Office 2013软件办公环境的方法，具体内容如下：

- 自定义功能区
- 向快速访问工具栏中添加常用按钮
- 将默认打开文档位置设置为常用位置
- 不显示任何已打开过的文档名称

## 5.2.2 实例操作指南

本实例的具体操作步骤如下：

**1** 启动Word 2013，单击"文件"选项卡，在展开的菜单中选择"选项"命令，弹出"Word选项"对话框，单击"自定义功能区"选项，然后在"自定义功能区"列表下，单击"新建选项卡"按钮，如图5-28所示。

图5-28 单击"新建选项卡"按钮

**2** 在列表框中单击选中"新建选项卡（自定义）"选项，然后单击"重命名"按钮，弹出如图5-29所示的"重命名"对话框，在"显示名称"文本框中输入名称，然后单击"确定"按钮。

**3** 在"主选项卡"列表框中，单击"字体"选项，然后单击"下移"按钮，将选中的"字体"组移至新建的"文本"选项卡中，如图5-30所示。

图5-29 "重命名"对话框

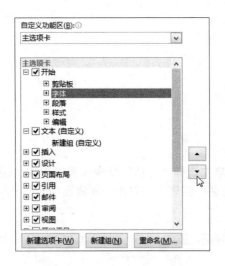
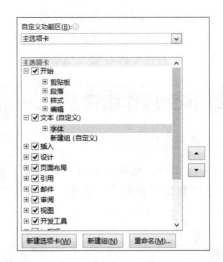

图5-30 向新建的选项卡中添加组

**4** 用同样的方法,将"段落"组移至新建的"文本"选项卡中。设置完成后,单击"确定"按钮,可以看到在功能区中添加了"文本"选项卡,并显示了"字体"和"段落"组命令,如图5-31所示。

"文本"选项卡中包括"字体"和"段落"组

图5-31 向新建的组中添加命令

**5** 单击快速访问工具栏右侧的"自定义"按钮，弹出其下拉菜单，其中列出了一些可以直接添加的按钮，如"新建"、"打开"与"快速打印"等，如图5-32所示。

图5-32 向快速访问工具栏中添加按钮

**6** 如果"自定义快速访问工具栏"下拉列表中没有自己想要的按钮，可以单击"其他命令"选项，弹出"Word选项"对话框并选定"快速访问工具栏"选项，如图5-33所示。在"从下列位置选择命令"下拉列表框中选择"不在功能区中的命令"选项，从命令列表中选择要添加到快速访问工具栏中的命令，再单击"添加"按钮将其添加到快速访问工具栏列表中。

图5-33 选择要添加的按钮

**7** 单击"确定"按钮，关闭对话框。如图5-34所示就是添加了多个按钮的快速访问工具栏。

新增加的命令按钮

图5-34 添加了多个按钮的快速访问工具栏

办公专家一点通

如果在"Word选项"对话框内选中"在功能区下方显示快速访问工具栏"复选框,则将快速访问工具栏显示在功能区的下方,如图5-35所示。

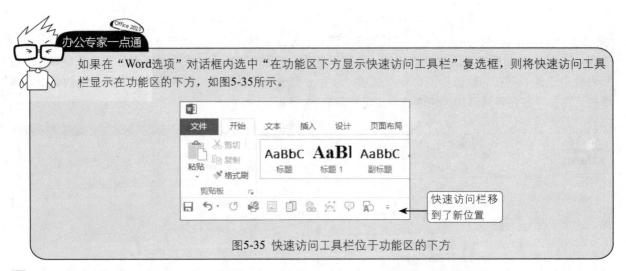

快速访问栏移到了新位置

图5-35 快速访问工具栏位于功能区的下方

**8** 单击"文件"选项卡,然后单击"选项"命令,打开"Word选项"对话框。选择左侧的"保存"选项,在右侧的"默认本地文件位置"文本框中选中打开文件位置的文件夹,如图5-36所示。

图5-36 设置打开默认文件的位置

**9** 选择左侧的"高级"选项，在右侧找到"显示"选项组，在"显示此数目的'最近使用的文档'"微调框中输入"0"，如图5-37所示。这样，下次启动Word 2013时在"开始"屏幕中不会记录曾经打开过的文档。另外，"文件"选项卡的"打开"命令中也不列出最近打开过的文档记录。

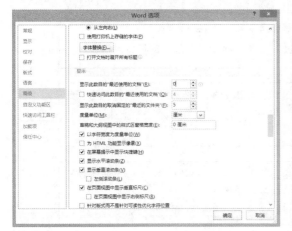

图5-37 设置显示已打开的文档数量

## 5.2.3 实例总结

通过本实例的学习，读者大致了解Office 2013的操作环境，并且根据个人工作需要定制适合自己的工作环境，充分发挥Office 2013使用的便利性，有效地提高工作效率。

# 5.3
## Office 2013 三大软件的知识体系与制作流程

使用Office来完成某项任务时，需要了解其涵盖的知识体系以及大概的制作流程。本节将介绍Office 2013中Word 2013、Excel 2013和PowerPoint 2013三大常用软件的知识体系与制作流程。

## 5.3.1 Word 2013 涵盖的知识体系与制作流程

Word是Microsoft公司推出的一款优秀的文字处理软件，可以制作各种类型的文档，在文档中插入图片进行美化，也可以将数据以表格和图表的形式呈现在文档中。如果要排版像书籍、公司的员工手册等大型文档，那么可以使用Word中的自动化功能来快速、高效地为文档添加样式、页眉页脚，对章节进行自动编号，设置交叉引用、创建目录以及制作索引等内容。

Word中的知识体系结构基本上分为6个方面，可以用如图5-38所示的示意图进行描述。

| 新建与处理文档 | • 文档的基本操作：新建文档、保存文档、打开文档<br>• 保护文档：设置打开文档密码、限制编辑文档 |
|---|---|
| 文字输入与编辑 | • 输入各种内容：汉字、数字、英文字符、标点、特殊符号<br>• 基本编辑技巧：插入、删除、移动、复制、撤销、重复、查找与替换 |
| 格式设置 | • 单独设置：字体、字号、字形、颜色、特殊效果、段落对齐、段落缩进、段间距与行间距、制表位、项目符号与编号、边框与底纹<br>• 批量设置：样式、模板 |
| 图形、表格化文档 | • 添加图形对象：插入图片、剪贴画、艺术字、绘制图形、文本框、屏幕截图<br>• 添加表格：插入表格、绘制表格、调整表格结构、设置表格的格式<br>• 设置对象格式：调整大小与颜色、裁剪图片、艺术效果、文字环绕方式 |
| 自动化处理 | • 常规自动化：标题编号自动化、图和表编号自动化、目录自动化、交叉引用自动化、脚注和尾注自动化<br>• 特殊自动化：添加域、录制宏、Word VBA 开发自动化程序<br>• 设置对象格式：调整大小与颜色、裁剪图片、艺术效果、文字环绕方式 |
| 打印文档 | • 页面设置：纸张大小、纸张方向、页边距、页码、页眉与页脚、分栏、分页与分节<br>• 打印输出：打印预览、设置打印范围、指定打印选项、正确打印<br>• 设置对象格式：调整大小与颜色、裁剪图片、艺术效果、文字环绕方式 |

图5-38  Word知识体系结构

了解Word的知识体系结构对于制作一个文档的流程相当重要。当然，根据文档要求的不同，其制作流程中会有一些变化，但是仍可以总结出一个通用的Word文档制作流程：

新建文档→页面设置→输入文档内容→对文档内容进行格式化→利用图形对象美化文档→对文档进行自动化设置与处理→设置打印选项并将文档打印到纸张上。

在整个流程中，可能不需要某些步骤，例如，对一个很短的会议通知而言，可能只需要输入文本、设置文本的字体和段落格式，不需要利用样式排版或插入图形对象等。总之，只要掌握Word知识，再加以灵活应用，就能够制作出美观的文档。

## 5.3.2  Excel 2013 涵盖的知识体系与制作流程

Excel是Microsoft公司推出的一款优秀的电子表格处理软件，具有强大的电子表格处理功能，可以制作表格、计算大量数据以及统计和财务分析。利用Excel可以快速输入表格数据、根据需要设置数据的格式、控制数据输入的有效性、为符合特定条件的数据设置格式、使用各种函数计算数据、用图表和数据透视表分析数据等。

Excel中的知识体系结构基本上分为6个方面，可以用如图5-39所示的示意图进行描述。

| 新建工作簿与处理工作表 | • 工作簿的基本操作：新建工作簿、保存工作簿、打开工作簿<br>• 处理工作表：新建工作表、命名工作表、删除工作表<br>• 保护工作簿和工作表：设置打开工作簿密码、锁定工作表、隐藏工作表 |
|---|---|
| 数据输入与编辑 | • 输入基本数据：手动输入（文字或数字等）、自动填充输入、数据有效性<br>• 基本编辑技巧：修改数据、删除、移动、复制、撤销、重复、查找与替换 |
| 美化表格 | • 设置数据格式：设置文字格式、设置数值、日期与时间格式、设置对齐方式、样式、根据条件设置数据格式<br>• 设置工作表外观：插入图片、使用艺术字、绘制图形、添加边框与底纹 |
| 数据计算 | • 利用公式与函数计算数据：包括逻辑函数、文本和数据函数、日期和时间函数、数学和三角函数、财务函数、统计函数、数据库函数、信息函数、多维数据集函数、工程函数、加载宏和自动化函数等 |
| 数据分析 | • 使用图表、排序数据、筛选数据、分类汇总数据、使用数据透视表和透视图、使用单变量求解、使用规划求解、使用方案管理器、使用分析工具等 |
| 打印输出与自动化 | • 页面设置：纸张大小、纸张方向、页边距、设置页眉与页脚、分页控制<br>• 打印输出：设置打印区域、打印预览、设置打印选项、打印输出到纸上<br>• 自动化：录制宏、利用 Excel VBA 开发电子表格程序 |

图5-39 Excel知识体系结构

如果要完成Excel工作簿的制作，其一般流程如下：

新建工作簿→在指定的工作表中输入数据→设置数据格式→利用图形对象美化工作表→利用公式和函数计算数据→采用各种方法分析数据→将表格打印到纸张上。

## 5.3.3 PowerPoint 2013 涵盖的知识体系与制作流程

PowerPoint是Microsoft公司推出的一款优秀的演示文稿处理软件，能够制作出集文字、图形、图像、声音以及视频剪辑等多媒体元素于一体的演示文稿，将所要表达的信息组织在一组图文并茂的画面中，主要用于设计制作专家报告、教师讲义、产品演示以及广告宣传等演示文稿。制作的演示文稿可以在投影仪或者计算机上进行演示，也可以将演示文稿打印出来，制作成胶片，以便应用到更广泛的领域中。

PowerPoint中的知识体系结构基本上分为6个方面，可以用如图5-40所示的示意图进行描述。

新建演示
文稿与处
理幻灯片
- 演示文稿的基本操作：新建演示文稿、保存演示文稿、打开演示文稿
- 处理幻灯片：新建幻灯片、移动幻灯片、复制幻灯片、删除幻灯片

创建幻灯
片内容
- 输入与编辑内容：输入文字、修改、删除、移动、复制、查找与替换
- 设置文字格式：字体、字号、颜色、段落缩进、行间距、项目符号与编号

美化幻
灯片
- 插入与设置图形化对象：插入图片、图形、艺术字、表格、图表，设置图片、图形和艺术字的格式，设置表格结构、设置图表类型及外观样式
- 利用主题、母版、版式，快速设置幻灯片的统一风格

添加多媒
体信息
- 添加多媒体资源：添加剪辑库的声音和影片、添加声音文件、影片文件和录制的声音
- 设置多媒体资源：设置声音和影片的播放方式

设置动画与
交互效果
- 设置动画效果：设置幻灯片切换效果，为幻灯片中的对象添加动画效果
- 设置交互效果：设置按钮的交互功能，通过设置超链接实现交互

幻灯片设
置与播放
- 设置幻灯片的播放：设置幻灯片的播放时间、排练计时、录制幻灯片、设置自定义放映
- 控制幻灯片的播放：进入放映状态、控制幻灯片的切换、放映时标注

图5-40 PowerPoint知识体系结构

制作一个PowerPoint演示文稿的一般流程如下：

新建演示文稿→添加特定版式的幻灯片→输入幻灯片内容（文字、图形或表格）→调整文字格式、图片位置和艺术效果→添加多媒体资源→添加幻灯片切换效果、设置对象动画效果→准备演讲材料→播放前排练→播放幻灯片。

# 5.4

## 办公实例1：安装 Office 2013

要使用Office 2013，就必须先将其安装到电脑中。本节将介绍安装Office 2013的方法。为了能够顺畅地安装并运行Office 2013，使其良好地工作，对于将要安装Office 2013的电脑，在软硬件环境上需要具备最起码的要求。

- 操作系统：Windows 7、Windows 8、Windows Server 2008 R2 或 Windows Server 2012。
- CPU：1GHz 处理器或更快的处理器。
- 内存：1GB RAM（32 位）；2GB RAM（64 位）。
- 硬盘：3GB 以上的可用空间。软件占用的磁盘空间要由具体安装的组件多少来决定。
- 多点触控：需要支持触摸的设备才能使用任何多点触控功能。但始终可以通过键盘、鼠标或其他标准输入设备或可访问的输入设备使用所有功能。

## 5.4.1　实例描述

新版的Office 2013可以通过在线下载或者购买盒装光盘来安装。Office 2013和其他Office版本能够同时安装在同一台电脑中，只是在安装时需要选择自定义安装，而不能选择升级安装，否则会在安装高版本Office程序时覆盖低版本。

## 5.4.2　实例操作指南

Office 2013系列软件的安装过程比较简单，下面以从官方下载安装Office镜像为例，介绍具体的安装步骤：

**1** 用虚拟光驱或Winrar解压缩软件打开Office镜像文件，如图5-41所示。

**2** 双击运行setup.exe可执行文件进行安装。安装程序启动后，将弹出对话框提示正在复制Office 2013所需的临时文件。

**3** 进入"阅读Microsoft软件许可证条款"对话框，询问用户是否接受Office 2013的许可协议中的条款。如果同意该协议，可以选中"我接受此协议的条款"复选框，如图5-42所示。

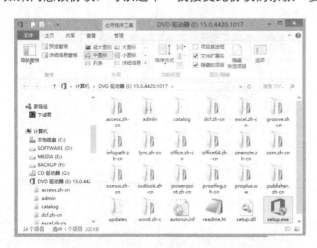

图5-41 加载或解压缩Office镜像文件

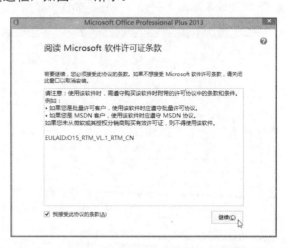

图5-42 阅读Microsoft软件许可证条款

**4** 单击"继续"按钮，将弹出对话框让用户选择升级安装还是自定义安装。与安装操作系统类似，如果选择升级安装，原有的Office版本将被覆盖；如果选择自定义安装，既可以安装Office 2013，又可以保留原来的版本。本例单击"自定义"按钮，如图5-43所示。

**5** 自定义安装包含4个选项卡，如图5-44所示。

- 在"升级"选项卡中可以选择"删除所有早期版本"、"保留所有早期版本"或者"仅删除下列应用程序"单击按钮，然后单击"立即安装"按钮。
- 在"安装选项"选项卡中，可以选择要安装的组件。单击某个组件的向下箭头，从下拉列表中选择"从本机运行"、"从本机运行全部程序"、"首次使用时安装"和"不可用"4个选项。"从本机运行"表示安装该组件；"从本机运行全部程序"表示安装完整的组件；"首次使用时安装"表示在需要时才安装；"不可用"表示不安装。
- 在"文件位置"选项卡中，可以选择文件安装的位置。默认安装在系统所在分区。
- 在"用户信息"选项卡中，可以设置软件注册信息，即计算机的用户信息。

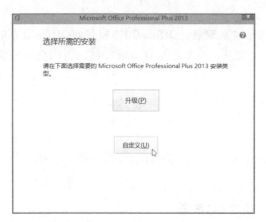

图5-43 选择安装方式

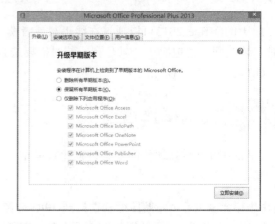

图5-44 自定义安装

**6** 在复制文件的过程中会出现一个进度条，显示安装的进度，如图5-45所示。当然，用户需要等待一段时间才能安装完毕。

**7** 安装完成，单击"关闭"按钮，如图5-46所示。

图5-45 显示安装进度

图5-46 完成安装

### 5.4.3 实例总结

用户在顺利安装Office 2013后，就可以使用Office 2013中的组件。当然，如果在初始安装Office时未选择全部安装Office，还可以利用Windows控制面板中的"程序和功能"工具，灵活添加某个Office组件，也可以将不常用的组件从电脑中删除。用户可以自己尝试添加或删除Office组件。

# 5.5
## 办公实例 2：制作第一个 Word 文档——录用通知书

本节将通过制作一个典型实例——录用通知书，来巩固与了解在Word中制作文档的一般流程，使读者快速熟悉Word 2013的操作环境。

### 5.5.1 实例描述

本实例将以制作Word文档为例，介绍制作一个Office文档的流程，在制作中主要包括以下内容：

- 新建 Word 文档
- 设置页面布局
- 输入文档内容
- 设置文档的格式
- 打印输出文档

### 5.5.2 实例操作指南

 最终结果文件：光盘\素材\第5章\结果文件\录用通知书.docx

本实例的具体操作步骤如下：

**1** 启动Word 2013，在"开始"屏幕中单击"空白文档"模板，将自动打开一个名为"文档1"的空白文档。切换到功能区中的"页面布局"选项卡，单击"页面设置"组右下角的"页面设置"按钮，打开如图5-47所示的"页面设置"对话框，在"页边距"选项卡中设置"上"、"下"、"左"、"右"边距。切换到"纸张"选项卡，设置"纸张大小"为"16开"，然后单击"确定"按钮。

图5-47 "页面设置"对话框

**2** 在光标处输入"录用通知书",然后按Enter键,将插入点移动到下一行,继续输入其他文档内容,如图5-48所示。

图5-48 输入文档内容

**3** 接下来设置文档的格式。单击"录用通知书"的左侧,按住鼠标左键向右拖动到该行文字最右侧,选定该行文字。切换到功能区的"开始"选项卡,在"字体"组中通过"字体"和"字号"下拉列表中选择字体为"隶书",字号为"一号"。单击"开始"选项卡的"段落"组中的"居中"按钮,使该行居中,如图5-49所示。

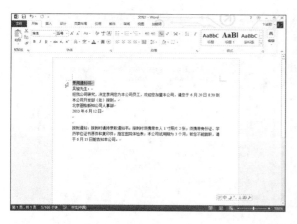

图5-49 设置标题格式

**4** 按照刚才的方法选择其他所有文字，然后设置字号为"小四"。选定"北京图格新知公司人事部"和"2013年6月12日"两段，然后单击"开始"选项卡中的"段落"组的"文本右对齐"按钮，结果如图5-50所示。

图5-50 设置正文和落款的格式

**5** 单击快速访问工具栏上的"保存"按钮，弹出如图5-51所示的"另存为"窗口，在此可以将文档保存到SkyDrive云中，或者保存到计算机的某个文件夹中。

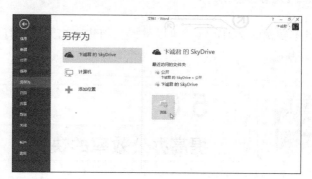

图5-51 "另存为"窗口

**6** 为了将文档保存在计算机中，单击"计算机"选项，在右侧单击"浏览"按钮，在打开的"另存为"对话框中选择保存位置和文档名称，然后单击"保存"按钮，如图5-52所示。

图5-52 "另存为"对话框

**7** 如果有打印机，可以单击"文件"选项卡，在展开的菜单中单击"打印"命令，如图5-53所示，指定打印的页面范围、打印的份数等，单击"打印"按钮，即可开始打印。

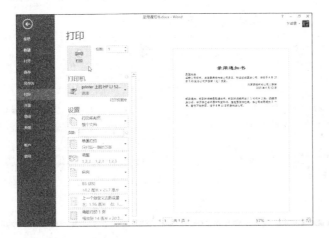

图5-53 打印文档

### 5.5.3　实例总结

通过本实例的学习，读者可以掌握从创建文档到最终打印文档等操作方面的知识，为进一步学习Office奠定基础。

# 5.6
## 提高办公效率的诀窍

## 窍门1：Word 2013新建文档时显示"兼容模式"的解决方法

如果用户在Office 2007或Office 2010的基础上升级安装了Office 2013，并且曾经在Word 2007或

Word 2010中设置默认的Word文档保存格式为Word 2003文档格式（.doc），则在Word 2013中新建文档时将默认创建"兼容模式"Word文档，如图5-54所示。即使用户将Word 2013的默认保存格式设置为.docx格式也无法解决此问题。

图5-54 新建的文档创建为"兼容模式"

在这种情况下，用户可以尝试删除Word 2013默认模板文件来解决。以在Windows 8系统中删除模板文件为例，操作步骤如下所述：

**1** 退出Word 2013，打开Windows 8的"文件资源管理器"窗口，单击"查看"选项卡，在"显示/隐藏"组中勾选"隐藏的项目"复选框，如图5-55所示。

**2** 切换到用户文件夹，依次展开"AppData\Roaming\Microsoft\Templates"文件夹，找到并删除Normal.dotm文件将其删除，如图5-56所示。

图5-55 勾选"隐藏的项目"复选框

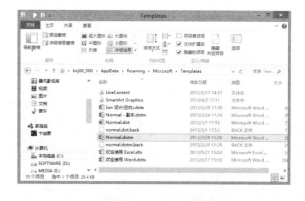

图5-56 删除Normal.dotm模板文件

**3** 再次打开Word 2013文档窗口，Normal.dotm将被自动创建。此时，用户可以注意到新建文档的标题栏已不再显示"兼容模式"字样。

## 窍门2：怎样取消显示Word 2013开始屏幕

跟以往的Word 2010、Word 2007版本相比，Word 2013最明显的变化就是增加了一个开始屏幕功能。也就是用户在启动Word 2013程序时会自动显示开始屏幕界面，用户可以在开始屏幕中选择新建空白文档，或者使用Word 2013提供的各种功能模板创建文档。

如果用户希望取消显示Word 2013开始屏幕，可以按照如下步骤操作：

**1** 启动Word 2013，显示开始屏幕界面，单击"空白文档"选项，打开Word 2013窗口。

**2** 单击"文件"选项卡，在展开的菜单中单击"选项"按钮，打开"Word选项"对话框。

**3** 在"常规"选项卡的"启动选项"区中，撤选"此应用程序启动时显示开始屏幕"复选框，并单击"确定"按钮，如图5-57所示。再次启动Word 2013时将不再显示开始屏幕。

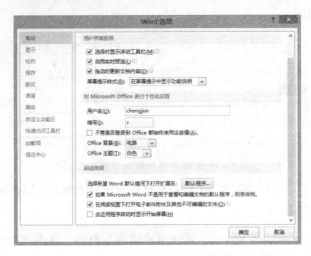

图5-57 "Word选项"对话框

# 06

Word是目前世界上最流行、最实用的文字处理软件，可以帮助用户轻松、快捷地创建精美的文档。本章将从认识Word 2013的文档格式开始，带领用户输入文本、根据文档的性质及用途设置文档的格式，包括字符格式、段落格式等，这些是使用Word进行其他操作的基础。另外，不少专业排版人员喜欢用Word排版书籍，本章还介绍了图书版面设计的基本常识，以及页面设置等技巧，最后通过实例完整介绍招聘启示的制作方法，并可通过打印机打印文档。

# 第 6 章
# Word基础操作

## 教学目标 》》》》》》》》》》》》》》》》》》》》》》

通过本章的学习，你能够掌握如下内容：

※ 新建、打开、保存、关闭等与Word文档有关的基本操作

※ 快速在Word文档中输入与编辑文本

※ 使用排版工具设置文本格式和段落格式

※ 设置文档页面整体布局，设置页眉与页脚

※ 对于排版好的文档进行打印预览，并打印输出到纸上

# 6.1

## 初步掌握 Word 2013

本节将介绍有关Word 2013文档的基本操作，包括新建文档、保存文档、打开文档、关闭文档，还简要介绍Word 2013中的5种视图模式。

## 6.1.1 Word 2013 的文档格式

Word 2013与以往Word版本中的文档格式有了很大的变化。Word 2013以XML格式保存，其新的文件扩展名是在以前文件扩展名后添加x或m。x表示不含宏的XML文件，而m表示含有宏的XML文件，具体如表6-1所示。

**表6-1 Word中的文件类型与其对应的扩展名**

| Word 2013文件类型 | 扩展名 |
| --- | --- |
| Word 2013文档 | .docx |
| Word 2013启用宏的文档 | .docm |
| Word 2013模板 | .dotx |
| Word 2013启用宏的模板 | .dotm |

## 6.1.2 新建 Word

启动Word 2013后，用户从"开始"屏幕中单击"空白文档"图标，系统自动创建一个名为"文档1"的空白文档，可以直接在该文档中进行编辑，也可以新建其他空白文档或根据Word 2013提供的模板文件新建文档。

单击"文件"选项卡，选择"新建"命令，如图6-1所示，在中间的"可用模板"列表框中可以单击一个文档模板，在弹出的窗口中单击"创建"按钮即可创建相应的文档。

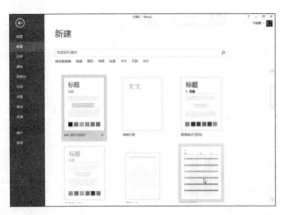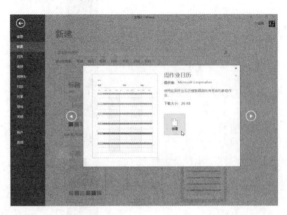

图6-1 新建文档

模板是一种文档类型，在打开模板时会创建模板本身的副本。Word 2013允许用户在线下载更多精美的模板，只需在"新建"窗口的"搜索联机模板"文本框中输入要查找的模板关键字（如简历等）后按回车键，即可在下方列表框中列出找到的模板。

## 6.1.3 保存 Word 文档

为了将新建的或经过编辑的文档永久存放在计算机中，可以将这个文档进行保存。在 Word 2013中保存文档非常简单，有以下两种方法：

- 单击快速访问工具栏中的"保存"按钮，打开"另存为"窗口，既可以选择保存到当前账户的 SkyDrive 中，又可以指定保存到计算机的文件夹中。选择保存的位置后，打开"另存为"对话框，在"文件名"文本框中输入保存后的文档名称，在"保存类型"下拉列表中选择文档的保存类型，然后单击"保存"按钮。
- 单击"文件"选项卡，在展开的菜单中单击"保存"或"另存为"命令。

在"另存为"对话框的"保存类型"下拉列表框中选择多种文件保存类型，如选择"Word 97-2003文档"，便于在没有安装Word 2013的计算机上也可以查看文档内容。

### PDF和XPS格式

单击"文件"选项卡，在展开的菜单中选择"导出"命令，在中间窗格中选择"创建PDF/XPS文档"命令，然后在右侧窗格中单击"创建PDF/XPS"按钮，如图6-2所示。

图6-2 单击"创建PDF/XPS"按钮

PDF（Portable Document Format，可移植文档格式）是Adobe公司开发的电子文件格式。这种文件格式与操作系统平台无关，也就是说，PDF文件不管是在Windows、Unix还是在苹果公司的Mac OS操作系统中都是通用的。这一特点使它成为在Internet上进行电子文档发行和数字化信息传播的理想文档格式。越来越多的电子图书、产品说明、公司文告、网络资料、电子邮件开始使用PDF格式文件。PDF格式文件目前已成为数字化信息事实上的一个工业标准。

XPS（XML Paper Specification，XML文件规格书）是一种固定版式的电子文件格式，使用者不需拥有制造该文件的软件就可以浏览或打印该文件。XPS格式可确保在联机查看或打印文件时，文件可以完全保持预期格式，文件中的数据不会轻易地被更改。

## 6.1.4 打开 Word 文档

要编辑以前保存过的文档，需要先在Word中打开该文档。单击"文件"选项卡，在展开的菜单中选择"打开"命令，弹出如图6-3所示的"打开"窗口，如果选择"最近使用的文档"，右侧窗格中会列出最近打开的文档，发现有自己需要打开的文档单击即可。

图6-3 "打开"窗口

如果要打开计算机中的某个文件，可以单击"计算机"选项，然后单击"浏览"按钮，在"打开"对话框中，定位到要打开的文档路径下，然后选择要打开的文档，单击"打开"按钮即可在 Word窗口中打开选择的文档，如图6-4所示。

图6-4 打开保存在计算机的文档

**SkyDrive**

SkyDrive是由微软推出的云存储服务，用户只需通过使用Microsoft账户登录SkyDrive即可开通此项云存储服务。SkyDrive不仅支持Windows及Windows Phone移动平台，而且也支持Mac、iPhone、iPad、Android等设备平台并且提供了相应的客户端应用程序。用户在SkyDrive中可以上传自己的图片、文档、视频等到SkyDrive中进行存储，并且可以在任何时间任何地点通过受信任的设备（例如台式电脑、笔记本电脑、手机等）来访问SkyDrive中存储的数据。

SkyDrive存储空间的大小也是用户所关心的问题，微软提供了多样的空间大小设置。如果是在2012年4月22日之前注册微软Microsft账户的用户，将免费获得25GB存储空间，而在22日之后注册的新用户，将只能获得7GB免费存储空间。

## 6.1.5 关闭文档

对于暂时不再进行编辑的文档，可以将其关闭。在Word 2013中关闭当前已打开的文档有以下几种方法：

- 在要关闭的文档中单击"文件"选项卡，然后在展开的菜单中选择"关闭"命令。
- 按组合键 Ctrl+F4。
- 单击文档窗口右上角的 ✖ 按钮。

## 6.1.6 认识 Word 2013 的视图模式

Word 2013主要提供了页面视图、阅读版式视图、Web版式视图、大纲视图和草稿视图等视图模式。单击"视图"选项卡的"文档视图"组中的按钮即可进行切换，如图6-5所示。

在Word中，不同的视图模式有其特定的功能和特点。

图6-5 Word 2013的视图模式

- 草稿视图：在此模式下，可以完成大多数录入和编辑工作，也可以设置字符和段落的格式，但是只能将多栏显示为单栏格式，页眉、页脚、脚注、页号以及页边距等显示不出来。在草稿视图下，页与页之间用一条虚线表示分页符；节与节之间用两条虚线表示分节符，这样更易于编辑和阅读文档。
- 页面视图：在此模式下，显示的文档与打印出来的结果几乎是完全一样的，也就是所见即所得，文档中的页眉、页脚、脚注、分栏等项目显示在实际打印的位置处。在页面视图下，不再以一条虚线表示分页，而是直接显示页边距。

  如果想节省页面视图中的屏幕空间，则可以隐藏页面之间的页边距区域。将鼠标指针移到页面的分页标记上，然后双击，前后页之间的显示也就连贯了。如果要显示页面之间的页边距区域，则将鼠标指针移到页面的分页标记上，再次双击即可。

- 大纲视图：此模式用于创建文档的大纲、查看以及调整文档的结构。切换到大纲视图后，屏幕上会显示"大纲"选项卡，通过此选项卡可以选择仅查看文档的标题、升降各标题的级别或移动标题来重新组织文档。
- Web版式视图：此模式用于创建Web页，它能够模拟Web浏览器来显示文档。在Web版式视图下，能够看到给Web文档添加的背景，文本将自动折行以适应窗口的大小。
- 阅读版式视图：此模式的最大特点是便于用户阅读文档。它模拟书本阅读的方式，让人感觉在翻阅书籍，并且可以利用工具栏上的工具，在文档中以不同颜色突出显示文本或者插入批注内容。

# 6.2
## 输入文本

创建Word文档后即可在文档中输入内容，如汉字、英文字符、数字、特殊符号等。

## 6.2.1 输入中英文字符

在Word文档中可以输入汉字和英文字符，只要切换到中文输入法状态下，就可以通过键盘输入汉字；在英文状态下可以输入英文字符。具体操作步骤如下：

**1** 启动Word，新建一个空白文档，在文档中显示一个闪烁的光标。如果要输入中文汉字，则需要先切换到中文输入法状态下，按Ctrl+空格键即可。如果计算机中安装了多个中文输入法，则需要依次按Ctrl+Shift组合键切换到要应用的输入法。在Windows 8中，按Shift键可以快速切换中英文输入法。

**2** 输入文字内容对应的拼音或笔形，即可在光标处显示输入的汉字内容，按Enter键换行。

**3** 按Ctrl+空格键切换到英文输入法状态下，可以输入英文；按Caps Lock键切换字母大小写，在光标处即可输入英文字符。

办公专家一点通

中英文的标点符号有着显著的不同，例如，英文的句号是实心的小圆点"."，而中文的句号是空心的圆"。"。由于键盘上没有相应的中文标点，Windows就在某些键盘按键上定义了常用的中文标点。这样，中英文标点符号之间就有了某种对应关系。为了输入中文标点符号，先选择一种中文输入法，并按Ctrl+.（句号）切换到中文标点状态，然后按键盘上的某个按键，可以输入相应的中文标点。

## 6.2.2 插入符号和特殊符号

实战练习素材：光盘\素材\第6章\原始文件\插入符号和特殊符号.docx
最终结果文件：光盘\素材\第6章\结果文件\插入符号和特殊符号.docx

在文档编辑过程中经常需要输入键盘上没有的字符，这就需要通过Word中插入符号的功能来实现。

具体操作步骤如下：

**1** 将光标定位在要插入符号的位置，切换到功能区中的"插入"选项卡，单击"符号"组中的"符号"按钮，在弹出的菜单中选择"其他符号"命令，如图6-6所示。

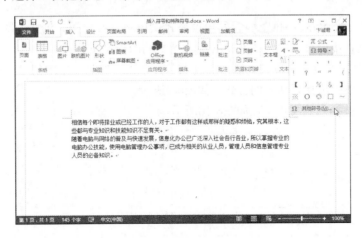

图6-6 选择"其他符号"命令

**2** 打开"符号"对话框，在"字体"下拉列表框中选择Wingdings选项（不同的字体存放着不同的字符集），在下方选择要插入的符号，如图6-7所示。

**3** 单击"插入"按钮，就可以在插入点处插入该符号。单击文档中要插入其他符号的位置，然后单击"符号"对话框中要插入的符号，结果如图6-8所示。如果不需要插入符号时，单击"关闭"按钮关闭"符号"对话框。

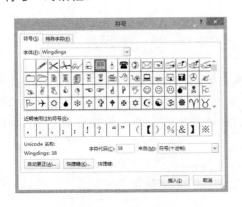

图6-7 "符号"对话框

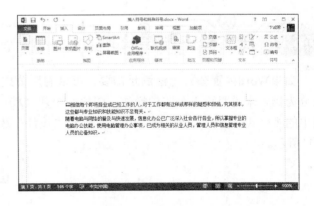

图6-8 在文档中插入符号

# 6.3
## 输入公式

编写数学、物理和化学等自然科学文档时，往往需要输入大量公式，这些公式不仅结构复杂，而且要使用大量的特殊符号，使用普通的方法很难顺利地实现输入和排版。为了解决这一问题，Word 2013提供了功能强大的公式输入工具，用户使用此工具能够像输入普通文字那样来实现繁锁公式的输入和编辑。

## 6.3.1 快速插入公式

对于常用的标准公式，Word提供了内置的预设公式供用户直接使用，包括二次公式、傅立叶级数、勾股定理等，用户可以直接选择这些公式并将其插入到文档的指定位置。

在文档中单击放置插入点，切换到"插入"选项卡，单击"符号"组中的"公式"按钮右侧的向下箭头，在弹出的下拉菜单中选择要插入的公式，如图6-9所示。

此时，选择的公式被插入到文档中，如图6-10所示。

图6-9 选择要插入的公式

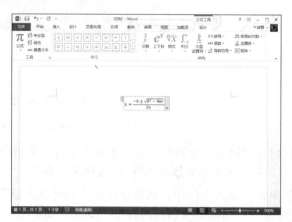
图6-10 在文档中快速插入公式

## 6.3.2 在文档中创建公式

如果Word内置公式无法满足需要，可以利用公式编辑器来手动创建需要的公式，这里以分数与积分为例，来说明输入公式的操作。创建一个新文档，并切换到"插入"选项卡，然后单击"符号"组中的"公式"按钮，切换到"公式工具"/"设计"选项卡，即可看到Word提供的符号和公式，如图6-11所示。

图6-11 公式工具

### 1. 输入分数

下面练习创建一个加法公式 $\dfrac{1}{3} + \dfrac{1}{4} = \dfrac{7}{12}$ 。

**1** 单击"结构"组中的"分数"按钮,选择"分数(竖式)"按钮,如图6-12所示。

**2** 单击虚线框,即可填入分子与分母,如图6-13所示。

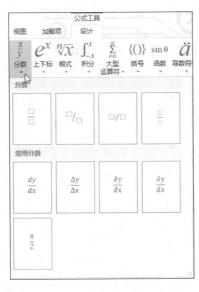

图6-12 选择"分数(竖式)"按钮

图6-13 填入分子与分母

**3** 在分数右边单击继续输入运算符号"+",如图6-14所示。

**4** 再次单击"结构"组中的"分数"按钮,并单击"分数(竖式)"按钮,以同样的方法输入分母与分子,直到完成整个公式,如图6-15所示。

   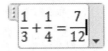

图6-14 输入"+"                      图6-15 创建公式

**小提示**

如果Word文档的格式是"*.doc","公式"按钮将不可用,也就是说在兼容模式下无法使用Word 2013的公式编辑器,公式编辑器只能在"*.docx"文档中使用。另外,在Word 2013中创建的公式在低版本的Word中将只能以图片方式显示。

### 2. 输入积分与函数

接着练习一个更难的三角函数转换公式 $\displaystyle\int \cos x\, dx = \sin x + C$ 。

**1** 单击"结构"组中的"积分"按钮，从下拉列表中选择"积分"选项，如图6-16所示。

**2** 单击"结构"组中的"函数"按钮，插入余弦函数"cos"，如图6-17所示。

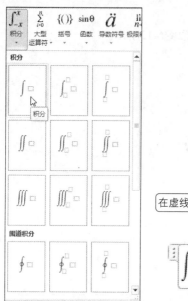

图6-16 插入积分

图6-17 插入余弦函数

**3** 在虚线方框内输入"符号"组中的"手写体"的"x"，空一格继续输入"dx="，如图6-18所示。

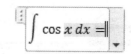

图6-18 输入字母

在公式中切换到"手写体"输入后，若要换回一般的字体继续输入，请单击"工具"组中的"普通文本"按钮。

**4** 单击"函数"按钮，并选择"正弦函数sin"按钮，以同样的方式输入字符，并继续完成输入，如图6-19所示。

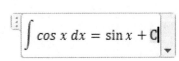

图6-19 完成公式

## 6.3.3 保存与管理常用的公式

如果文档中经常要用到这个三角函数转换公式，也可以将公式保存起来，方便日后直接选用。保存时请如下进行操作：

**1** 先创建要保存的公式，这里以刚才输入的三角函数转换公式为例。完成后先单击公式，使其显示公式编辑框，再单击右下角的向下箭头，选择"另存为新公式"命令，如图6-20所示。

**2** 弹出"新建构建基块"对话框，可以创建公式的名称以及设置保存的类别等，如图6-21所示。

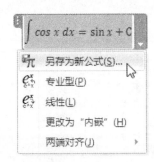

图6-20 选择"另存为新公式"命令

图6-21 "新建构建基块"对话框

**3** 完成后单击"确定"按钮，再单击文档中的空白位置，即可取消公式编辑框的选择状态，然后切换到"插入"选项卡，并单击"符号"组右侧的向下箭头，即可在"常规"类别中看到刚才保存的公式，如图6-22所示。

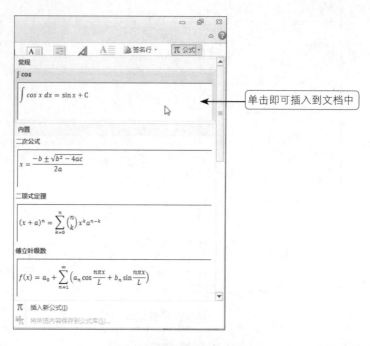

图6-22 已经保存的公式

当公式需要修改名称、保存的类别，或者不再需要使用时，请单击"公式"按钮右侧的向下箭头，在要更改或删除的公式上单击鼠标右键，然后选择"整理和删除"命令，如图6-23所示，在"构建基块管理器"对话框中选择刚才创建的公式，然后单击"删除"按钮，如图6-24所示。

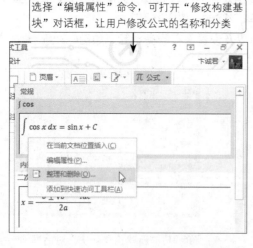

图6-23 选择"整理和删除"命令

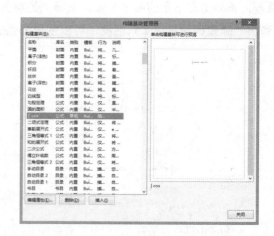

图6-24 "构建基块管理器"对话框

# 6.4
## 修改文本的内容

在编辑文档时，需要对文档中存在的错误进行修改，可以使用插入、删除等一些基本的操作来修改错的内容。

## 6.4.1  选择文本

对文档进行编辑时，需要先选择文本内容，再对选择的文本进行编辑操作。根据选择范围的不同，选择文本的方法有以下几种。

- 选择任意数量的内容：按住鼠标左键不放并拖过要选择的文字。
- 选择一行：将鼠标指针指向段落左侧的选定栏，待鼠标指针变成向右箭头，单击鼠标左键。
- 选择一段：将鼠标指针指向段落左侧的选定栏，待鼠标指针变成向右箭头，双击鼠标左键。
- 选择一大块文本：单击要选择文本的起始处，然后滚动到要选择内容的结尾处，在按住 Shift 键的同时单击。
- 纵向选择文本内容：按住 Alt 键，然后从起始位置拖动鼠标到终点位置，即可纵向选择鼠标拖动所经过的内容。
- 选择全文：切换到功能区的"开始"选项卡，单击"编辑"组中的"选择"按钮，选择"全选"命令。
- 选择不连续的文本：先选择第一个文本区域；再按住 Ctrl 键，选择其他的文本区域。

如果选择的文本并非所需的，只需在文档的任意位置单击鼠标左键，即可取消文本的选择状态。

## 6.4.2  复制文本

实战练习素材：光盘\素材\第6章\原始文件\复制文本.docx
最终结果文件：光盘\素材\第6章\结果文件\复制文本.docx

复制文本内容是指将文档中某处的内容经过复制操作（复制也称拷贝），在指定位置获得完全相同的内容。复制后的内容，其原位置上的内容仍然存在，并且在新位置也将产生与原位置完全相同的内容。

复制文本的具体操作步骤如下：

**1** 选择要复制的文本内容，切换到功能区中的"开始"选项卡，在"剪贴板"组中单击"复制"按钮。
**2** 在要复制到的位置单击，切换到功能区中的"开始"选项卡，在"剪贴板"组中单击"粘贴"按钮，即可将选择的文本复制到指定位置，如图6-25所示。

图6-25 复制文档内容

办公专家一点通

如果要在短距离内复制文本，可以按住Ctrl键，然后拖动选择的文本块。到达目标位置后，先释放鼠标左键，再放开Ctrl键。

小提示

**选择性粘贴**

Word 2013提供的选择性粘贴功能非常强大，利用该功能可以将文本或表格转换为图片格式，还可以将图片转换为另一种图片格式。首先选择文本，单击"复制"按钮，将插入光标移到要插入图片的位置，单击"粘贴"按钮的向下箭头，从下拉菜单中选择"选择性粘贴"命令，打开"选择性粘贴"对话框，选中"粘贴"单选按钮，在"形式"列表框中选择"图片（Windows图元文件）"选项，单击"确定"按钮，如图6-26所示。

 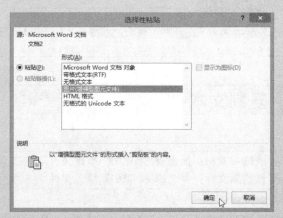

图6-26 "选择性粘贴"对话框

## 6.4.3 移动文本内容

实战练习素材：光盘\素材\第6章\原始文件\移动文本.docx
最终结果文件：光盘\素材\第6章\结果文件\移动文本.docx

　　Word 2013提供的移动功能可以将一处文本移动到另一处，以便重新组织文档的结构。具体操作步骤如下：

**1** 将鼠标指针指向选定的文本，鼠标指针变成箭头形状。

**2** 按住鼠标左键拖动，出现一条虚线插入点表明将要移到的目标位置。

**3** 释放鼠标左键，选定的文本从原来的位置移到新的位置，如图6-27所示。

图6-27 移动文本

　　另一种移动文本的方法是，选择文本，单击"剪贴板"组中的"剪切"按钮 ，将插入光标移到目标位置，单击"剪贴板"组中的"粘贴"按钮 。

**什么是Office剪贴板**

Office剪贴板对于原有的Windows剪贴板进行了扩展，功能更强大，它可以记住多达24项剪贴内容，并且这些剪贴内容可在Office 2013的程序中共享，在Word中复制的对象，可以在Excel或PowerPoint中同时使用。

Print Screen键是一个拷屏键，只需按下Print Screen键，当前屏幕上显示的内容将会被全部抓下来。通过Print Screen键可以迅速抓取当前屏幕内容并存放到剪贴板中，然后粘贴到"画图"或"Photoshop"之类的图像处理程序中即可进行后期的处理。

### 6.4.4　删除文本

删除文本内容是指将指定内容从文档中清除，删除文本内容的操作方法有以下几种：

- 按 BackSpace 键可删除光标左侧的字符；按 Delete 键可删除光标右侧的字符。
- 选择准备删除的文本块，按 Delete 键。
- 选择准备删除的文本块，切换到功能区中的"开始"选项卡，在"剪贴板"组中单击"剪切"按钮。

### 6.4.5　查找与替换文本

实战练习素材：光盘\素材\第6章\原始文件\查找与替换文本.docx
最终结果文件：光盘\素材\第6章\结果文件\查找与替换文本.docx

在一篇很长的文章中找一个词语，可以借助于Word 2013提供的查找功能。同样，如果要将文章中的一个词语用另外的词语来替换，当这个词语在文章中出现的次数较多时，可借助于Word 2013提供的替换功能。

#### 1. 使用导航窗格搜索文本

Word 2013中新增了导航窗格，通过窗格可以查看文档结构，也可以对文档中的某些文本内容进行搜索，搜索到所需的内容后，程序会自动将其进行突出显示。具体操作步骤如下：

**1** 将光标定位到文档的起始处，切换到"视图"选项卡下，选中"显示"组中的"导航窗格"复选框，弹出"导航"任务窗格，在"搜索文档"文本框中输入要查找的内容，如图6-28所示。

**2** 打开任务窗格后，在窗格上方的搜索文本框中输入要搜索的文本内容。

**3** Word将在"导航"窗口中列出文档中包含查找文字的段落，同时会自动将搜索到的内容以突出显示的形式显示，如图6-28所示。

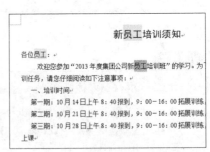

图6-28　查找到指定的内容

**办公专家一点通**

如果要在文档的某个段落或某个区域中搜索需要的内容时，打开"导航"窗格后，在文档中选定需要的区域，然后输入搜索内容即可。

### 2. 在"查找和替换"对话框中查找文本

查找文本时，还可以通过"查找和替换"对话框来完成查找操作，使用这种方法，可以对文档中的内容一处一处地进行查找，也可以在固定的区域内查找，具有比较大的灵活性。具体操作步骤如下：

**1** 单击"开始"选项卡"编辑"组内的向下箭头，弹出列表后，单击"替换"选项。

**2** 弹出"查找和替换"对话框，切换到"查找"选项卡，在"查找内容"文本框中输入要查找的内容，然后单击"在以下项中查找"按钮，在弹出的下拉列表中单击"主文档"选项，如图6-29所示。

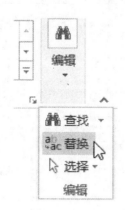
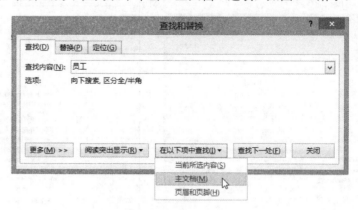

图6-29 "查找和替换"对话框

**3** 经过以上操作后，程序会自动执行查找操作，查找完毕后，所有查找到的内容都会处于选中状态，如图6-30所示。

图6-30 查找到指定的内容

### 3. 使用通配符查找文本

通配符可用于查找文本内容时使用，通配符可代替一个或多个真正字符。当用户不知道真正字符或者要查找的内容中只限制部分内容，而其他不限制的内容就可以使用通配符代替。常用的通配符包括

"*"与"？"符，其中"*"表示多个任意字符，而"？"表示一个任意字符。具体操作步骤如下：

**1** 打开"查找和替换"对话框，在"查找"选项卡中单击"更多"按钮，选中"使用通配符"复选框。

**2** 在"查找内容"文本框中输入要查找的内容"月"与"日"中包括多个任意字符"月*日"，然后单击"在以下项中查找"按钮，在弹出的下拉列表中单击"主文档"选项。

**3** 经过以上操作后，文档中所有"月"与"日"中包括多个任意字符的单词就会被查找出来，并处于选中状态，如图6-31所示。

图6-31 使用通配符

### 4.替换文本

替换功能用于将文档中的某些内容替换为其他内容，使用该功能时，将会与查找功能一起使用。具体操作步骤如下。

**1** 单击"开始"选项卡"编辑"组的向下箭头，在弹出的列表中单击"替换"选项。

**2** 弹出"查找和替换"对话框，在"替换"选项卡的"查找内容"与"替换为"文本框中分别输入要查找的内容，然后单击"查找下一处"按钮，如图6-32所示。

图6-32 "替换"选项卡

**3** 单击"查找下一处"按钮后，文档中第一处查找到的内容就会处于选中状态，需要向下查找时，再次单击"查找下一处"按钮，出现要替换的内容后，单击"替换"按钮。

**4** 用户还可以直接单击"全部替换"按钮，会弹出对话框提示替换的次数。经过以上操作后，查找到的内容就被替换完毕，如图6-33所示。

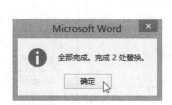
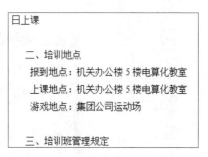

图6-33 替换文本

### 5. 特殊格式之间的替换

特殊格式是指文档中的段落符号、制表位、分栏符、省略符号等内容，程序对以上内容设置了特殊的符号，下面就以段落标记格式的替换为例，介绍特殊格式之间的替换操作。

**1** 将光标定位在正文中开始执行查找与替换的位置，打开"查找和替换"对话框，在"替换"选项卡中单击"更多"按钮。

**2** 单击"搜索选项"区域内"搜索"框右侧向下箭头，在弹出的下拉列表中选择"向下"选项，如图6-34所示。

图6-34 选择"向下"选项

**3** 将光标定位在"查找内容"文本框中，单击"特殊格式"按钮，在弹出的下拉列表中单击"段落标记"选项。

**4** 按照同样的操作，再为"查找内容"文本框添加一个段落标记，然后将光标定位到"替换为"文本框中。

**5** 单击"特殊格式"按钮，在弹出的下拉列表中单击"段落标记"选项，如图6-35所示。

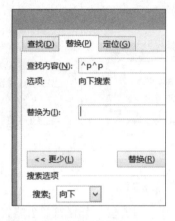

图6-35 添加段落标记

**6** 设置好查找与替换的特殊格式后，单击"全部替换"按钮，程序将查找到的内容全部替换完毕后，弹出提示对话框，提示已经完成的替换数量，并询问用户是否从开始处搜索，单击"否"按钮，表示不重新搜索，如图6-36所示。

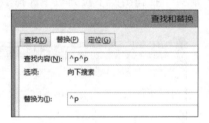

图6-36 特殊格式之间的替换

# 6.5
## 设置文本格式

文本格式编排决定字符在屏幕上和打印时的出现形式。Word提供了强大的设置字体格式的功能，包括设置基本的字体、字号、字形、字体颜色、字符间距、字符的边框和底纹以及设置需要突出显示的文字。

设置文本格式的操作方法很简单，只要先选择要设置的文字，然后切换到功能区中的"开始"选项卡，在"字体"组中分别通过"字体"、"字号"下拉列表设置字体和字号，而通过单击"字体颜色"按钮可以设置选择文字的颜色，如图6-37所示。

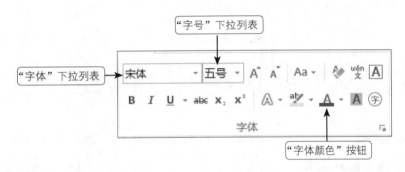

"字体"下拉列表

"字号"下拉列表

"字体颜色"按钮

图6-37 设置字体、字号和字体颜色

## 6.5.1 设置字体

 实战练习素材：光盘\素材\第6章\原始文件\设置字体.docx
最终结果文件：光盘\素材\第6章\结果文件\设置字体.docx

在文章中适当地变换字体，可以使文章显得结构分明、重点突出。日常文书处理过程中，对于文字格式（字体、字号等）均有固定的要求（见表6-2）。

表6-2 常规行文过程中的标准字体应用

| 中文字体 | 英文字体 | 用途 |
| --- | --- | --- |
| 黑体 | Arial或加粗 | 文章标题，以及需要突出显示的文字内容 |
| 宋体、仿宋体 | Times New Roman或Courier New | 常规正文段落，以及子标题段落用字体 |
| 楷体、行楷 | Brush Script | 修饰型文字（如手写体等） |

例如，将文档中的标题改为黑体，可以按照下述步骤进行操作：

**1** 选定要改变字体的标题。

**2** 切换到功能区中的"开始"选项卡，在"字体"组中单击"字体"列表框右侧的向下箭头，出现"字体"下拉列表。

**3** 操作字体列表右边的滚动条，找到所需的字体。例如，单击"黑体"，就可以把选定的文本改为黑体。

**4** 重复上述步骤，将文档的标题也改为"黑体"，操作过程如图6-38所示。

**办公专家一点通**

单击"字体"下拉列表右侧的向下箭头，通过"最近使用的字体"区域，即可快速选择最近应用过的字体。

图6-38 改变字体

如果要改变英文字体，可以先选定英文字母，然后从"字体"下拉列表中选择英文字体。

有时，选定的文本中可能包含中文和英文。如果全部设置为中文字体，则英文字母和符号在相应的中文字体下显得很难看，与汉字对齐得不好。最好的方法是通过"字体"对话框分别设置中文字体和英文字体。例如，要将文件号以及正文的中文字体设置为仿宋体，英文字体设置为Times New Roman。具体操作步骤如下：

**1** 选定要改变字体的文本，例如，除标题外的其他正文。

**2** 切换到功能区中的"开始"选项卡，单击"字体"组右下角的"字体"按钮，出现如图6-39所示的"字体"对话框。

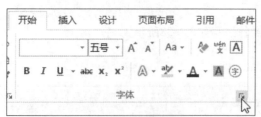

图6-39 "字体"对话框

**3** 在"中文字体"下拉列表框中选择中文字体；在"西文字体"下拉列表框中选择西文字体。

**4** 单击"确定"按钮。

## 6.5.2 改变字号

实战练习素材：光盘\素材\第6章\原始文件\改变字号.docx
最终结果文件：光盘\素材\第6章\结果文件\改变字号.docx

所谓字号，就是指字的大小。在Word中有两种表示文字大小的方法，一种以"号"为单位，如一号、小二号等，以"号"为单位时，号数越小显示的文字越大，初号字最大；另一种以"磅（点）"为单位，如16磅等，以"磅（点）"为单位时，磅数越小显示的文字越小。1磅约为0.35毫米，常用的五号字约10.5磅。日常文字对字号也存在基本要求（见表6-3）。

**表6-3 常规行文过程中的标准字号规则**

| 用途 | 中文字号 | 英文字号 |
| --- | --- | --- |
| 文章标题 | 一级标题：二号（文件或书） | 18磅 |
| | 二级标题：四号（文件或书） | 14磅 |
| 常规正文段落 | 四号（文件） | 14磅 |
| | 五号（书刊） | 10.5磅 |

用户可以很方便地改变文本的字号，具体操作步骤如下：

**1** 选定要改变字号的文本。

**2** 切换到功能区中的"开始"选项卡，单击"字体"组中"字号"列表框右侧的向下箭头，出现"字号"下拉列表。从"字号"下拉列表中选择字号时，可以在文档中预览选择该字号时的效果。如图6-40所示为设置字号后的效果。

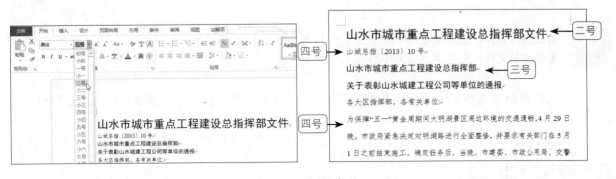

图6-40 设置字号

## 6.5.3 设置字形

实战练习素材：光盘\素材\第6章\原始文件\设置字形.docx
最终结果文件：光盘\素材\第6章\结果文件\设置字形.docx

字形是指文字的显示效果，如加粗、倾斜、下划线、删除线、下标和上标等。打开原始文件，选定要设置字形的文本，切换到功能区中的"开始"选项卡，在"字体"组中单击用于设置字形的按钮，即可为选定的文本设置所需的字形，如图6-41所示。

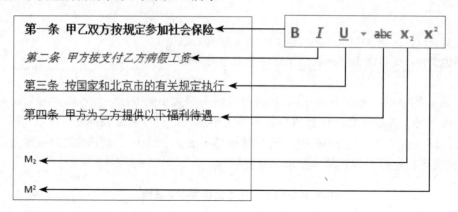

图6-41 设置字形

对于下划线的设置，可以单击"下划线"按钮右侧的向下箭头，在弹出的菜单中选择不同的线型和颜色。

如果要取消已经存在的某种字形效果，可以选定该文字区域，再次单击相应的工具按钮即可。另外，还可以选定已排版的文字区域，然后单击"清除所有格式"按钮 ✍ 。

## 6.5.4 设置字符间距

实战练习素材：光盘\素材\第6章\原始文件\设置字符间距.docx
最终结果文件：光盘\素材\第6章\结果文件\设置字符间距.docx

字符间距是指文本中相邻两个字符间的距离，包括3种类型，分别是"标准"、"加宽"和"紧缩"。

在Word中，系统默认的字符间距为"标准"类型。设置字符间距的具体操作步骤如下：

**1** 选定要设置字符间距的文本。

**2** 切换到功能区中的"开始"选项卡，单击"字体"组右下角的"字体"按钮，在出现的"字体"对话框中单击"高级"选项卡。

**3** 在"间距"列表框中可以选择"标准"、"加宽"或者"紧缩"选项。默认情况下，选择的是"标准"选项。当选择"加宽"或者"紧缩"选项后，可以在其右边的"磅值"文本框中输入一个数值。

**4** 设置完毕后，单击"确定"按钮。如图6-42所示为增加标题字符间距后的效果。

图6-42 增大字符间距

## 6.5.5 字符缩放

实战练习素材：光盘\素材\第6章\原始文件\字符缩放.docx
最终结果文件：光盘\素材\第6章\结果文件\字符缩放.docx

在Word 2013中，可以很容易将文本设置成扁体字或长体字。具体操作步骤如下：

**1** 选定要进行字符缩放的文本。

**2** 切换到功能区中的"开始"选项卡，在"段落"组中单击"中文版式"按钮右侧的向下箭头，从弹出的菜单中选择"字符缩放"命令。

**3** 从"字符缩放"子菜单中选择一种缩放比例（如果选择一个小于100%的缩放比例，可以将选定的文本设置为长体字），操作过程如图6-43所示。

图6-43 将选定的文本改为长体字

## 6.5.6 设置字符边框和底纹

实战练习素材：光盘\素材\第6章\原始文件\设置字符边框和底纹.docx
最终结果文件：光盘\素材\第6章\结果文件\设置字符边框和底纹.docx

设置字符边框是指文字四周添加线型边框，设置字符底纹是指为文字添加背景颜色。选定要设置字符边框的文本，切换到功能区中的"开始"选项卡，在"字体"选项组中单击"字符边框"按钮，将对选定的文本添加边框效果，其操作流程如图6-44所示。

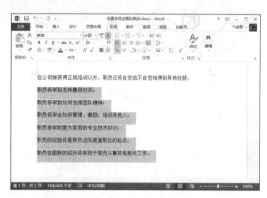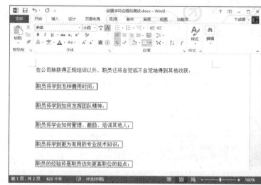

图6-44 设置文本边框

如果要为文本设置底纹，则先选定文本，然后切换到功能区中的"开始"选项卡，在"字体"组中单击"字符底纹"按钮，将对选定的文本添加底纹效果，如图6-45所示。

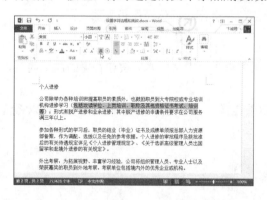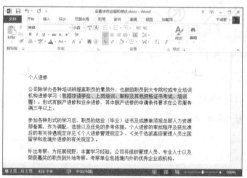

图6-45 设置文本底纹

## 6.5.7 设置突出显示的文本

实战练习素材：光盘\素材\第6章\原始文件\设置突出显示的文本.docx
最终结果文件：光盘\素材\第6章\结果文件\设置突出显示的文本.docx

对于输入的不确定的内容，可以为其设置突出显示标记，待确定后再进行修改。如果要设置突出显示的文本，可以选定这些文本，然后切换到功能区中的"开始"选项卡，在"字体"组中单击"以不同颜色突出显示文本"按钮，默认为黄色，效果如图6-46所示。

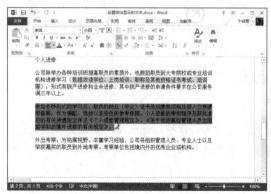

图6-46 设置突出显示的文本

如果要改变突出显示文本的颜色，可以单击"以不同颜色突出显示文本"按钮右侧的向下箭头，从弹出的颜色列表中选择所需的颜色即可。

## 6.5.8 复制字符格式

对于已设置字符格式的文本，可以将它的格式复制到其他要求格式相同的文本中，而不用对每段文本重复设置。具体操作步骤如下：

**1** 选定已设置格式的源文本。

**2** 切换到功能区中的"开始"选项卡，在"剪贴板"组中单击"格式刷"按钮 ，此时鼠标指针变为一个小刷子形状。

**3** 按住鼠标左键，用它拖过要设置格式的目标文本。

**4** 释放鼠标左键。所有拖过的文本都会应用源文本的格式。

双击"格式刷"按钮，可以将源文本的格式复制到多个目标文本中。要结束复制时，按Esc键或再次单击"格式刷"按钮。

# 6.6
## 设置段落格式

在Word中输入文字时，每按一次回车键，就表示一个自然段的结束、另一个自然段的开始。为了便于区分每个独立的段落，在段落的结束处都会显示一个段落标记符号↵。段落标记符不仅用来标记一个

段落的结束，它还保留着有关该段落的所有格式设置，如段落样式、对齐方式、缩进大小、行距以及段落间距等。

在编辑文档时，需要对段落格式进行设置，段落格式的设置包括段落的对齐方式、段落的缩进、段落间距和行距等，设置段落格式可以使文档结构清晰，层次分明。

## 6.6.1 设置段落对齐方式

 实战练习素材：光盘\第6章\原始文件\设置段落对齐方式.docx
最终结果文件：光盘\第6章\结果文件\设置段落对齐方式.docx

用户可以根据需要为段落设置对齐方式，包括左对齐、居中对齐、右对齐、两端对齐和分散对齐。首先选定要设置对齐方式的段落，然后切换到功能区中的"开始"选项卡，在"段落"组中单击 ≣ ≣ ≣ ≣ · ≣ 按钮，可以设置段落的对齐方式。

- 左对齐：单击"左对齐"按钮 ≣ ，使选定的段落在页面中靠左侧对齐排列。
- 居中对齐：单击"居中对齐"按钮 ≣ ，使选定的段落在页面中居中对齐排列。
- 右对齐：单击"右对齐"按钮 ≣ ，使选定的段落在页面中靠右侧对齐排列。
- 两端对齐：单击"两端对齐"按钮 ≣ ，使选定的段落的每行在页面中首尾对齐，各行之间的字体大小不同时，将自动调整字符间距，以便使段落的两端自动对齐。在 Word 2013 中，还可以单击"两端对齐"按钮右侧的向下箭头，从下拉列表中选择两端对齐的调整方式，如"低度调整"、"中度调整"或"高度调整"。
- 分散对齐：单击"分散对齐"按钮 ≣ ，使选定的段落在页面中分散对齐排列。

各种对齐方式的效果如图6-47所示。

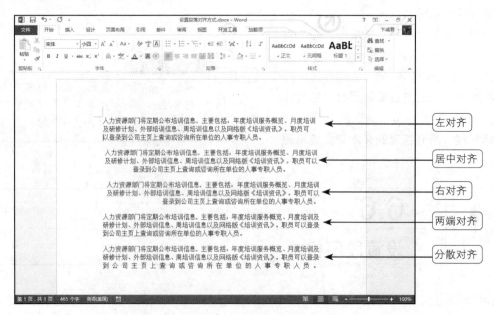

图6-47 段落的对齐方式

## 6.6.2 设置段落缩进

实战练习素材：光盘\第6章\原始文件\设置段落缩进.docx
最终结果文件：光盘\第6章\结果文件\设置段落缩进.docx

段落缩进是指段落相对左右页边距向页内缩进一段距离。例如，本书中正文段落的第一行比其他行缩进两个字符。设置段落缩进可以将一个段落与其他段落分开，使条理更加清晰，层次更加分明。段落缩进包括以下几种类型。

- 首行缩进：控制段落的第一行第一个字的起始位置。
- 悬挂缩进：控制段落中第一行以外的其他行的起始位置。
- 左缩进：控制段落中所有行与左边界的位置。
- 右缩进：控制段落中所有行与右边界的位置。

在Word 2013中，可以利用"段落"对话框和标尺来设置段落缩进。

### 1. 利用"段落"对话框设置缩进

如果要精确设置段落的缩进位置，可以通过"段落"对话框实现。例如，要将正文首行缩进两个汉字，可以按照下述步骤进行操作。

**1** 选定要设置段落缩进的段落。例如，选定除第一段之外的正文。

**2** 切换到功能区中的"开始"选项卡，单击"段落"组右下角的"段落设置"按钮，在出现"段落"对话框中单击"缩进和间距"选项卡。

**3** 在"缩进"组中，可以精确设置缩进的位置。例如，从"特殊格式"下拉列表框中选择"首行缩进"，右侧的"缩进值"框中自动显示"2字符"，表明首行缩进两个汉字。

**4** 单击"确定"按钮，结果如图6-48所示。

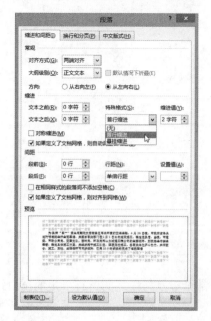

图6-48 正文首行缩进两个字符

### 2. 利用标尺设置缩进

选择"视图"选项卡中的"显示"组的"标尺"复选框，即在文档的上方与左侧分别显示水平标尺与垂直标尺。

在水平标尺上有几个缩进标记，通过移动这些缩进标记来改变段落的缩进方式。图6-49标出了水平标尺各缩进标记的名称。

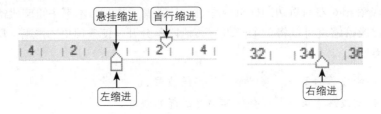

图6-49 水平标尺中各缩进标记的名称

下面以利用水平标尺设置段落的悬挂缩进为例，介绍设置段落缩进的方法：

**1** 将插入点置于要进行缩进控制的段落中，或者选定多个段落。

**2** 将鼠标指针指向水平标尺上的悬挂缩进标记，按住鼠标左键向右拖动。在拖动的过程中会出现一条垂直的虚线来表明缩进的位置。

**3** 拖到所需的位置后，释放鼠标左键。如图6-50所示就是设置悬挂缩进的示例。用户需要注意的是，本例选中的为一段文字，其中分别在"山水警备区"和"各县（市）"之前按Shift+Enter组合键插入换行符。

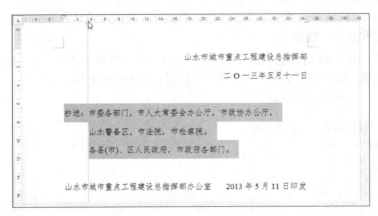

图6-50 设置悬挂缩进的示例

## 6.6.3 设置段落间距

实战练习素材：光盘\第6章\原始文件\设置段落间距.docx
最终结果文件：光盘\第6章\结果文件\设置段落间距.docx

段落间距是指段落与段落之间的距离。文章排版时，经常希望段与段之间留有一定的空白距离，如标题段与上下正文段之间的空白大一些、正文段与正文段之间的空白可以小一些。在段落之间适当地设置一些空白，使文章的结构更清晰、更易于阅读。设置段落间距的具体操作步骤如下：

**1** 选定要设置段间距的段落。

**2** 切换到功能区中的"开始"选项卡，单击"段落"组右下角的"段落设置"按钮，在出现"段落"对话框中单击"缩进和间距"选项卡。

**3** 在"段前"文本框中输入与段前的间距，例如，输入"1.5行"；在"段后"文本框中输入与段后的间距。例如，输入"1.5行"。

**4** 单击"确定"按钮，操作过程如图6-51所示。

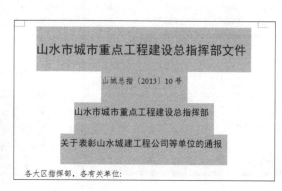

图6-51 设置段落间距

**办公专家一点通** (Office 2013)

如果要快速增加段前间距或段后间距，可以切换到功能区中的"开始"选项卡，在"段落"组中单击"行和段落间距"按钮 右侧的向下箭头，在弹出的列表中选择"增加段前间距"或"增加段后间距"选项。

## 6.6.4 设置行距

实战练习素材：光盘\第6章\原始文件\设置行距.docx
最终结果文件：光盘\第6章\结果文件\设置行距.docx

行距是指行与行之间的距离。Word提供了多种可供选择的行距，如"单倍行距"、"1.5倍行距"、"2倍行距"、"最小值"、"固定值"和"多倍行距"等。设置行距的操作步骤如下：

**1** 将插入点移到要设置行距的段落中。如果想同时设置多个段落的行距，则选定这些段落。

**2** 切换到功能区中的"开始"选项卡，单击"段落"组右下角的"段落设置"按钮，在出现的"段落"对话框中单击"缩进和间距"选项卡。

**3** 单击"行距"列表框右侧的向下箭头，从下拉列表中选择某一行距设置。当选择"最小值"、"固定值"或"多倍行距"时，还需在"设置值"数值框中输入相应的数值。

**4** 单击"确定"按钮，结果如图6-52所示。

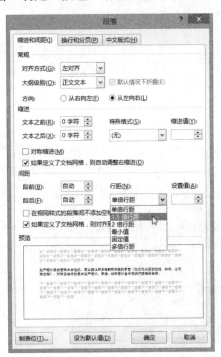
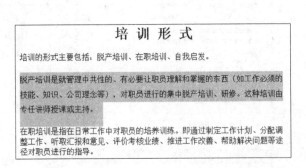

图6-52 设置行距

## 6.6.5 设置段落边框和底纹

实战练习素材：光盘\素材\第6章\原始文件\设置段落边框和底纹.docx
最终结果文件：光盘\素材\第6章\结果文件\设置段落边框和底纹.docx

　　与为字符添加边框一样，可以为整段的文字设置段落边框，而设置段落底纹是指为整段文字设置背景颜色，具体操作步骤如下：

**1** 选择要设置边框的段落，切换到功能区中的"开始"选项卡，在"段落"组中单击"边框"按钮右侧的向下箭头，从下拉菜单中选择"下框线"，将为该段落添加下边框，如图6-53所示。

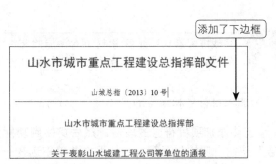

图6-53 设置段落边框

**办公专家一点通**

如果要设置不同的边框效果，可以从"边框"下拉菜单中选择"边框和底纹"命令，打开"边框和底纹"对话框，单击"边框"选项卡，分别设置边框的样式、颜色和宽度等。

**2** 如果要为整段文字设置底纹，可以先选择该段，然后切换到功能区中的"开始"选项卡，在"段落"组中单击"边框"按钮右侧的向下箭头，从下拉菜单中选择"边框和底纹"命令，打开"边框和底纹"对话框，单击"底纹"选项卡，在"填充"框中选择底纹的颜色，单击"确定"按钮，效果如图6-54所示。

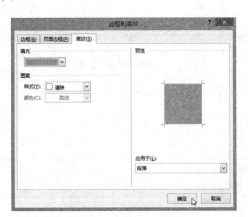

图6-54 设置段落底纹

# 6.7
## 设置项目符号和编号

项目符号是指放在文本前起强调效果的点或其他符号；编号是指放在文本前具有一定顺序的字符。在Word 2013中，可以使用系统提供的项目符号和编号，也可以自定义项目符号和编号。

## 6.7.1 添加项目符号和编号

 实战练习素材：光盘\素材\第6章\原始文件\添加项目符号和编号.docx
最终结果文件：光盘\素材\第6章\结果文件\添加项目符号和编号.docx

添加项目符号和编号的具体操作步骤如下：

**1** 选定要添加项目符号的段落，然后切换到功能区中的"开始"选项卡，在"段落"组中单击 "项目符号"按钮右侧的向下箭头，从下拉菜单中选择一种项目符号，如图6-55所示。

**2** 选定要添加编号的多个段落，然后切换到功能区中的"开始"选项卡，在"段落"组中单击 "编号"按钮右侧的向下箭头，从下拉菜单中选择一种编号，如图6-56所示。

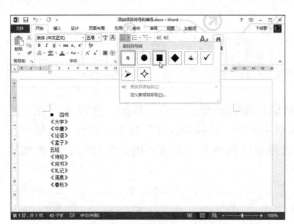 

图6-55 添加项目符号　　　　　　　　　　图6-56 添加编号

## 6.7.2 修改项目符号

 实战练习素材：光盘\素材\第6章\原始文件\修改项目符号.docx
最终结果文件：光盘\素材\第6章\结果文件\修改项目符号.docx

对于已经设置的项目符号，还可以修改为其他类型的项目符号。具体操作步骤如下：

**1** 选定要修改项目符号的段落，切换到功能区中的"开始"选项卡，在"段落"组中单击"项目符号"按钮右侧的向下箭头，从下拉菜单中选择"定义新项目符号"命令，出现"定义新项目符号"对话框。

**2** 单击"符号"按钮，出现"符号"对话框，让用户选择所需的符号，然后单击"确定"按钮，返回到"定义新项目符号"对话框中。

**3** 在"定义新项目符号"对话框中，可以设置项目符号的字体、项目符号的对齐方式等。

**4** 单击"确定"按钮，即可为选定的段落添加自定义的项目符号，如图6-57所示。

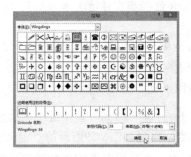

图6-57 修改项目符号

## 6.7.3 修改编号

实战练习素材：光盘\素材\第6章\原始文件\修改编号.docx
最终结果文件：光盘\素材\第6章\结果文件\修改编号.docx

如果要修改编号格式，可以按照下述步骤进行操作：

**1** 选定要修改编号格式的段落，切换到功能区中的"开始"选项卡，在"段落"组中单击"编号"按钮右侧的向下箭头，从下拉菜单中选择"定义新编号格式"命令，出现"定义新编号格式"对话框。

**2** 在"编号样式"下拉列表框中可以选择一种编号样式，在"编号格式"框中修改突出显示编号方案前后的文字。例如，"（1）"表示在编号的前后分别加左右的括号。

**3** 根据需要，设置编号的字体和对齐方式，然后单击"确定"按钮，效果如图6-58所示。

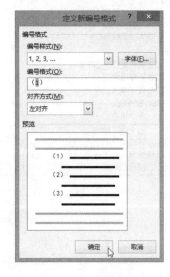
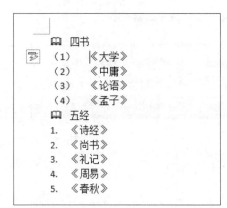

图6-58 修改编号

## 6.7.4 创建多级列表

实战练习素材：光盘\素材\第6章\原始文件\创建多级列表.docx
最终结果文件：光盘\素材\第6章\结果文件\创建多级列表.docx

　　创建多级列表与添加项目符号或编号的列表相似，但多级列表中每段的项目符号或编号根据缩进范围而变化，最多可生成有9个层次的多级列表。

　　如果要创建多级列表，可以按照下述步骤进行操作：

**1** 切换到功能区中的"开始"选项卡，在"段落"组中单击"多级列表"按钮右侧向下箭头，从下拉菜单中选择"定义新的多级列表"命令，出现如图6-59所示的"定义新多级列表"对话框。

**2** 在"单击要修改的级别"列表框中，选择当前要定义的列表级别；在"输入编号的格式"框中，指明编号或项目符号及其前后紧接的文字；在"此级别的编号样式"框中，选择列表要用的项目符号或编号样式。

**3** 根据需要，指定编号与文本的距离等。

**4** 要修改其他级别，可以重复步骤2~3。

**5** 设置完毕后，单击"确定"按钮。

**6** 键入列表项，每键入一项后按回车键。

**7** 单击列表项的任意位置，再切换到功能区中的"开始"选项卡，在"段落"组中单击"增加缩进量"或者"减少缩进量"按钮调整列表项至合适的级别。图6-59就是自定义的多级列表过程。

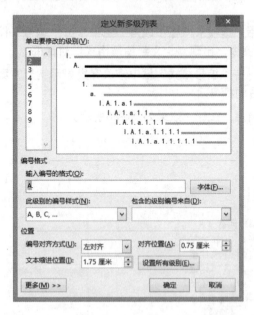
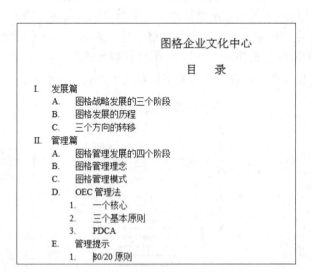

图6-59　创建多级列表

# 6.8
## 特殊版式设计

在对文档进行排版时，为了制作具有特殊效果的文档，需要对文档进行特殊的版式设计，如"制表位"、"分栏"、"首字下沉"和"中文版式"等。

## 6.8.1 设置制表位

所谓制表位，是指按Tab键时插入点所停留的位置。用户可以在文档中设置制表位，按Tab键后，插入点移到制表位位置处并停下来。Word提供了几种不同的制表位，使用户很容易将文本按列的方式对齐。在Word 2013中可以通过以下两种方法设置制表位：

- 通过直接在文档窗口的标尺上单击指定点来设置制表位，使用该方法设置比较方便，但是很难保证精确度。
- 通过"制表位"对话框来设置制表位，可以精确设置制表位的位置，这种方法比较常用。下面举例说明如何利用水平标尺设置制表位快速对齐文本，以及利用制表位手动制作目录。

### 1. 利用水平标尺设置制表位快速对齐文本

最终结果文件：光盘\第6章\结果文件\快速对齐文本.docx

利用水平标尺快速设置制表位的具体操作步骤如下：

**1** 将插入点移到要设置制表位的段落中，或者选定多个段落。

**2** 选中"视图"选项卡中的"标尺"复选框，在文档窗口中显示标尺。

**3** 在水平标尺最左端有一个"制表符对齐方式"按钮。每次单击该按钮时，按钮上显示的对齐方式制表符将按左对齐 ⌐、居中 ⊥、右对齐 ⌐、小数点 ⊥ 和竖线 | 的顺序循环改变。

**4** 出现所需的制表符类型后，在标尺上要设置制表位的地方单击，标尺上将出现相应类型的制表符。

**5** 重复步骤3和步骤4的操作，可以设置多个不同对齐方式的制表符。

**6** 按下Tab键，将插入点移到该制表位处，这时输入的文本在此对齐。图6-60所示为利用制表位对齐文本的效果。

如果要改变制表位的位置，只需将插入点放在设置制表位的段落中或者选定多个段落，然后将鼠标指针指向水平标尺上要移动的制表符，按住鼠标左键在水平标尺上向左或向右拖动。

如果要删除制表位，只需将插入点放在设置制表位的段落中或者选定多个段落，然后将鼠标指针指向水平标尺上要删除的制表符，按住鼠标左键向下拖出水平标尺即可。

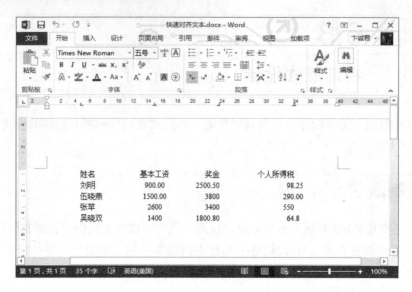

图6-60 利用制表位对齐文本

### 2. 利用制表位手动制作目录

实战练习文件：光盘\第6章\原始文件\手动制作目录.docx
最终结果文件：光盘\第6章\结果文件\手动制作目录.docx

在每本书的开头都有一个目录，便于读者查阅内容。通常制作的目录中都有"……"这样的点连接着章节名和对应的页码，直接输入这些点比较麻烦，而且也不容易对齐目录的内容，利用带前导符的制表位就很容易完成目录的制作。

利用制表位制作目录的具体操作步骤如下：

**1** 将插入点置于要制作目录的空行中。

**2** 切换到功能区中的"开始"选项卡，在"段落"组中单击右下角的"段落设置"按钮，显示"段落"对话框。

**3** 单击对话框中的"制表位"按钮，出现如图6-61所示的"制表位"对话框。

**4** 在"制表位位置"框中输入页码右对齐的位置。例如，对于16开的书籍，其页码位置约为"39字符"。

**5** 在"对齐方式"选项组中选择"右对齐"；在"前导符"选项组中选择"……"。

**6** 单击"设置"按钮，然后单击"确定"按钮。

**7** 在一行的开始输入章节的标题，然后按Tab键，将插入点移到39字符处的右对齐制表位，然后输入章节所在的页码。

**8** 按Enter键，继续输入下一章节的目录，结果如图6-62所示。

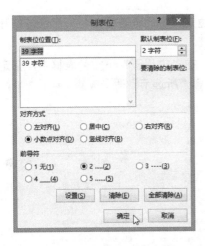

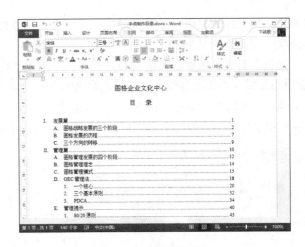

图6-61 "制表位"对话框　　　　　　　　　　图6-62 制作的目录

## 6.8.2 分栏排版

实战练习素材：光盘\素材\第6章\原始文件\分栏排版.docx
最终结果文件：光盘\素材\第6章\结果文件\分栏排版.docx

　　分栏经常用于排版报纸、杂志和词典，它有助于版面的美观、便于阅读，同时对回行较多的版面起到节约纸张的作用。

### 1. 设置分栏

　　如果要设置分栏，可以按照下述步骤进行操作：

**1** 要将整个文档设置成多栏版式，请按Ctrl+A键选择整篇文档；要将文档的一部分设置成多栏版式，请选定相应的文本。

**2** 切换到功能区中的"页面布局"选项卡，在"页面设置"组中单击"分栏"按钮右侧的向下箭头，从下拉菜单中选择分栏效果，例如选择"两栏"，结果如图6-63所示。

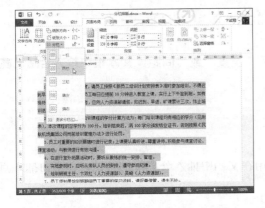

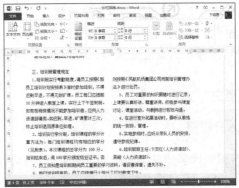

图6-63 快速分栏

**3** 如果预设的几种分栏格式不符合要求，可以选择"分栏"下拉菜单中的"更多分栏"命令，打开如图6-64所示的"分栏"对话框。

**4** 在"预设"选项组中单击要使用的分栏格式，例如"两栏"。在"应用于"下拉列表框中，指定分栏格式应用的范围："整篇文档"、"插入点之后"、"本节"或者"所选节"等。

**5** 如果要在栏间设置分隔线，请选中"分隔线"复选框。

**6** 单击"确定"按钮。添加分隔线后的分栏效果如图6-65所示。

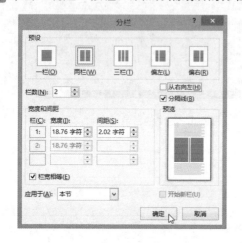

图6-64 "分栏"对话框

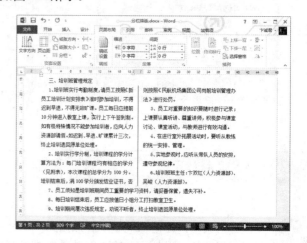

图6-65 添加分隔线后的分栏效果

在Word 2013中，"分栏"对话框中新增了一个"从右向左"复选框，可以使分栏内容从右侧向左侧排列。此功能适合排版古典书籍。

### 2. 修改分栏

用户可以修改已存在的分栏，例如，改变分栏的数目、改变分栏的宽度以及改变分栏之间的间距等。具体操作步骤如下：

**1** 将插入点移到要修改的分栏位置。

**2** 单击"分栏"下拉菜单中的"更多分栏"命令，出现"分栏"对话框。

**3** 在"预设"选项组中选择要使用的分栏格式。

**4** 要改变特定分栏的宽度或间距，可以在该分栏的"宽度"或"间距"文本框中输入合适的宽度和间距值。

**5** 单击"确定"按钮。

### 3. 插入分栏符

如果希望某段文字处于一栏的开始处，可以采用在文档中插入分栏符的方法，使当前插入点以后的文字移至下一栏。具体操作步骤如下：

**1** 将插入点置于需要另起一栏的文本位置。

2 切换到功能区中的"页面布局"选项卡,在"页面设置"组中单击"分隔符"按钮右侧的向下箭头,从下拉菜单中选择"分栏符"命令。

### 4. 创建等长栏

采用分栏排版格式的情况下,页面上的每栏文本都接续到下一页,但在多栏文本结束时,可能会出现最后一栏排不满的情况。创建等长栏的具体操作步骤如下:

1 将插入点移至分栏文本的结尾处。

2 切换到功能区中的"页面布局"选项卡,在"页面设置"组中单击"分隔符"按钮右侧的向下箭头,从下拉菜单中选择"连续"分节符。

### 5. 取消分栏排版

如果要取消分栏排版,可以按照下述步骤进行操作:

1 选定要从多栏改为单栏的正文,或者将插入点放置在需要取消分栏排版的节中。

2 切换到功能区中的"页面布局"选项卡,在"页面设置"组中单击"分栏"按钮右侧的向下箭头,从下拉菜单中选择"一栏"命令。

## 6.8.3 首字下沉

实战练习素材:光盘\素材\第6章\原始文件\首字下沉.docx
最终结果文件:光盘\素材\第6章\结果文件\首字下沉.docx

在报纸杂志上经常会看到首字下沉的例子,也就是一段开头的第一个字格外粗大,非常醒目。Word也提供了首字下沉的功能,具体设置方法如下:

1 将插入点移到要设置首字下沉的段落中。

2 切换到功能区的"插入"选项卡,然后单击"文本"组中"添加首字下沉"按钮右侧的向下箭头,从下拉菜单中选择一种下沉方式,例如,当鼠标指针指向"下沉"选项时,就可以在文档中预览其效果,如图6-66所示。

3 如果要设置首字下沉的相关选项,可以单击"首字下沉"下拉菜单中的"高级"命令,出现如图6-67所示的"首字下沉"对话框。

4 在"位置"选项组中选择首字下沉的方式。例如,选择"下沉"。

5 在"字体"下拉列表框中选择首字的字体;在"下沉行数"文本框中设置首字所占的行数;在"距正文"文本框中设置首字与正文之间的距离。

6 单击"确定"按钮,完成设置。

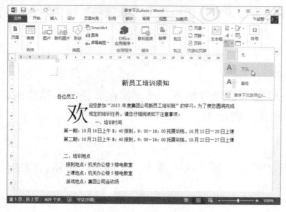

图6-66 首字下沉效果

图6-67 "首字下沉"对话框

如果要取消首字下沉，请将插入点移到该段中，然后单击"首字下沉"下拉菜单中的"无"命令。

## 6.8.4 为汉字添加拼音

实战练习素材：光盘\素材\第6章\原始文件\为汉字添加拼音.docx
最终结果文件：光盘\素材\第6章\结果文件\为汉字添加拼音.docx

如果要给汉字添加拼音，可以利用Word 2013提供的"拼音指南"功能。具体操作步骤如下：

**1** 选定要添加拼音的文本。

**2** 切换到功能区中的"开始"选项卡，在"字体"组中单击"拼音指南"按钮，出现如图6-68所示的"拼音指南"对话框。

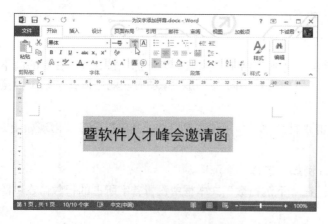

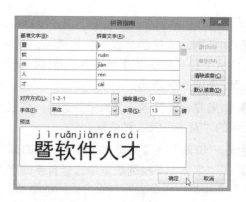

图6-68 "拼音指南"对话框

**3** 在"基准文字"框中显示了选定的文字，在"拼音文字"框中列出了对应的拼音。用户还可以根据需要选择"对齐方式"、"字体"和"字号"。

**4** 单击"确定"按钮后所选文本上方就添加了拼音，效果如图6-69所示。

图6-69  为文字添加拼音

## 6.8.5  设置带圈字符

实战练习素材：光盘\素材\第6章\原始文件\设置带圈字符.docx
最终结果文件：光盘\素材\第6章\结果文件\设置带圈字符.docx

如果要为某个字符添加圆圈或者菱形，可以使用"带圈字符"功能。具体操作步骤如下：

**1** 切换到功能区中的"开始"选项卡，在"字体"组中单击"带圈字符"按钮，出现如图6-70所示的"带圈字符"对话框。

**2** 在"样式"框中选择"缩小文字"或"增大圈号"选项。

**3** 在"文字"框中键入要带圈的字符；在"圈号"框中选择圈号形状。

**4** 单击"确定"按钮，即可给输入的字符添加圈号。图6-71所示为设置带圈字符后的效果。

图6-70  "带圈字符"对话框

图6-71  设置带圈字符

# 6.9
## 文档的分页与分节

本节将介绍Word中长文档的分页与分节设置，使相应的内容能够排放在指定的位置。

## 6.9.1 设置分页

实战练习素材：光盘\素材\第6章\原始文件\设置分页.docx
最终结果文件：光盘\素材\第6章\结果文件\设置分页.docx

分页符是分页的一种符号，标记一页终止并开始下一页的点。Word具有自动分页的功能，也就是说，当输入的文本或插入的图形满一页时，Word将自动转到下一页，并且在文档中插入一个软分页符。除了自动分页外，还可以人工分页，所插入的分页符称为人工分页符或硬分页符。分页符位于一页的结束、另一页开始的位置。

打开原始文件，将光标定位到要作为下一页的段落的开头，切换到功能区中的"页面布局"选项卡，在"页面设置"组中单击"分隔符"按钮右侧的向下箭头，从下拉菜单中选择"分页符"命令，即可将光标所在位置后的内容下移一个页面，如图6-72所示。

图6-72 插入分页符

办公专家一点通

在文档编辑过程中，经常需要对文档中分页符、段落标记等进行查看，可以切换到功能区中的"开始"选项卡，单击"段落"组中的"显示/隐藏编辑标记"按钮，即可显示插入的分页符。

## 6.9.2 设置分节符

实战练习素材：光盘\素材\第6章\原始文件\设置分节符.docx
最终结果文件：光盘\素材\第6章\结果文件\设置分节符.docx

所谓的"节"，是指Word用来划分文档的一种方式。分节符是指在表示节的结尾插入的标记。分节符包含节的格式设置元素，如页边距、页面的方向、页眉、页脚和页码的顺序。在Word 2013中有4种分节符可供选择，分别是"下一页"、"连续"、"偶数页"和"奇数页"。

- 下一页：Word文档会强制分页，在下一页上开始新节。可以在不同页面上分别应用不同的页码样式、页眉和页脚文字，以及想改变页面的纸张方向、纵向对齐方式或者线型。
- 连续：在同一页上开始新节，Word文档不会被强制分页，如果"连续"分节符前后的页面设置不同，

Word 会在插入分节符的位置强制文档分页。

● 偶数页：将在下一偶数页上开始新节。

● 奇数页：将在下一奇数页上开始新节。在编辑长篇文稿时，习惯将新的章节标题排在奇数页上，此时可插入奇数页分节符。

下面演示将一篇一篇文档分成多个节，即除第二页为横向版面外，全文为纵向版面的效果，如图6-73所示。

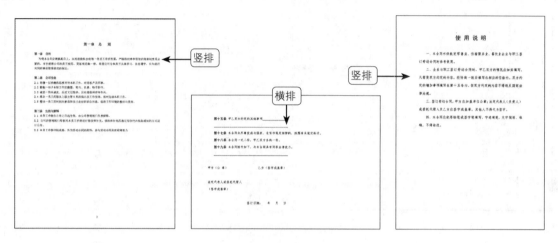

图6-73 分节符应用的示例

设置分节符的具体操作步骤如下：

**1** 将插入点移到要设置为横向版面的文档处。

**2** 切换到功能区中的"页面布局"选项卡，单击"分隔符"按钮，从弹出的下拉菜单中选择"下一页"命令。

**3** 将插入点移到横向版面后的纵向版面开始处。

**4** 切换到功能区中的"页面布局"选项卡，单击"分隔符"按钮，从弹出的下拉菜单中选择"下一页"命令。

**5** 将插入点放在横向版面中的任意位置。

**6** 切换到功能区中的"页面布局"选项卡，单击"纸张方向"按钮，从弹出的下拉菜单中选择"横向"命令。

# 6.10
## 设置页码

实战练习素材：光盘\素材\第6章\原始文件\设置页码.docx
最终结果文件：光盘\素材\第6章\结果文件\设置页码.docx

一篇文章由多页组成时，为了便于按顺序排列与查看，希望每页都有页码。使用Word可以快速地为文档添加页码。具体操作步骤如下：

**1** 切换到功能区中的"插入"选项卡，在"页眉和页脚"组中单击"页码"按钮，弹出 "页码"下拉菜单。

**2** 在"页码"下拉菜单中可以选择页码出现的位置，例如，要插入到页面的底部，就选择"页面底端"，从其子菜单中选择一种页码格式，如图6-74所示。

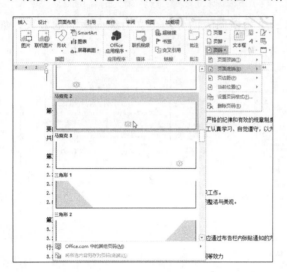

图6-74 选择页码格式

**3** 如果要设置页码的格式，可以从"页码"下拉菜单中选择"页码格式"命令，出现如图6-75所示的"页码格式"对话框。

**4** 在"编号格式"列表框中可以选择一种页码格式，例如， "一，二，三，…"、"i，ii，iii，…"等。

**5** 如果不想从1开始编页码，例如，将一个长文档分成了数个小文档，第一个文档共3页，第二个文档的页码则需要从4开始，就可以在"起始页码"框中输入4。

**6** 单击"确定"按钮，关闭"页码格式"对话框。此时，可以看到修改后的页码，如图6-76所示。

图6-75 "页码格式"对话框                    图6-76 修改了页码格式

# 6.11
## 设置页眉与页脚

页眉是指位于打印纸顶部的说明信息；页脚是指位于打印纸底部的说明信息。页眉和页脚的内容可以是页号，也允许输入其他的信息，如将文章的标题作为页眉的内容，或将公司的徽标插入页眉中。

## 6.11.1 创建页眉或页脚

实战练习素材：光盘\素材\第6章\原始文件\创建页眉或页脚.docx
最终结果文件：光盘\素材\第6章\结果文件\创建页眉或页脚.docx

使用Word进行文档编辑时，页眉和页脚并不需要每添加一页都创建一次，可以在进行版式设计时直接为全部的文档添加页眉和页脚。Word 2013提供了许多漂亮的页眉、页脚的格式。创建页眉或页脚的具体操作步骤如下：

**1** 切换到功能区中的"插入"选项卡，在"页眉和页脚"组中单击"页眉"按钮，从弹出的菜单中选择页眉的格式。

**2** 选择所需的格式后，即可在页眉区添加相应的格式，同时功能区中显示"页眉和页脚工具"选项卡，如图6-77所示。

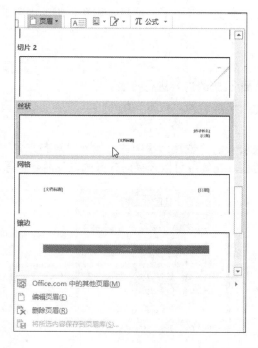

图6-77 进入页眉区

**3** 输入页眉的内容，或者单击"页眉和页脚工具"选项卡上的按钮来插入一些特殊的信息。例如，要插入当前日期或时间，可以单击"日期和时间"按钮；要插入图片，可以单击"图片"按钮，从弹出的"插入图片"对话框中选择所需的图片；要插入剪贴画，可以单击"剪贴画"按钮，从弹出的"剪贴画"任务窗格中选择所需的剪贴画。

**4** 单击"页眉和页脚工具"选项卡上的"转到页脚"按钮，切换到页脚区中。页脚的设置方法与页眉相同。

**5** 单击"设计"选项卡上的"关闭页眉和页脚"按钮，返回到正文编辑状态。

## 6.11.2 为奇偶页创建不同的页眉和页脚

对于双面打印的文档（如书刊等），通常需要设置奇偶页不同的页眉和页脚。具体操作步骤如下：

**1** 双击页眉区或页脚区，进入页眉或页脚编辑状态，并显示"设计"选项卡。

**2** 选中"选项"组内的"奇偶页不同"复选框。

**3** 此时，在页眉区的顶部显示"奇数页页眉"字样。用户可以根据需要创建奇数页的页眉。

**4** 单击"设计"选项卡上的"下一节"按钮，在页眉区的顶部显示"偶数页页眉"字样，可以根据需要创建偶数页的页眉。如果想创建偶数页的页脚，可以单击"设计"选项卡上的"转至页脚"按钮，切换到页脚区进行设置。

**5** 设置完毕后，单击"设计"选项卡上的"关闭页眉和页脚"按钮。

## 6.11.3 修改页眉和页脚

在正文编辑状态下，页眉/页脚区呈灰色状态，表示在正文文档区中不能编辑页眉和页脚的内容。如果要对页眉/页脚的内容进行编辑，可以按照下述步骤进行操作。

**1** 双击页眉区或页脚区，进入页眉或页脚编辑状态。

**2** 在页眉区或页脚区中修改页眉或页脚的内容，或者对页眉/页脚的内容进行排版。

**3** 如果要调整页眉顶端或页脚底端的距离，可以在"设计"选项卡的"位置"组中的"页眉顶端距离"或"页脚底端距离"文本框内输入距离。

**4** 如果要设置页眉文本的对齐方式，可以单击"设计"选项卡的"位置"组中的"插入'对齐方式'选项卡"按钮，出现如图6-78所示的"对齐方式选项卡"对话框，在其中可以选择对齐方式以及前导符等。

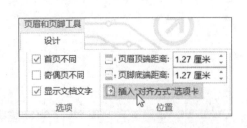

图6-78 "对齐方式选项卡"对话框

**5** 单击"设计"选项卡上的"关闭页眉和页脚"按钮。

# 6.12
## 打印预览与输出

完成文档的排版操作后，就可以将文档打印输出到纸张上了。在打印之前，最好先预览效果，如果满意再进行打印。本节将介绍如何进行打印预览及打印输出。

## 6.12.1 打印预览文档

 实战练习素材：光盘\素材\第6章\原始文件\打印预览.docx

为了保证打印输出的品质及准确性，一般在正式打印前都需要先进入预览状态检查文档整体版式布局是否还存在问题。确认无误后才会进入下一步的打印设置及打印输出。打印预览文档的操作步骤如下：

**1** 单击"文件"选项卡，在展开的菜单中单击"打印"命令，此时在文档窗口中将显示所有与文档打印有关的命令，在最右侧的窗格中能够预览打印效果，如图6-79所示。

**2** 拖动"显示比例"滚动条上的滑块能够调整文档的显示大小，单击"下一页"按钮和"上一页"按钮，能够进行预览的翻页操作，如图6-80所示。

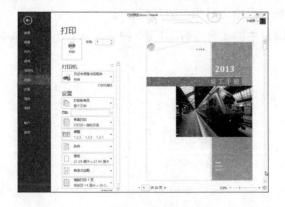

图6-79 打印预览

图6-80 预览其他页

## 6.12.2 打印文档

对打印的预览效果满意后，即可对文档进行打印。在Word 2013中，为打印进行页面、页数和份数等设置，可以直接在"打印"命令列表中选择操作。打印文档的具体操作步骤如下：

**1** 打开需要打印的文档，单击"文件"选项卡，在展开的菜单中单击"打印"命令，在"打印机"下拉列表中选择要使用的打印机。

**2** 在中间窗格中"份数"文本框中设置打印的份数，单击"打印"按钮，即可开始文档的打印，如图6-81所示。

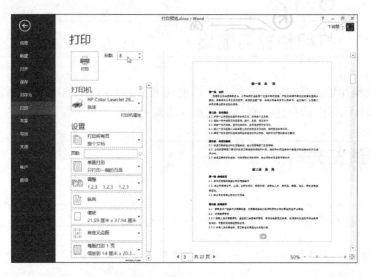

图6-81 设置打印的份数

**3** Word默认是打印文档中的所有页面，单击"打印所有页"按钮，在弹出的列表中选择要打印的范围，例如，要打印当前页，只需选择"打印当前页面"选项，如图6-82所示。另外，还可以在"页数"文本框中打印指定页码的内容。例如，要打印文档中的第4页、第9～13页以及第19页，那么可以在文本框中输入"4，9～13，19"。

**4** 在"打印"命令的列表窗格中还提供了常用的打印设置按钮，如设置页面的打印顺序、页面的打印方向以及设置页边距等，只需单击相应的选项按钮，在下级列表中选择相关的参数即可。

**5** 如果想把好几页缩小打印到一张纸上，可以单击中间窗中的"每版打印1页"按钮，从弹出的列表中选择一张纸上准备打印缩小的几页，如图6-83所示。

图6-82 设置打印范围

图6-83 设置缩小打印的页数

**6** 设置完毕后，单击"打印"按钮。

# 6.13
## 办公实例：制作招聘启示

本节将通过制作一个实例——制作招聘启示，来巩固本章所学的知识，使读者能够真正将知识应用到实际工作中。

## 6.13.1 实例描述

用户制作招聘启示的目的是让更多的求职者看到该启示内容，从而吸引更多的优秀人才加盟到该公司。招聘启示除了传达给求职者公司招聘的职位、要求等信息，还要透露出公司的企业文化，所以对于招聘启示的格式也是有讲究的。

本实例将介绍如何设置精美的招聘启示，在制作过程中主要包括以下内容：

- 设置字体与字号
- 设置段落格式
- 设置底纹效果
- 设置分栏

## 6.13.2 实例操作指南

实战练习素材：光盘\素材\第6章\原始文件\招聘启示.docx
最终结果文件：光盘\素材\第6章\结果文件\招聘启示.docx

本实例的具体操作步骤如下：

**1** 选定文档的标题"招聘启示"几个字，切换到功能区中的"开始"选项卡，单击"字体"组中的"字体"下拉按钮，从下拉列表中选择"仿宋"，然后单击"字号"下拉按钮，在下拉列表中选择"二号"，最后单击"加粗"按钮，如图6-84所示。

**2** 单击"字体"组右下角的"字体"按钮，打开"字体"对话框后切换到"高级"选项卡，从"间距"下拉列表中选择"加宽"选项，单击"磅值"框右侧的微调按钮，增加磅值到5磅，单击"确定"按钮完成设置，如图6-85所示。

图6-84 选择字体

图6-85 设置"字体"对话框

**3** 单击"段落"组中的"居中"按钮，设置好的文档标题效果如图6-86所示。

**4** 按住Ctrl键对文本的副标题进行多重选择，选定"企业简介"、"联系方式"、"招聘职位"、"职位描述/要求"、"应聘方式"等内容，单击"字体"和"字号"下拉按钮，在下拉列表中选择"华文细黑"和"三号"，然后单击"段落"选项组中的"边框"向下按钮，在弹出的下拉列表中选择"边框和底纹"命令，如图6-87所示。

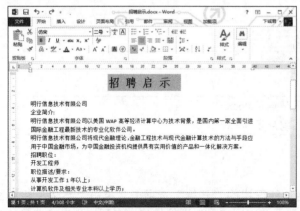

图6-86 将标题居中

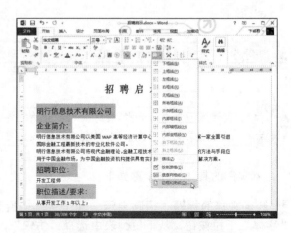

图6-87 选择"边框和底纹"命令

**5** 弹出"边框和底纹"对话框后，切换到"底纹"选项卡，在"填充"框中选择用来填充的颜色，在"应用于"下拉列表中选择"文字"选项，如图6-88所示。单击"确定"按钮，设置好的文字效果如图6-89所示。

**6** 用前面学过的方法选定企业简历的文字内容，单击"段落"组右下角的"段落设置"按钮，弹出"段落"对话框，在"缩进和间距"选项卡的"缩进"组中，单击"特殊格式"下拉按钮，在下拉列表中选择"首行缩进"，默认缩进度量值为"2字符"；在"间距"选项组中的"行距"下拉列表中选择"1.5倍行距"，如图6-90所示。单击"确定"按钮，结果如图6-91所示。

图6-88 设置底纹颜色

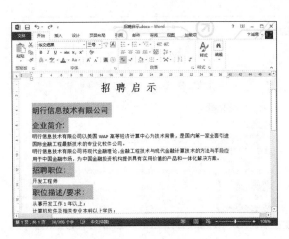

图6-89 显示完成效果

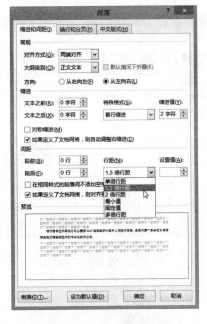

图6-90 设置缩进和间距

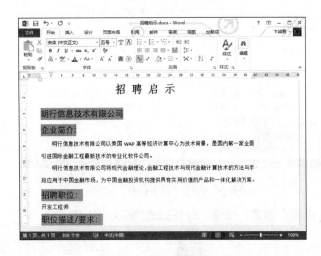

图6-91 显示完成后的效果

**7** 选定已经设置好的该段文字，双击"剪贴板"组中的"格式刷"按钮（见图6-92），拖动鼠标把副标题下面的文字变为和已设置文字一样的效果，如图6-93所示。完成后，单击"格式刷"按钮恢复正常状态。

**8** 选定要设置分栏的段落，然后切换到功能区中的"页面布局"选项卡，单击"分栏"按钮的下拉按钮，在弹出的菜单中选择"更多分栏"命令，如图6-94所示。

**9** 弹出"分栏"对话框，在"预设"选项组中选择"两栏"，并选中"栏宽相等"复选框和"分隔线"复选框，如图6-95所示。

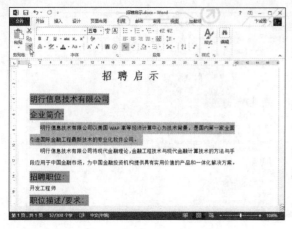

图6-92 双击"格式刷"按钮

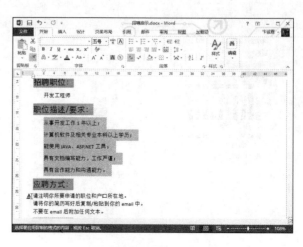

图6-93 利用格式刷复制格式

图6-94 选择"更多分栏"命令

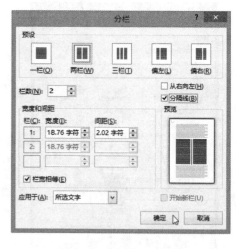

图6-95 "分栏"对话框

**10** 单击"确定"按钮，分栏后的效果如图6-96所示。

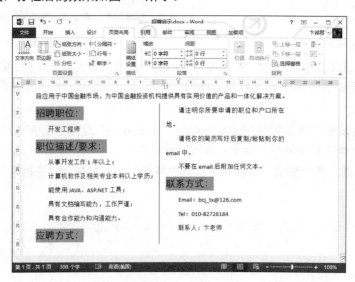

图6-96 分栏后的效果

### 6.13.3 实例总结

本章详细地讲述了文档字符和段落格式的设置，以及怎样设置分栏，并以实例的方式加以说明，主要用到所学的以下知识点：

- 设置字体、字号
- 设置字符间距
- 设置段落对齐方式
- 设置段落缩进方式
- 设置分栏效果

# 6.14
## 提高办公效率的诀窍

## 窍门1：创建书法字帖

Word 2013提供了书法字帖功能，可以做出专业性强的字帖，以供临摹练习之用。创建书法字帖的具体操作步骤如下：

**1** 单击"文件"选项卡，在展开的菜单中单击"新建"命令。

**2** 在中间窗格的模板列表框中，选择"书法字帖"图标，并单击"创建"按钮。

**3** 出现如图6-97所示的"增减字符"对话框，选中"书法字体"单选按钮，从下拉列表中选择一种字体。

**4** 在"可用字符"列表框中选择需要加入的文字，再单击"添加"按钮，就可以让文字显示在右边的窗格中。

**5** 完成后，单击"关闭"按钮，效果如图6-98所示。

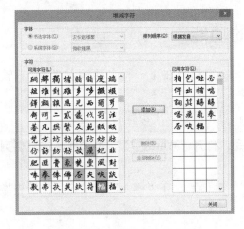

图6-97 "增减字符"对话框

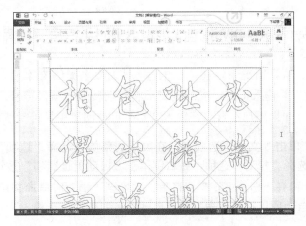

图6-98 创建的书法字帖

## 窍门2：使用构建基块输入复杂内容

　　Word 2003之前的版本中提供一个自动图文集的功能，可以方便地将当前文档的任何内容添加到自动图文集中。以后如果需要重复输入或插入相同的内容，则可以通过自动图文集来完成，无须重新手动输入或设置所需的内容，非常方便。Word 2013提供了类似自动图文集功能的构建基块，它的使用方法也比较简单，具体操作步骤如下：

**1** 选择文档中要经常重复使用的内容，然后切换到功能区中的"插入"选项卡，在"文本"组中单击"文档部件"按钮，在弹出的菜单中选择"将所选内容保存到文档部件库"命令，如图6-99所示。

**2** 打开如图6-100所示的"新建构建基块"对话框，在"名称"文本框中输入要保存内容的名称，单击"确定"按钮。

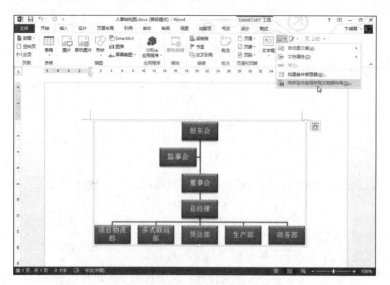

图6-99 选择"将所选内容保存到文档部件库"命令　　　　图6-100 "新建构建基块"对话框

**3** 再次单击"文档部件"按钮时，将在下拉列表中看到刚添加的构建基块，单击该基块即可将其插入到文档中。

## 窍门3：取消自动插入项目符号和编号的功能

　　默认情况下，在文档中输入"1."之类的文本后，按Enter键后将在下一行自动输入"2."；输入"*"并输入正文，按Enter键后将自动转换为项目符号。

　　如果用户不喜欢在输入文本时自动创建项目符号或编号，可以通过以下步骤将其去除：

**1** 单击"文件"选项卡，在展开的菜单中选择"选项"命令，打开"Word选项"对话框，在左侧列表中选择"校对"选项，在右侧单击"自动更正选项"按钮。

**2** 打开"自动更正"对话框，切换到"键入时自动套用格式"选项卡，在"键入时自动应用"组中撤选"自动项目符号列表"和"自动编号列表"复选框。

## 窍门4：为文档设置水印

水印就是将特定的图文资料作为文件背景，以显示文件的某种性质或所属单位等。在Word中，可以将文字或图片设置为水印。具体操作步骤如下：

**1** 切换到功能区中的"设计"选项卡，在"页面背景"组中单击"水印"按钮，从"水印"下拉菜单中选择一种默认的水印效果。如果这些默认效果不符合要求，可以选择"自定义水印"命令，弹出如图6-101所示的"水印"对话框。

**2** 如果要将文字设置为水印效果，可以选中"文字水印"单选按钮，在"文字"文本框中输入要设置为水印的文字，然后分别设置语言、字体、字号、颜色和版式等参数。如果要将图片设置为水印效果，可以选中"图片水印"单选按钮，然后单击"选择图片"按钮，选择要设置为水印的图片。

**3** 单击"确定"按钮。如图6-102所示为将文字设置为水印的效果。

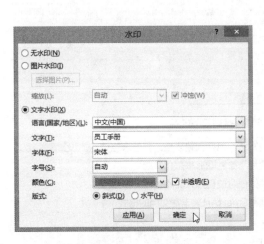

图6-101 "水印"对话框

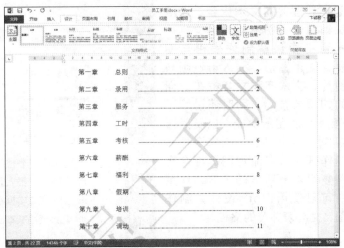

图6-102 将文字设置为水印效果

# 07

## 第 7 章
# 使用表格与图文混排

在Word中，通过在文档中制作表格，可以将数据组织得井井有条。另外，Word不但擅长处理普通文本内容，还擅长编辑带有图形对象的文档。本章主要讲解制作表格与图表、使用图形、插入剪贴画与图片、艺术字和文本框等方面的知识与技巧，同时还讲解了SmartArt图示功能，以及通过制作人事资料表、制作海报和制作开业庆典流程图等综合实例复习本章所学的内容，让用户可以使用Word设计并制作图、文与表并茂的文档。

教学目标 》》》》》》》》》》》》》》》》

通过本章的学习，你能够掌握如下内容：

※ 掌握制作表格的方法，包括创建表格、调整表格结构、设置表格格式
※ 在文档中插入图片与绘制图形来美化文档
※ 灵活在文本框中的任意位置插入文本
※ 巧妙使用文本框和SmartArt来丰富文档的格式

# 7.1 创建表格

在Word 2013中，表格是由行和列的单元格组成的，可以在单元格中输入文字或插入图片，使文档内容变得更加直观和形象，增强文档的可读性。

## 7.1.1 自动创建表格

用户可以使用自动创建表格功能来插入简单的表格，具体操作步骤如下：

**1** 将插入点置于要插入表格的位置。

**2** 切换到功能区中的"插入"选项卡，在"表格"组中单击"表格"按钮，在该按钮下方出现如图7-1所示的示意表格。

**3** 用鼠标在示意表格中拖动，以选择表格的行数和列数，同时在示意表格的上方显示相应的行列数。

**4** 选定所需的行列数后，释放鼠标，即可得到所需的结果，如图7-2所示。

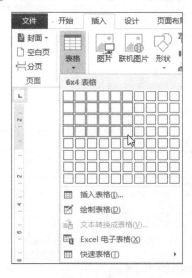

图7-1 示意表格

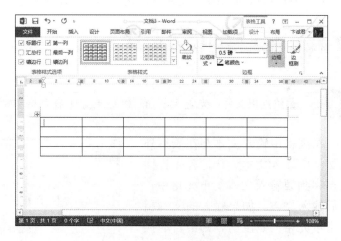

图7-2 快速创建的空白表格

## 7.1.2 手动创建表格

手动创建表格，可以准确地输入表格的行数和列数，还可以根据实际需要调整表格的列宽。切换到功能区中的"插入"选项卡，在"表格"组中单击"表格"按钮，然后选择"插入表格"命令，打开如图7-3所示的"插入表格"对话框。在"列数"和"行数"文本框输入要创建的表格包含的列数和行数。单击"确定"按钮，即可在文档输入点处创建表格。

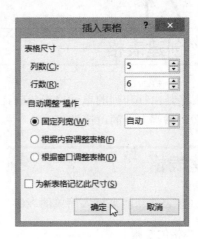

图7-3 "插入表格"对话框

在"插入表格"对话框的"'自动调整'操作"选项组中，选择不同的选项将创建不同列宽设置方式的表格，选择不同选项的作用如下：

- 固定列宽：选中该单选按钮，可以在右侧的文本框中输入具体的数值。
- 根据内容调整表格：选中该单选按钮，表格将根据内容量来调整列宽。
- 根据窗口调整表格：选中该单选按钮，创建的表格列宽以百分比为单位。

## 7.1.3 在表格中输入文本

 最终结果文件：光盘\素材\第7章\结果文件\在表格中输入文本.docx

在表格中输入文本与在表格外的文档中输入文本一样，首先将插入点移到要输入文本的单元格中，然后输入文本。如果输入的文本超过了单元格的宽度时，则会自动换行并增大行高。如果要在单元格中开始一个新段落，可以按回车键，该行的高度也会相应增大。

如果要移到下一个单元格中输入文本，可以用鼠标单击该单元格，或者按Tab键或向右箭头键移动插入点，然后输入相应的文本。如图7-4所示就是在表格中输入文本的示例。

图7-4 在表格中输入文本

# 7.2
## 编辑表格

刚创建的表格，往往离实际的表格仍有一定的差距，还要进行适当的编辑，如合并单元格、拆分单元格、插入或删除行、插入或删除列、插入或删除单元格等。

## 7.2.1 在表格中选定内容

在对表格进行操作之前，必须先选定操作对象是哪个或哪些单元格。如果要选定一个单元格中的部分内容，可以用鼠标拖动的方法进行选定，与在文档中选定正文一样。另外，在表格中还有一些特殊的选定单元格、行或列的方法，如图7-5所示。

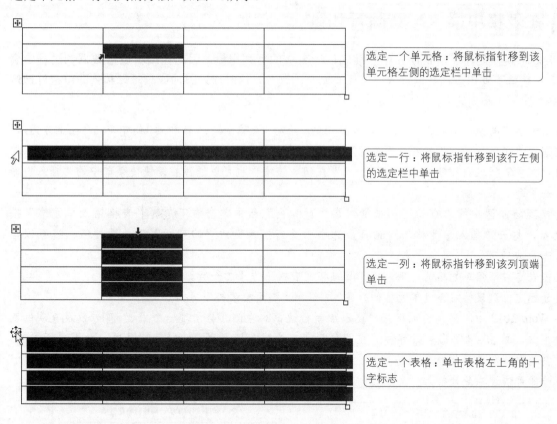

选定一个单元格：将鼠标指针移到该单元格左侧的选定栏中单击

选定一行：将鼠标指针移到该行左侧的选定栏中单击

选定一列：将鼠标指针移到该列顶端单击

选定一个表格：单击表格左上角的十字标志

图7-5 选定单元格、行或列

另一种选定的方法是：将插入点置于要选定的单元格中，然后切换到功能区的"布局"选项卡，单击"选择"按钮，从其下拉菜单中选择"选择单元格"、"选择行"、"选择列"或"选择表格"命令。

### 7.2.2 移动或复制行或列

编辑表格中的文本,就像在文档中插入、删除、移动或复制正文一样。如果要移动或复制表格的一整行,可以按照下述步骤进行操作:

**1** 选定表格的一整行(包括行结束符)。

**2** 切换到功能区中的"开始"选项卡,在"剪贴板"组中单击"剪切"或"复制"按钮,将该行内容存放到剪贴板中。

**3** 在表格的另外位置选定一整行,或将插入点置于该行的第一个单元格中。单击"剪贴板"组中的"粘贴"按钮,在弹出的菜单中选择"粘贴行"命令,复制的行被插入到表格选定行的上方,并不替换选定行的内容。

移动或复制一整列的方法与移动或复制一整行的方法基本类似,这里不再赘述。

### 7.2.3 在表格中插入与删除行和列

由于很多时候在创建表格初期并不能准确估计表格的行列用量,因此在编辑表格数据的过程中会出现表格行列数量不够用或在数据输入完成后有剩余的现象,这时通过添加或删除行和列即可很好地解决。在表格中插入行和列的方法有以下几种:

- 单击表格中的某个单元格,切换到功能区中的"布局"选项卡,在"行和列"组中单击"在上方插入"按钮或"在下方插入"按钮,可在当前单元格的上方或下方插入一行。同理,要插入列,可以单击"在左侧插入"按钮或"在右侧插入"按钮。该操作也可以通过右键快捷菜单中的"插入"命令的子命令来完成。

- 切换到功能区中的"布局"选项卡,在"行和列"组中单击右下角的"表格插入单元格"按钮 ,打开"插入单元格"对话框,选中"整行插入"或"整列插入"单选按钮,也可以插入一行或一列。

- 单击表格右下角单元格的内部,按 Tab 键将在表格下方添加一行。

- 将光标定位到表格右下角单元格的外侧,按 Enter 键可在表格下方添加一行。

- 在 Word 2013 中,只需将鼠标指向要添加新行边框的左侧,会出现一个"+"符号以及直观的双边框线,单击"+"符号即可快速在此处插入一个空行,如图7-6所示。同样,如果要插入列,只需将鼠标指向要添加新列边框的上方,会出现一个"+"符号以及直观的双边框线,单击"+"符号即可快速在此处插入一个空白列。

图7-6 快速插入行

删除行和列的方法有以下几种：

- 右击要删除的行或列，然后在弹出的菜单中选择"删除行"或"删除列"命令，可以删除该行或列。
- 单击要删除行或列包含的一个单元格，切换到功能区中的"布局"选项卡，在"行和列"组中单击"删除"按钮，然后选择"删除行"或"删除列"命令。
- 通过功能区中的删除菜单选择"删除单元格"命令，打开"删除单元格"对话框，选中"删除整行"或"删除整列"单选按钮可删除相应的行或列。

## 7.2.4 在表格中插入与删除单元格

用户可以根据需要，在表格中插入与删除单元格。插入单元格的具体操作步骤如下：

**1** 在要插入新单元格位置的右边或上边选定一个或几个单元格，所选单元格的数目与要插入的单元格数目相同。

**2** 切换到功能区中的"布局"选项卡，在"行和列"组中单击右下角的"表格插入单元格"按钮，打开如图7-7所示的"插入单元格"对话框，选中"活动单元格右移"单选按钮。

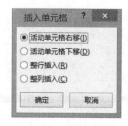

图7-7 "插入单元格"对话框

**3** 单击"确定"按钮，即可得到如图7-8所示的结果。

对于插入单元格后多出的两个单元格，可以将其删除，以保持表格整体的美观。要删除表格最右侧的两个单元格，可以先将其选定，并右击单元格，在弹出的快捷菜单中选择"删除单元格"命令。另外，也可以单击该单元格，在"布局"选项卡的"行和列"组中单击"删除"按钮，然后选择"删除单元格"命令并打开"删除单元格"对话框，选中"右侧单元格左移"单选按钮即可。

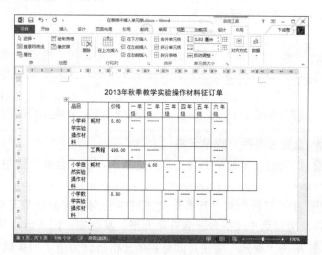

图7-8 插入单元格

## 7.2.5　合并与拆分单元格和表格

在编辑表格时，经常需要根据实际情况对表格进行一些特殊的编辑操作，如合并单元格、拆分单元格和拆分表格等。

### 1. 合并单元格

实战练习素材：光盘\素材\第7章\原始文件\合并单元格.docx
最终结果文件：光盘\素材\第7章\结果文件\合并单元格.docx

在Word 2013中，合并单元格是指将矩形区域的多个单元格合并成一个较大的单元格。下面介绍合并单元格的具体操作步骤：

**1** 选定准备合并的单元格。

**2** 切换到功能区中的"布局"选项卡，在"合并"组中选择"合并单元格"按钮，将合并选择的几个单元格，如图7-9所示。

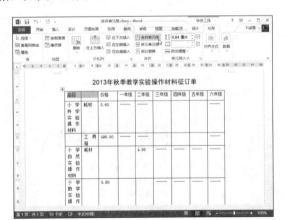

图7-9　合并单元格

### 2. 拆分单元格

实战练习素材：光盘\素材\第7章\原始文件\拆分单元格.docx
最终结果文件：光盘\素材\第7章\结果文件\拆分单元格.docx

在Word 2013中，拆分单元格是指将一个单元格拆分为几个较小的单元格。具体操作步骤如下：

**1** 选定准备拆分的单元格。

**2** 切换到功能区中的"布局"选项卡，在"合并"组中选择"拆分单元格"按钮，打开"拆分单元格"对话框。

**3** 在"列数"和"行数"文本框中分别输入每个单元格要拆分成的列数和行数。如果选定了多个单元格，可以选中"拆分前合并单元格"复选框，则在拆分前把选定的单元格合并。

**4** 单击"确定"按钮，即可将单元格拆分为指定的列数和行数，如图7-10所示。

图7-10 拆分单元格

### 3. 拆分表格

Word允许用户把一个表格拆分成两个表格或多个表格，然后在表格之间插入普通文本。拆分表格的具体操作步骤如下：

**1** 将插入点置于要分开的行分界处，也就是要成为拆分后第二个表格的第一行处。

**2** 切换到功能区中的"布局"选项卡，单击"合并"组中的"拆分表格"按钮，或者按Ctrl+Shift+Enter键。这时，插入点所在行以下的部分就从原表格中分离出来，变成一个独立的表格。

办公专家一点通

> 如果要将两个独立的表格合并为一个表格，可以通过删除它们之间的换行符使两个表格合并在一起。

## 7.3 设置表格格式

表格制作完成后，还需要对表格进行各种格式的修饰，从而生成更漂亮、更具专业性的表格。表格的修饰与文字修饰基本相同，只是操作对象的选择方法不同而已。

### 7.3.1 设置单元格中文本的对齐方式

> 实战练习素材：光盘\素材\第7章\原始文件\设置单元格中文本的对齐方式.docx
> 最终结果文件：光盘\素材\第7章\结果文件\设置单元格中文本的对齐方式.docx

前面介绍过文字的水平对齐方式（针对版心），相关操作在表格中仍然适用。但是，对齐的参照物变为"单元格",例如,要使单元格内的文字水平居中,可以选定这些单元格,然后单击"居中"按钮即可。

在表格中不但可以水平对齐文字,而且增加了垂直方向的对齐操作。只要将光标定位到表格中,就可以通过"布局"选项卡的"对齐方式"组进行选择,如图7-11所示。如果要设置多个单元格或整个表格的文本对齐方式,可以选择这些单元格或整个表格,然后设置对齐方式。

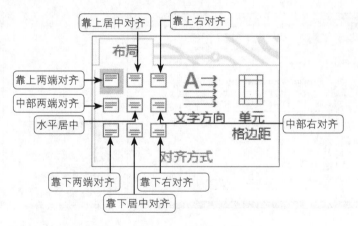

图7-11 表格中文本的9种对齐方式

## 7.3.2 设置文字方向

 最终结果文件:光盘\素材\第7章\结果文件\设置文字方向.docx

除了设置表格中文本的位置外,还可以灵活设置文字方向。例如,要设计类似的员工人事资料表,一般希望将内容的标题竖排起来(如相片和学历),如图7-12所示。

图7-12 竖排文字

只需将光标定位到"相片"所在的单元格,然后切换到功能区中的"布局"选项卡,在"对齐方式"组中单击"文字方向"按钮,即可快速设置单元格文本的方向。

## 7.3.3 设置整张表格的单元格边距

在Word 2013中,单元格边距是指单元格中的内容与边框之间的距离;单元格间距是指单元格和单元格之间的距离。在编辑表格时，可以根据实际需要自定义单元格的边距和间距。

打开原始文件，选择整个表格，切换到功能区中的"布局"选项卡，在"对齐方式"组中单击"单元格边距"按钮，打开如图7-13所示的"表格选项"对话框。在"默认单元格边距"组中可以分别设置上、下、左、右的间距。

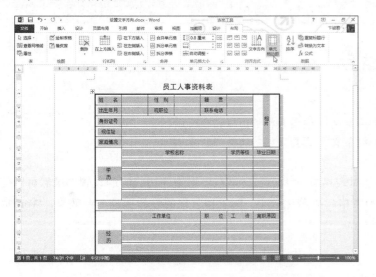

图7-13 "表格选项"对话框

# 7.4
## 设置表格尺寸和外观

本节将介绍一些关于设置表格尺寸大小及美化表格外观的操作方法，包括设置表格的列宽和行高、自动调整表格大小、设置表格边框和底纹、使用表格样式、制作斜线表头等。

## 7.4.1 设置表格的列宽和行高

设置表格的列宽和行高的具体操作方法有以下几种：

- 通过鼠标拖动：将光标指向要调整列的列边框和行的行边框，当光标形状变为上下或左右的双向箭头时，按住鼠标左键拖动即可调整列宽和行高。
- 通过指定列宽和行高值：选择要调整列宽的列或行高的行，然后切换到功能区中的"布局"选项卡，在"单元格大小"组设置"宽度"和"高度"的值，按 Enter 键即可调整列宽或行高。
- 通过 Word 自动调整功能：切换到功能区中的"布局"选项卡，在"单元格大小"组中单击"自动调整"按钮，从弹出的菜单中选择所需的命令即可。

如果要调整多列宽度和多行高度，而且希望这些列的列宽和行的行高都相同，可以使用"分布列"和"分布行"功能，先选择要调整的多列或多行，然后切换到功能区中的"布局"选项卡，在"单元格大小"组中单击"分布列"按钮或"分布行"按钮，将选中的多列平均列宽或将选中的多行平均行高。

## 7.4.2 设置表格的边框和底纹

实战练习素材：光盘\素材\第7章\原始文件\设置表格的边框和底纹.docx
最终结果文件：光盘\素材\第7章\结果文件\设置表格的边框和底纹.docx

前面介绍的设置表格格式的方法都是对表格位置大小和文本在表格中的格式等的设置，虽然可以使表格中的数据排列整齐，却无法更好地为表格起到美化效果。为了使表格的设计更具专业效果，Word提供了设置表格边框和底纹的功能。

### 1. 设置表格边框

为了使表格看起来更加有轮廓感，可以将其最外层边框加粗。具体操作步骤如下：

**1** 选定整个表格，切换到功能区中的"设计"选项卡，然后单击"表格样式"组中的"边框"按钮，从"边框"下拉菜单中选择"边框和底纹"命令，打开如图7-14所示的"边框和底纹"对话框。

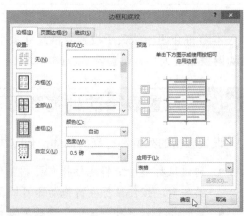

图7-14 "边框和底纹"对话框

**2** 在"边框"选项卡中，可以在"应用于"下拉列表中先设置好边框的应用范围，然后在"设置"、"样式"、"颜色"和"宽度"中设置表格边框的外观。

**3** 单击"确定"按钮。添加边框后的表格如图7-15所示。

图7-15 添加边框后的表格

### 2. 设置表格底纹

为了区分表格标题与表格正文，使其外观醒目，经常会给表格标题添加底纹，具体操作步骤如下：

**1** 选定要添加底纹的单元格，切换到"设计"选项卡，单击"表格样式"组中的"底纹"按钮右侧的向下箭头，在弹出的颜色菜单中选择所需的颜色。当鼠标指向某种颜色后，可在单元格中立即预览其效果，如图7-16所示。

**2** 用同样的方法为其他标题添加底纹，如图7-17所示。

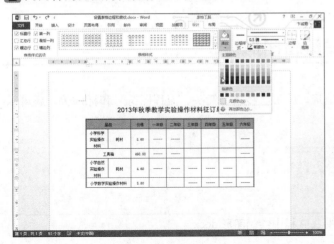

图7-16 为单元格添加底纹

图7-17 为表格的标题添加底纹

## 7.4.3 表格的快速样式

实战练习素材：光盘\素材\第7章\原始文件\表格的快速样式.docx
最终结果文件：光盘\素材\第7章\结果文件\表格的快速样式.docx

无论是新建的空表，还是已经输入数据的表格，都可以使用表格的快速样式来设置表格的格式，例如将阴影、边框、底纹和其他有趣的格式元素应用于表格。具体操作步骤如下：

**1** 将插入点置于要排版的表格中。

**2** 切换到功能区中的"设计"选项卡，在"表格样式"组中选择一种样式，即可在文档中实际预览此样式的排版效果，如图7-18所示。

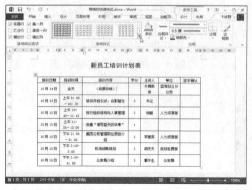

图7-18 应用表格样式排版的表格

**3** 在"设计"选项卡的"表格样式选项"组中包含6个复选框："标题行"、"第一列"、"汇总行"、"最后一列"、"镶边行"和"镶边列"，这些选项让用户决定将特殊样式应用到哪些区域。

# 7.5
## 在文档中绘制与编辑图形

在Word 2013中，可以插入现成的形状，如矩形、圆形、线条、箭头、流程图符号和标注等，还可以对图形进行编辑并设置图形效果。

## 7.5.1　在文档中绘制图形

 最终结果文件：光盘\素材\第7章\结果文件\在文档中绘制图形.docx

切换到功能区中的"插入"选项卡，在"插图"组中单击"形状"按钮的向下箭头，弹出如图7-19所示的菜单，主要包括线条、基本形状、箭头总汇、流程图、标注、星与旗帜几大分类。从菜单中选择要绘制的图形，在需要绘制图形的开始位置按住鼠标左键并拖动到结束位置。释放鼠标左键，即可绘制出基本图形，如图7-20所示。如果要绘制正方形，只需单击"矩形"按钮后，按住Shift键并拖动；如果要绘制圆形，只需单击"椭圆"按钮后，按住Shift键并拖动。

图7-19 "形状"下拉菜单

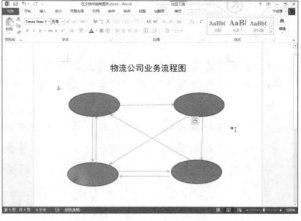
图7-20 绘制的基本图形

## 7.5.2 在自选图形中添加文字

最终结果文件：光盘\素材\第7章\结果文件\在自选图形中添加文字.docx

用户可以在封闭的图形中添加文字，具体操作步骤如下：

**1** 右击要添加文字的图形，在弹出的快捷菜单中选择"添加文字"命令，此时插入点出现在图形的内部。

**2** 输入所需的文字，并且可以对文字进行排版，结果如图7-21所示。

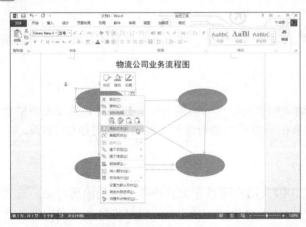
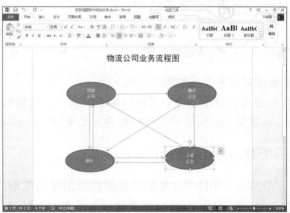
图7-21 在自选图形中添加文字

## 7.5.3 编辑图形对象

对于绘制好的图形对象，可以将它移到其他位置或者调整其大小等，使其更符合自己的需要。

### 1. 选定图形对象

在对某个图形对象进行编辑之前，首先要选定该图形对象。选定图形对象有以下方法：

- 如果要选定一个图形，则用鼠标单击该图形。此时，该图形周围出现句柄。
- 如果要选定多个图形，则按住 Shift 键，然后用鼠标分别单击要选定的图形。
- 如果要选定的多个图形比较集中，可以单击"开始"选项卡中的"编辑"按钮的向下箭头，从弹出的下拉菜单中单击"选择"命令的向下箭头，从子菜单中选择"选择对象"命令。此时，将鼠标指针移到要选定图形对象的左上角，按住鼠标左键向右下角拖动。拖动时会出现一个方框，当把所有要选定的图形对象全部框住时，释放鼠标左键，如图 7-22 所示。

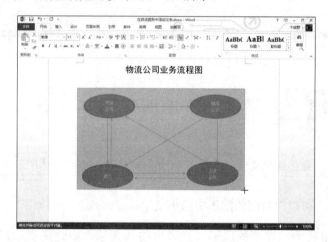

图7-22 圈选多个图形对象

### 2. 调整图形对象的大小

选定图形对象之后，在其拐角和沿着矩形的边界会出现尺寸句柄。通过拖动对象的尺寸句柄来调整对象的大小，具体操作步骤如下：

**1** 选定要调整大小的图形对象。

**2** 将鼠标指针移到图形对象的某个句柄上，然后拖动句柄改变图形对象的大小。如果要保持原图形的比例，拖动角上的句柄时按住Shift键；如果要以图形对象中心为基点进行缩放，拖动句柄时按住Ctrl键。

### 3. 移动或复制图形对象

在Word 2013中，绘制的图形对象出现在图形层，因此用户可以在文档中任意移动图形对象。选定图形对象之后，可以将鼠标左键移到图形对象的边框上（不要放在句柄上），鼠标指针变为四向箭头形状，按住鼠标左键拖动，拖动时出现一个虚线框表明该图形对象将要放置的位置，拖到目标位置后释放鼠标左键即可。

如果要限制对象只能横向或纵向移动，则按住Shift键拖动对象；如果在拖动过程中按住Ctrl键，则将选定的图形复制到新位置。

### 4. 对齐图形对象

如果使用鼠标移动图形对象，很难使多个图形对象排列得很整齐。Word提供了快速对齐图形对象的工具。具体操作步骤如下：

**1** 选定要对齐的多个图形对象。

**2** 切换到功能区中的"格式"选项卡，在"排列"组中单击"对齐对象"按钮，从弹出的菜单中选择所需的对齐方式。

- 选择"左对齐"，使各图形对象的左边界对齐。
- 选择"左右居中"，使各图形对象横向居中对齐。
- 选择"右对齐"，使各图形对象的右边界对齐。
- 选择"顶端对齐"，使各图形对象的顶边界对齐。
- 选择"上下居中"，使各图形对象纵向居中对齐。
- 选择"底端对齐"，使各图形对象的底边界对齐。
- 如果要等距离排列图形对象（必须选定三个或三个以上的对象，或者相对于绘图画布排列对象），则选择"横向分布"或"纵向分布"命令。

图7-23显示多个图形进行左右居中的情形；图7-24显示多个图形纵向分布操作的情形。

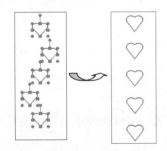

图7-23 左右居中的效果

图7-24 纵向分布的效果

### 5. 叠放图形对象

实战练习素材：光盘\素材\第7章\原始文件\叠放图形对象.docx
最终结果文件：光盘\素材\第7章\结果文件\叠放图形对象.docx

在同一区域绘制多个图形时，后来绘制的图形将覆盖前面的图形。有时，可能需要改变图形对象的叠放次序。具体操作步骤如下：

**1** 选定要移动的图形对象，若该图形被隐藏在其他图形下面，可以按Tab键或Shift+Tab键来选定该图形对象。

**2** 切换到功能区中的"格式"选项卡，在"排列"选项组中单击"下移一层"按钮右侧的向下箭头，从"下移一层"下拉菜单中选择所需的命令。

- 要将图形对象置于底层，请选择"置于底层"命令，如图 7-25 所示。
- 如果在一个区域重叠了两个以上的图形对象，可以选择"下移一层"命令来逐层移动图形对象。
- 要将图形对象置于正文之后，请选择"衬于文字下方"命令。

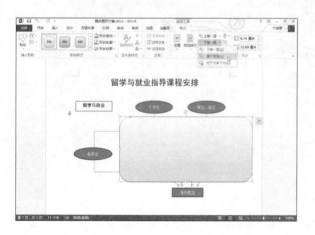 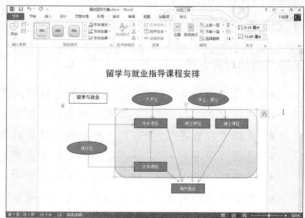

图7-25 置于底层

## 7.5.4 美化图形对象

 实战练习素材：光盘\素材\第7章\原始文件\美化图形对象.docx
最终结果文件：光盘\素材\第7章\结果文件\美化图形对象.docx

在文档中绘制图形对象后，可以加上一些特殊的效果，例如，可以改变图形对象的线型、改变图形对象的填充颜色，还可以添加阴影和三维效果。

### 1. 设置线型

在Word 2013中，设置线型的具体操作步骤如下：

**1** 选定要设置线型的图形对象，切换到功能区中的"格式"选项卡，在"形状样式"组中单击"形状轮廓"按钮，出现"形状轮廓"菜单。

**2** 从"粗细"子菜单中选择需要的线型。如果要设置其他的线型，可以单击"其他线条"命令，出现"设置自选图形"对话框。在"线条"组的"颜色"下拉列表框中选择线条的颜色，在"粗细"文本框中设置线条的粗细。

**3** 设置完毕后，单击"确定"按钮。

### 2. 设置线条颜色

如果要设置线条的颜色，可以按照下述步骤进行操作：

**1** 选定要设置线条颜色的图形对象，切换到功能区中的"格式"选项卡，在"形状样式"组中单击"形状轮廓"按钮，在弹出的"形状轮廓"菜单中选择所需的线条颜色。

**2** 如果没有看到所需的颜色，则单击"形状轮廓"菜单中的"其他轮廓颜色"命令，用户可以在打开的"颜色"对话框中选择或者自定义更丰富的颜色。

### 3. 设置填充颜色

如果要给图形设置填充颜色，可以按照下述步骤进行操作：

**1** 选定要设置填充颜色的图形对象。

**2** 切换到功能区中的"格式"选项卡，在"形状样式"组中单击"形状填充"按钮右侧的向下箭头，从出现的菜单中选择所需的填充颜色，如图7-26所示。

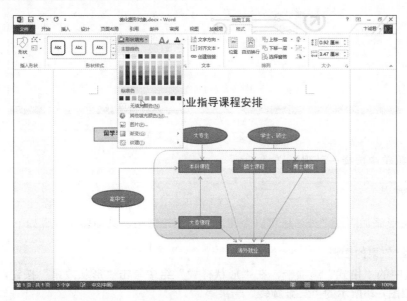

图7-26 "形状填充"菜单

**3** 如果没有看到所需的颜色，则单击"形状填充"菜单中的"其他填充颜色"命令，在打开的"颜色"对话框选择或者自定义更丰富的颜色。

**4** 如果要用颜色过渡、纹理、图案或图片等效果来填充图形，则从"形状填充"菜单的底部选择"图片"、"渐变"、"纹理"或"图案"。例如，选择"渐变"，从弹出的子菜单中选择渐变效果。

如果要从图形对象中删除填充颜色，请先选定修改的图形对象，再单击"格式"选项卡中的"形状填充"按钮右侧的向下箭头，从菜单中选择"无填充颜色"命令。

### 4. 设置阴影效果

设置图形的阴影效果，可以使图形有一种"悬浮"在幻灯片上的感觉。设置阴影效果的具体操作步骤如下：

**1** 选定要添加阴影的文本框。

**2** 切换到功能区中的"格式"选项卡，在"形状样式"组中单击"形状效果"按钮，再单击"阴影"命令，出现如图7-27所示的"阴影"子菜单。

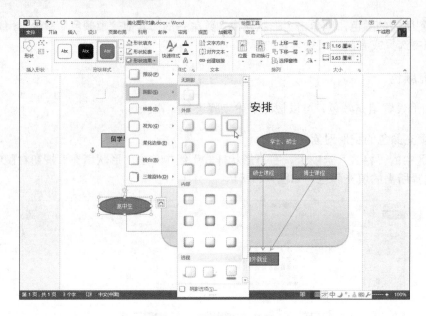

图7-27 "阴影"子菜单

**3** 从"阴影"子菜单中选择一种阴影样式。

### 5. 设置三维效果

除了可以为图形添加阴影之外，还可以为图形设置三维效果。具体操作步骤如下：

**1** 选定要添加三维效果的图形。

**2** 切换到功能区中的"格式"选项卡，在"形状样式"组中单击"形状效果"按钮，再单击"三维旋转"命令，出现如图7-28所示的"三维旋转"子菜单。

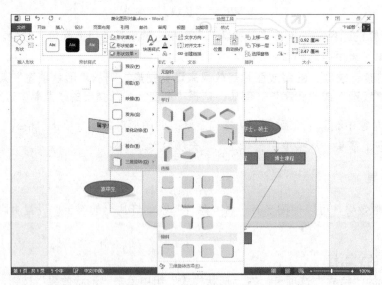

图7-28 "三维旋转"子菜单

**3** 从"三维旋转"子菜单中选择一种三维效果样式。

如果对添加的三维效果不太满意,请从"三维旋转"子菜单选择"三维旋转选项"命令,弹出"设置形状格式"窗格,在其中可以设置其旋转的角度等。

# 7.6
## 使用图片美化文档

Word不但擅长处理普通文本内容,还擅长编辑带有图形对象的文档,即图文混排。用户可以使用Word设计并制作图文并茂、内容丰富的文档。

## 7.6.1 插入图片

Word 2013内部提供了联机剪辑库,其中包含Web元素、背景、标志、地点和符号等,可以直接插入到文档中。如果对图片有更高的要求,可以选择插入计算机中保存的图片文件。

在文档中插入剪贴画的具体操作步骤如下:

**1** 将插入点置于要插入剪贴画的位置,切换到功能区中的"插入"选项卡,在"插图"组中单击"联机图片"按钮,弹出"插入图片"窗口,在"Office.com剪贴画"的文本框中输入关键字,然后单击"搜索"按钮 ,搜索结果将显示在窗口中,如图7-29所示。

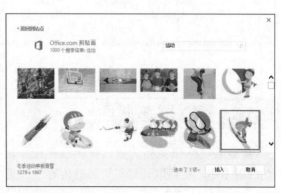

图7-29 搜索联机剪贴画

**2** 在窗口中单击所需的剪贴画,然后单击"插入"按钮,即可将剪贴画插入到文档中,如图7-30所示。

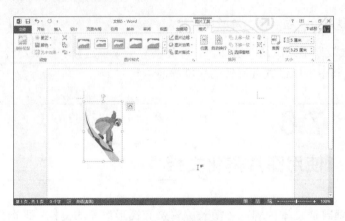

图7-30　插入剪贴画

在文档中插入计算机中保存的图片也很简单，切换到功能区中的"插入"选项卡，在"插图"组中单击"图片"按钮，打开"插入图片"对话框。选择要插入的图片文件，然后单击"插入"按钮，即可将图片插入到文档中，如图7-31所示。

图7-31　插入图片

## 7.6.2　插入屏幕截图

编写某些特殊文档（如计算机软件操作教程）时，经常需要向文档中插入屏幕截图。在以前的Office版本中，要截取计算机屏幕的内容，只能使用第三方软件来实现。Office 2013提供了屏幕截图功能，用户编写文档时，可以直接截取程序窗口或屏幕上某个区域的图像，这些图像将能自动插入到当前插入点光标所在的位置。

### 1. 截取全屏图像

实战练习素材：光盘\素材\第7章\原始文件\截取全屏图像.docx，女大学生牵手行动.pptx
最终结果文件：光盘\素材\第7章\结果文件\截取全屏图像.docx

截取全屏图像时，只要选择了要截取的程序窗口后，程序会自动执行截取整个屏幕的操作，具体操作步骤如下：

**1** 将插入点置于要插入图像的位置，切换到功能区中的"插入"选项卡，在"插图"选项组中单击"屏幕截图"按钮。

**2** 弹出"屏幕截图"下拉列表后，单击要截取的屏幕窗口。经过以上操作后，就可以将所选的程序画面截取到当前文档中，如图7-32所示。

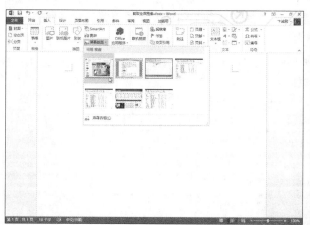

图7-32 截取全屏图像

### 2. 自定义截取图像

> 实战练习素材：光盘\素材\第7章\原始文件\自定义截取图像.docx，女大学生牵手行动.pptx
> 最终结果文件：光盘\素材\第7章\结果文件\自定义截取图像.docx

自定义截图可以对图像截取的范围、比例进行自定义设置，自定义截取的图像内容同样会自动插入到当前文档中。

**1** 将插入点置于要插入图像的位置，切换到功能区中的"插入"选项卡，在"插图"组中单击"屏幕截图"按钮。

**2** 弹出"屏幕截图"下拉列表后，单击"屏幕剪辑"选项，此时当前文档的编辑窗口将最小化，屏幕中的画面呈半透明的白色效果，指针为十字形状，拖动鼠标，经过要截取的画面区域，最后释放鼠标。

**3** 经过以上操作后，完成了自定义截取屏幕画面的操作，所截取的图像自动插入到目标文档中，如图7-33所示。

图7-33 截取部分图像

## 7.6.3 调整图片的大小和角度

在文档中插入图片后，用户可以通过Word提供的缩放功能来控制其大小，还可以旋转图片。具体操作步骤如下：

**1** 单击要缩放的图片，使其周围出现8个句柄。

**2** 如果要横向或纵向缩放图片，则将鼠标指针指向图片四边的任意一个句柄上；如果要沿对角线方向缩放图片，则将鼠标指针指向图片四角的任何一个句柄上。

**3** 按住鼠标左键，沿缩放方向拖动鼠标，如图7-34所示。

**4** 用鼠标拖动图片上方的旋转按钮 ，可以任意旋转图片。

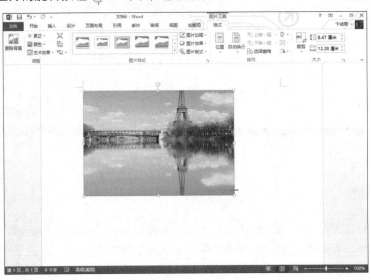

图7-34 调整图片大小

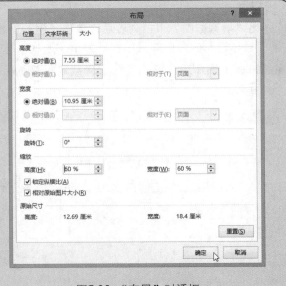

如果要精确设置图片或图形的大小和角度，可以单击文档中的图片，然后切换到功能区中的"格式"选项卡，在"大小"组中的"形状高度"和"形状宽度"文本框中设置图片的高度和宽度。还可以单击"大小"组右下角的"高级版式：大小"按钮，打开如图7-35所示的"布局"对话框，在"高度"和"宽度"框中可以设置图片的高度、宽度，以及在"旋转"框中输入旋转角度，在"缩放"组的"高度"和"宽度"文本框中按百分比来设置图片大小。

图7-35 "布局"对话框

## 7.6.4 裁剪图片

有时需要对插入Word文档中的图片进行重新裁剪，在文档中只保留图片中需要的部分。比较以前的版本，Word 2013的图片裁剪功能更加强大，不仅能够实现常规的图像裁剪，还可以将图像裁剪为不同的形状。

### 1. 普通裁剪

实战练习素材：光盘\素材\第7章\原始文件\普通裁剪.docx
最终结果文件：光盘\素材\第7章\结果文件\普通裁剪.docx

普通裁剪是指仅对图片的四周进行裁剪，具体操作步骤如下：

**1** 单击选择要裁剪的图片，在"格式"选项卡的"大小"组中单击"裁剪"按钮，此时图片的四周出现黑色的控点。

**2** 将鼠标指向图片上方的控点，指针变成黑色的倒立的T形状，向下拖动鼠标，即可将图片上方鼠标经过的部分裁剪掉。采用同样的方法，对图片的其他边进行裁剪。

**3** 将图片裁剪完毕后，单击文档的任意位置，就完成图片的裁剪操作，如图7-36所示。

图7-36 裁剪图片

### 2. 将图片裁剪为不同形状

实战练习素材：光盘\素材\第7章\原始文件\将图片裁剪为不同形状.docx
最终结果文件：光盘\素材\第7章\结果文件\将图片裁剪为不同形状.docx

在文档中插入图片后，图片会默认设置为矩形。如果将图片更改为其他形状，可以让图片与文档配合得更为美观。

单击选择要裁剪的图片，在"格式"选项卡的"大小"组中单击"裁剪"按钮的向下箭头，在弹出的下拉列表中选择"裁剪为形状"选项，弹出子列表后，单击"基本形状"区内的"椭圆"图标。

此时，图像就被裁剪为指定的形状，如图7-37所示。

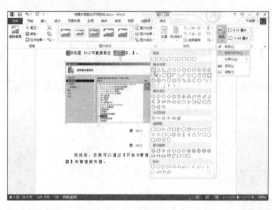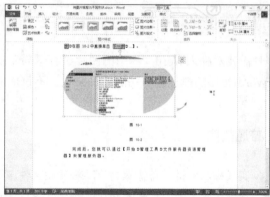

图7-37　将图片裁剪为不同的形状

## 7.6.5　删除图片背景

 实战练习素材：光盘\素材\第7章\原始文件\删除图片背景.docx
最终结果文件：光盘\素材\第7章\结果文件\删除图片背景.docx

　　删除图片背景能够将图片主体部分周围的背景删除。以前要删除图片背景需要使用Photoshop等专业图形图像处理软件，现在利用Word 2013就能轻松实现。具体操作步骤如下：

**1** 单击要编辑的图片，在"格式"选项卡中单击"调整"组的"删除背景"按钮。

**2** 此时，进入"背景消除"选项卡，在图片的周围可以看到一些浅蓝色的控点，拖动控点可以调整删除的背景范围。

**3** 利用"背景消除"选项卡中的"标记要保留的区域"按钮以及"标记要删除的区域"按钮，然后利用鼠标拖动对图片中一些特殊的区域进行标记，从而进一步修正消除背景的准确性。

**4** 设置好删除背景的区域后，单击"背景消除"选项卡中的"保留更改"按钮，结果如图7-38所示。

图7-38　删除图片背景

## 7.6.6　图片的艺术效果

　　Word 2013中的艺术效果是指图片的不同风格，其中预设了标记、铅笔灰度、铅笔素描、线条图、粉笔素描、画图笔画、发光散射等效果，在应用了一种效果后，还可以进一步对其进行设置。

### 1. 应用预设艺术效果

 实战练习素材：光盘\素材\第7章\原始文件\应用预设艺术效果.docx
最终结果文件：光盘\素材\第7章\结果文件\应用预设艺术效果.docx

　　Word 2013不仅能够方便地更改图片的外观样式，还能够获得很多需要专业图像处理软件才能完成的特殊效果，使插入文档的图片更具有表现力。

**1** 单击要编辑的图片。

**2** 在"格式"选项卡中，单击"调整"组中的"艺术效果"按钮，在弹出的下拉列表中选择一种艺术效果。

**3** 经过以上操作后，就完成了为图片设置艺术效果的操作，如图7-39所示。

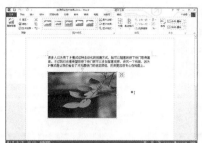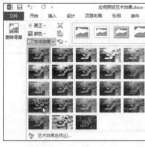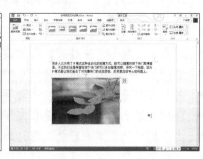

图7-39 添加图片艺术效果

### 2. 自定义设置艺术效果

 实战练习素材：光盘\素材\第7章\原始文件\自定义设置艺术效果.docx
最终结果文件：光盘\素材\第7章\结果文件\自定义设置艺术效果.docx

　　Word中预设的每种艺术效果都有相应的参数，为图片应用了艺术效果后，用户可以更改效果的参数来微调图片的效果。

**1** 单击要编辑的图片，在"格式"选项卡中，单击"调整"组的"艺术效果"按钮，在弹出的下拉列表中选择一种艺术效果，例如，选择"蜡笔平滑"。

**2** 再单击"艺术效果"下拉列表中的"艺术效果选项"，弹出"设置图片格式"对话框，在"艺术效果"区中调整透明度和缩放等，如图7-40所示。

**3** 单击"关闭"按钮，完成自定义艺术效果的操作。

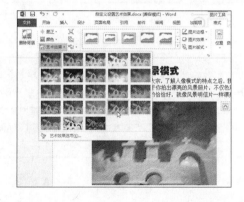

图7-40 自定义艺术效果

## 7.6.7 设置图片的文字环绕效果

实战练习素材：光盘\素材\第7章\原始文件\设置图片的文字环绕效果.docx
最终结果文件：光盘\素材\第7章\结果文件\设置图片的文字环绕效果.docx

有时，用户需要设置好文档中图片与文字的位置关系，即环绕方式。设置图文环绕方式需要先单击图片，Word 2013会自动在图片旁边弹出"布局选项"按钮 。单击此按钮，在弹出的下拉列表中选择一种环绕方式。另外，用户也可以在选定图片后，在"格式"选项卡中单击"排列"组的"自动换行"按钮，从弹出的下拉列表中选择一种环绕方式。

- 嵌入型：文字围绕在图片的上下方，图片只能在文字区域范围内移动。
- 四周型环绕：文字环绕在图片四周，图片四周留出一定的空间。
- 紧密型环绕：文字密布在图片四周，图片四周被文字紧紧包围。
- 衬于文字下方：图片在文字的下方。
- 浮于文字上方：图片覆盖在文字的上方。
- 上下型环绕：文字环绕在图片的上下方。
- 穿越型环绕：文字密布在图片四周，与紧密型类似。

如图7-41所示，就是选择"四周型环绕"方式，还可以将鼠标移到图片上方，将其拖到文档中的任意位置。

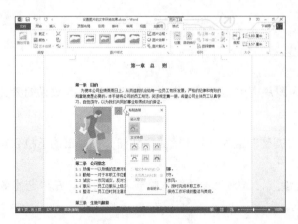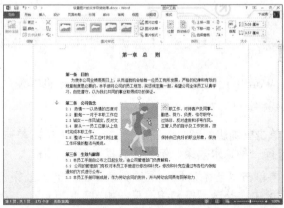

图7-41 图文混排的效果

办公专家一点通

在文档中图片和文字的相对位置有两种情况，一种是嵌入型的排版方式，此时图片和正文不能混排，也就是说正文只能显示在图片的上方和下方；可以使用"开始"选项卡的"段落"组中的"左对齐"、"居中"、"右对齐"等命令来改变图片的位置。另一种是非嵌入式方式，在这种情况下，图片和文字可以混排，文字可以环绕在图片周围或在图片的上方或下方。此时，拖动图片可以将图片放置到文档中的任意位置。

# 7.7
## 使用文本框

Word 2013提供的文本框可以使选定的文本或图形移到页面的任意位置，进一步增强了图文混排的功能。使用文本框还可以对文档的局部内容进行竖排、添加底纹等特殊形式的排版。

## 7.7.1 插入文本框

> 实战练习素材：光盘\素材\第7章\原始文件\插入文本框.docx
> 最终结果文件：光盘\素材\第7章\结果文件\插入文本框.docx

在文档中可以插入横排文本框和竖排文本框，也可以根据需要插入内置的文本框样式。具体操作步骤如下：

**1** 切换到功能区中的"插入"选项卡，在"文本"组中单击"文本框"按钮下方的向下箭头，从下拉菜单中选择一种文本框样式，可以快速绘制带格式的文本框。

**2** 如果要手工绘制文本框，则从"文本框"下拉菜单中选择"绘制文本框"命令，按住鼠标左键拖动，即可绘制一个文本框。

**3** 当文本框的大小合适后，释放鼠标左键。此时，插入点在文本框中闪烁着，可以输入文本或插入图片。

**4** 单击文本框的边框即可将其选定，此时文本框的四周出现8个句柄，按住鼠标左键拖动句柄，可以调整文本框的大小，如图7-42所示。

图7-42 插入文本框

**5** 将鼠标指针指向文本框的边框，鼠标指针变成四向箭头时，按住鼠标左键拖动，即可调整文本框的位置。

## 7.7.2 设置文本框的边框

实战练习素材：光盘\素材\第7章\原始文件\设置文本框的边框.docx
最终结果文件：光盘\素材\第7章\结果文件\设置文本框的边框.docx

如果需要为文本框设置格式，可以按照下述步骤进行操作：

**1** 单击文本框的边框将其选定。

**2** 切换到功能区中的"格式"选项卡，单击"形状样式"组中的"形状轮廓"按钮，从弹出的菜单中选择"粗细"命令，再选择所需的线条粗细。

**3** 切换到功能区中的"格式"选项卡，单击"形状样式"组中的"形状轮廓"按钮，在弹出的菜单中选择"虚线"命令，从其子菜单中选择"其他线条"命令，弹出"设置形状格式"任务窗格，在"复合类型"下拉列表框中选择一种线型，如图7-43所示。

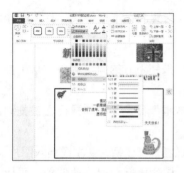

图7-43 选择线型

**4** 单击任务窗格右上角的"关闭"按钮，结果如图7-44所示。

图7-44 设置文本框的边框效果

### 7.7.3 设置文本框的内部边距与对齐方式

用户可以设置文本框的内部边距与对齐方式，具体操作步骤如下：

**1** 右击文本框，在弹出的菜单中选择"设置形状格式"命令，打开"设置形状格式"任务窗格。

**2** 切换到"文本选项"选项卡，单击"布局属性"按钮，通过设置"左边距"、"右边距"、"上边距"和"下边距"4个文本框中的数值，可以调整文本框内文字与文本框四周边框之间的距离，如图7-45所示。

**3** 单击"关闭"按钮。

图7-45 "设置形状格式"任务窗格

# 7.8
## 使用 SmartArt 图示功能

SmartArt图形是信息和观点的视觉表示形式，可以通过在多种不同布局中进行选择来创建 SmartArt 图形，从而快速、轻松和有效地传达信息。SmartArt图形主要用于演示流程、层次结构、循环或关系。

### 7.8.1 将图片转换为 SmartArt 图形

实战练习素材：光盘\素材\第7章\原始文件\将图片转换为SmartArt图形.docx
最终结果文件：光盘\素材\第7章\结果文件\将图片转换为SmartArt图形.docx

用户可以根据需要将插入到文档中的图片转换为不同形状的SmartArt图形。具体操作步骤如下：

**1** 选定要编辑的图片。

**2** 在"格式"选项卡中，单击"图片样式"组中的"图片版式"按钮，在弹出的下拉列表中单击一种SmartArt样式。

办公专家一点通

在没有决定转换的SmartArt图形样式时，打开"图片版式"下拉列表后，将鼠标指针指向要使用的图形版式，所选定的图片就会显示出应用后的效果，用户可以通过预览应用后的效果决定是否使用该效果。

**3** 将图片转换为SmartArt图形后，单击图形中的"文本"字样，然后输入文字。单击选定图形中的图片，可以拖动调整其位置，也可以拖动四周的控点调整其大小，如图7-46所示。

 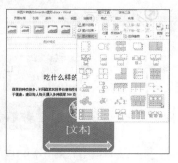 

图7-46 将图片转换为SmartArt图形

## 7.8.2 插入 SmartArt 图形

要插入SmartArt图形，首先选择一种SmartArt图形布局。插入SmartArt图形的操作步骤如下：

**1** 新建一个Word文档，切换到功能区中的"插入"选项卡，然后在"插图"组中单击"SmartArt"按钮，打开"选择SmartArt图形"对话框。

**2** 在该对话框的左侧列表框中选择SmartArt图形的类型，然后在中间选择一种布局。单击"确定"按钮，返回Word主窗口，即可在文档中插入选择的SmartArt图形，如图7-47所示。

  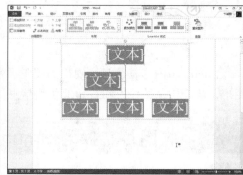

图7-47 插入SmartArt图形

## 7.8.3 在 SmartArt 图形中输入文本

 最终结果文件：光盘\素材\第7章\结果文件\在SmartArt图形中输入文本.docx

SmartArt图形是形状与文本框的结合，所以图形中一定会有文本。下面介绍在SmartArt图形中添加文本的具体操作：

**1** 单击图框，然后输入所需的文本。

**2** 如果要输入附注，请按回车键，再输入所需的附注信息。

**3** 要向其他图框中输入文本时，请单击该图框，然后继续输入文本。图7-48所示就是在图框中输入文本的示例。

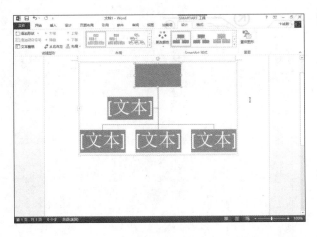

图7-48 在图框中输入文字

另外，用户还可以在"文本窗格"中输入所需的文本（只需单击"设计"选项卡的"创建图形"组中的"文本窗格"按钮，即可显示或隐藏文本窗格），并且还能够利用"设计"选项卡上的"升级"按钮或"降级"按钮来调整形状的级别。

## 7.8.4 向 SmartArt 图形中删除或添加形状

 实战素材文件：光盘\素材\第7章\原始文件\向SmartArt图形中删除或添加形状.docx
最终结果文件：光盘\素材\第7章\结果文件\向SmartArt图形中删除或添加形状.docx

前面已经创建了一个样本组织结构图，但是在实际建立组织结构图的时候，一般都要在该样本组织结构图的基础上再删除或添加一些图框等。具体操作步骤如下：

**1** 单击选定要删除的图框，然后按Delete键。如图7-49所示，可以删除选定的图框。

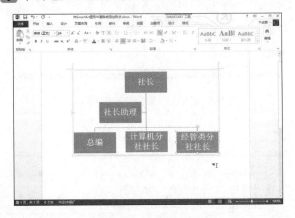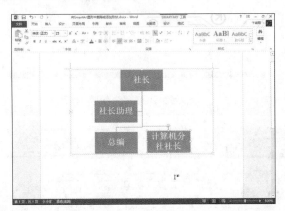

图7-49 删除图框

**2** 单击组织结构图中添加新图框的图框，切换到功能区中的"设计"选项卡，在"创建图形"组中单击"添加形状"按钮右侧的向下箭头，从下拉菜单中选择"在后面添加形状"、"在前面添加形状"、"在上方添加形状"、"在下方添加形状"或"添加助手"，如图7-50所示。

**3** 选择"在下方添加形状"后，新的图框放置在下一层并将其连接到所选图框上，然后在新图框中输入

"第一编辑部"，如图7-51所示。

图7-50 "添加形状"下拉菜单

图7-51 在添加的图框中输入文字

**4** 为了添加与"第一编辑部"并列的其他部门，可以选定该图框，然后单击"添加形状"下拉菜单中的"在后面添加形状"命令，就可以为"第一编辑部"图框添加新的同组图框。重复该命令，可以添加多个同级图框，分别在新图框中输入"第二编辑部"和"第三编辑部"，如图7-52所示。

**5** 为了给计算机分社社长添加下属，可以选定"计算机分社社长"图框，然后单击"添加形状"下拉菜单中的"在下方添加形状"命令，输入"生产部"、"发行部"和"销售部"，如图7-53所示。

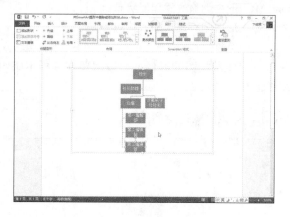

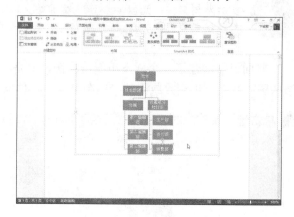

图7-52 添加多个新的图框

图7-53 添加下属图框

## 7.8.5 改变组织结构图的布局

> 实战素材文件：光盘\素材\第7章\原始文件\改变组织结构图的布局.docx
> 最终结果文件：光盘\素材\第7章\结果文件\改变组织结构图的布局.docx

在 Word 2013的实际应用中，仅仅使用默认的组织结构图布局是无法满足实际工作要求的。因此，Word提供很多布局供用户选择使用，使得创建和修改组织结构图非常容易。

单击"设计"选项卡的"布局"组中的层次结构图标，即可快速改变组织结构图的布局，如图7-54所示。

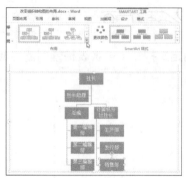  

图7-54 快速改变组织结构图的布局

办公专家一点通

在文档中插入SmartArt图形后，对于图形的整体样式、图形中的形状、图形中的文本等样式都可以重新进行设置。例如，要设置SmartArt图形的整体样式，只需选定要设置样式的SmartArt图形，然后在"设计"选项卡中，从"SmartArt样式"组中选择一种样式；要设置图形中形状的样式，可以单击要设置的形状，然后切换到"格式"选项卡，在"形状样式"组中选择一种样式，或者通过"形状填充"、"形状轮廓"、"形状效果"按钮单独进行设置。

# 7.9

## 办公实例 1：制作"人事资料表"

本章已经介绍了创建表格、编辑表格、合并与拆分表格以及设置表格格式等操作方法和技巧，本节将通过制作人事资料表来进一步提高制作表格的实际应用能力。

## 7.9.1 实例描述

本实例将介绍整体规划表格以及制作表格的一些细节。在制作过程中主要包括以下内容：

- 创建表格并修改表格的结构
- 输入表格内容并设置表格的格式

## 7.9.2 实例操作指南

  最终结果文件：光盘\素材\第7章\结果文件\人事资料表.docx

制作不同用途的表格，其格式也都不同，以人事资料表为例，具体的操作步骤如下：

**1** 启动Word，自动创建一个空白文档。在第一行的插入点中输入表格的名称"人事资料表"，将其居中对齐，并设置其字体为黑体，字号为三号。

**2** 按 Enter键换段，设置字体为宋体，字号为五号，然后单击"插入"选项卡的"表格"按钮，在弹出的"表格"菜单中选择"插入表格"命令，出现"插入表格"对话框，在"行数"和"列数"后的文本框中输入所需的数值。这里输入"列数"为7，"行数"为27。单击"确定"按钮，一张表格就创建完成了，如图7-55所示。

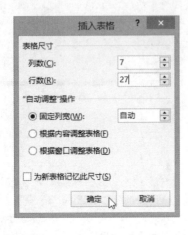

图7-55 创建表格

**3** 拖动选择表格右侧第一列的前5个单元格，切换到功能区中的"布局"选项卡，单击"合并"组中的"合并单元格"按钮，结果如图7-56所示。

图7-56 合并单元格

**4** 重复步骤3，继续合并相应的单元格。 单击第1行第1个单元格，光标插入点会闪动，表示可以在此处输入文字，然后单击相应的单元格，输入表格数据，如图7-57所示。

图7-57 输入表格文字

**5** 如果要使表格中所有单元格都能水平、垂直居中，可以单击表格左上角的标志，选定全部表格，然后单击"对齐方式"组中的"水平居中"按钮，即可一次性将单元格内的文字居中对齐，如图7-58所示。

图7-58 使表格的内容居中

**6** 将插入点定位到"学历"单元格中的"学"字后面，然后按回车键，将"学历"二字竖排。按照同样的方法，分别将"经历"、"技术专长"、"备注"和右上角的"相片"竖排。将插入点定位到"姓名"单元格中的"姓"字后面，按4次空格键。使其与下面单元格中的"出生年月"文字两端对齐，以增强表格整体的美观，如图7-59所示。

**7** 将其他单元格中的文字也用同样的方法对齐，如图7-60所示。

图7-59 利用空格调整字间距

图7-60 处理表格中文字间距后的效果

**8** 选定整个表格，切换到功能区中的"设计"选项卡，然后单击"边框"组中的"边框"按钮的向下箭头，从弹出的菜单中选择"边框和底纹"命令，打开"边框和底纹"对话框。选中"虚框"选项，然后在"宽度"下拉列表框中选择"2.25磅"，单击"确定"按钮，结果如图7-61所示。

**9** 选定要添加底纹的单元格，切换到功能区中的"设计"选项卡，单击"表格样式"组中的"底纹"按钮的向下箭头，从弹出的颜色菜单中选择所需的颜色。当鼠标指向某种颜色后，可在单元格中立即预览其效果。用同样的方法为其他标题添加底纹，最终效果如图7-62所示。

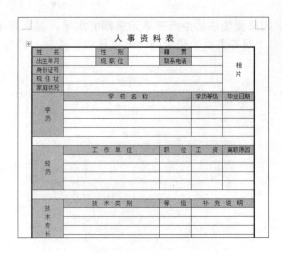

| 图7-61 设置表格的外框 | 图7-62 设置单元格的底纹 |

### 7.9.3 实例总结

本实例可以使读者掌握在Word 2013中对表格进行处理的操作方法，主要用到所学的以下的知识点：

- 快速插入表格
- 利用合并单元格调整表格的结构
- 输入并设置表格的文字格式
- 为表格添加边框和底纹

# 7.10

## 办公实例 2：制作宣传海报

本节将通过制作一个典型实例——制作产品的宣传海报来巩固图文混排的知识，使读者能够真正将所学的内容应用到实际工作中。

### 7.10.1 实例描述

海报作为一种媒体形式，能给人以极强的视觉冲击效果。精美的印刷突出产品主题，给人留下很深的印象。本实例将制作产品的宣传海报，介绍如何在文档中插入图片以及利用艺术字美化海报。在制作过程中主要包括以下内容：

- 插入图片并设置图片的环绕方式以及旋转角度
- 以艺术字的形式来制作海报标题

## 7.10.2 实例操作指南

 最终结果文件：光盘\素材\第7章\结果文件\海报.docx

本实例的具体操作步骤如下：

**1** 根据需要设置海报页面的大小，然后切换到功能区中的"插入"选项卡，在"插图"组中单击"图片"按钮，在出现的"插入图片"对话框中选择要插入的图片，将其插入到文档中，如图7-63所示。

**2** 再打开"插入图片"对话框，选择要插入的图片，将其插入到文档中，如图7-64所示。

图7-63 插入一幅大的图片作为背景

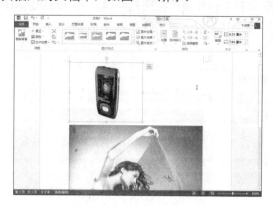

图7-64 插入其他要应用的图片

**3** 为了使 MP4图片出现在上层，可以选定该图片，然后切换到功能区中的"格式"选项卡，在"排列"组中单击"自动换行"按钮，从弹出的菜单中选择"浮于文字上方"选项，如图7-65所示。此时，可以将MP4移到文档的任意位置，如图7-66所示。

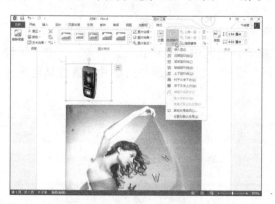

图7-65 选择"浮于文字上方"选项

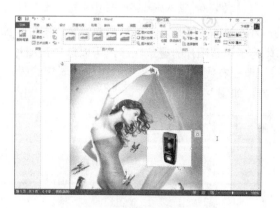

图7-66 移动图片的位置

**4** 为了去除MP4图片四周的白色，可以选定该图片，然后切换到功能区中的"格式"选项卡，在"调整"组中单击"删除背景"按钮，可以拖动图片的控点调整删除背景的范围，然后单击"背景消除"选项卡的"关闭"选项组内的"保留更改"按钮，结果如图7-67所示。

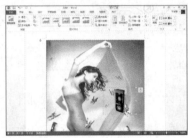

图7-67 将图片设置为透明色

**5** 重复上述步骤，在文档中插入另一幅小的MP4图片，如图7-68所示。

**6** 选中该图片，单击"开始"选项卡的"复制"按钮，再单击"开始"选项卡的"粘贴"按钮，复制该图片，然后用鼠标拖动图片上方的绿色旋转按钮，开始旋转图片，如图7-69所示。

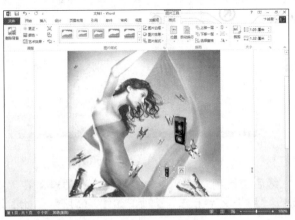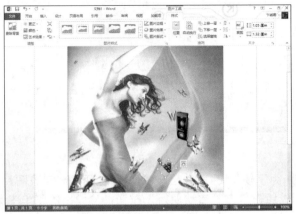

图7-68 插入另一幅小的MP4图片              图7-69 旋转复制后的图片

**7** 为了制作动感效果，再复制并旋转该图片，如图7-70所示。

**8** 为了调整图片的叠放次序，可以选中该图片，然后切换到功能区中的"格式"选项卡，单击"下移一层"按钮右侧的向下箭头，从下拉列表中选择"置于底层"选项，即可将选中的图片放置在其他图片的下方，如图7-71所示。

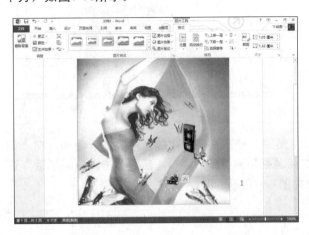

图7-70 制作动感效果的图片              图7-71 调整图片的叠放次序

**9** 单击"插入"选项卡中的"文本"组的"插入艺术字"按钮,从弹出的下拉列表中选择一种艺术字样式,然后在图片上方插入艺术字,如图7-72所示。单击快速访问工具栏中的"保存"按钮,将创建的文档保存起来。

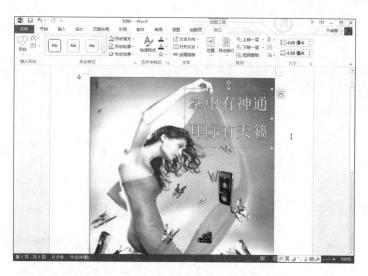

图7-72 插入艺术字

### 7.10.3 实例总结

本实例可以使读者掌握在Word 2013中对图片进行处理的操作方法,主要用到所学的以下知识点:

- 插入与图片的环绕方式
- 复制与旋转图片
- 调整图片的颜色
- 插入与设置艺术字

# 7.11

## 提高办公效率的诀窍

## 窍门1:使用鼠标自由绘制表格

在Word 2013中,用户可以使用鼠标任意绘制表格,甚至可以绘制斜线。如果要绘制更灵活的表格,可以按照下述步骤进行操作:

**1** 切换到功能区中的"插入"选项卡,单击"插入"组中的"表格"按钮下方的向下箭头,从弹出的下拉菜单中选择"绘制表格"命令。

**2** 将鼠标指针移到正文区中,鼠标指针将变成笔形。按住鼠标左键拖动,可以绘制表格的外框。

**3** 外框绘制完成后,利用笔形指针在外框任意绘制横线、竖线或斜线,绘制出表格的单元格,如图7-73所示。

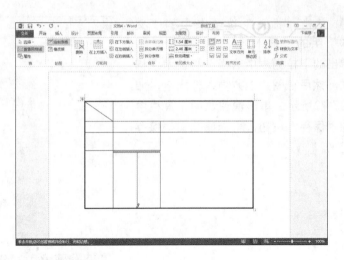

图7-73　绘制空白表格

**4** 绘制时，还可以利用"设计"选项卡的"边框"组中的"笔样式"、"笔划粗细"和"笔颜色"来改变边框线样式。

如果要擦除框线，单击"布局"选项卡的"绘图"组中的"橡皮擦"按钮，此时鼠标指针将变成"橡皮擦"形。按住鼠标左键拖过要删除的线，即可将其删除。在Word 2013中，可以利用"擦除"工具一次删除许多线条。

## 窍门2：让大型表格的每一页自动重复表格标题

标题行指表格的首行，一般为说明表格的各列内容的标题。当一个大型表格需要排在多页时，若要重复显示表格的标题，首先选定作为表格标题的一行或几行文字，其中必须包括表格的第一行，然后单击"布局"选项卡的"数据"组中的"重复标题行"按钮。

## 窍门3：将表格的内容转换成普通文本

对于已经在Word文档中存在的表格，用户还可以采用相反的操作，将其转换为文本。具体操作步骤如下：

**1** 选定要转换的表格，切换到功能区中的"布局"选项卡，单击"数据"组中的"转换为文本"按钮，出现"表格转换成文本"对话框。

**2** 在"文字分隔符"选项组中，可以选择"段落标记"、"制表符"、"逗号"或"其他字符"等作为转换表格线的分隔符。

**3** 选择完毕后，单击"确定"按钮，就完成了表格向文本转换的操作。

## 窍门4：文档中太多图片时，压缩图片减小文件大小

图文并茂的文件能显现文书处理的专业性，但是当文件插入太多图片时，无形中也增加了文件的体积，如此将不利于在网络上传送。最好的解决方法就是对图片进行压缩处理，即不用修改文字内容。压

缩图片的具体操作步骤如下：

**1** 选定要压缩的图片，然后切换到功能区中的"格式"选项卡，单击"调整"组中的"压缩图片"按钮，出现如图7-74所示的"压缩图片"对话框。

图7-74 "压缩图片"对话框

**2** 如果选中"仅应用于此图片"复选框，则仅对所选的图片进行压缩，否则将对整个文档中的图片进行压缩。

**3** 如果已经裁剪图片，则可以通过删除图片的裁剪区域来减小文件大小。此操作还能够有效防止其他人查看已经删除的图片部分。只需在"压缩图片"对话框内，选中"删除图片的剪裁区域"复选框。

**4** 单击"确定"按钮，完成图片的压缩操作。

## 窍门5：将文档中的图片单独保存为文件

如果需要将Word文档中的图片提取出来，除了将其复制到"画图"等软件之外，还可以利用 Word 的其他功能来间接达到目的。打开需要提取图片的文档，单击"文件"选项卡，在弹出的菜单中单击"另存为"命令，在出现的"另存为"对话框中将"保存类型"选择为"网页"。将文档另存为网页格式后，用户就会创建一个与网页同名的文件夹，并且可以在该文件夹下找到所有的图片。

用户还可以右击图片，在弹出的快捷菜单中选择"另存为图片"命令，打开"保存文件"对话框，在"保存类型"下拉列表框中选择要保存的图片格式，在"文件名"文本框中输入文件名，然后单击"保存"按钮。

## 窍门6：让一个文本框的内容填满后，自动流入下一个文本框

文本框的链接，经常用于报纸、刊物一类编辑中的版式控制。它可以在两个文本框之间建立文字流的关系，即第一个文本框中输入内容填满后，自动流至下一个文本框。反之，第一个文本框中删除了部分内容，则下一个文本框中的内容将回填。

如果要在文本框之间创建链接关系，可以按照下述步骤进行操作：

**1** 利用插入文本框功能，在文档中不同位置创建两个文本框。

**2** 在第一个文本框中输入内容，并使其超出框的范围。

**3** 单击第一个文本框，单击"格式"选项卡的"文本"组中的"创建链接"按钮，鼠标指针变成"杯"形。

**4** 移动"杯"形光标至空白文本框区，"杯"形光标变成倾斜状，单击后即可创建链接。第一个文本框中的超范围文字将自动转入下一个文本框中。

# 08

# 第 8 章
# Word文档自动化处理

掌握了日常行文的字、表与图3大基本应用后，将面临如何实现高效率、高质量与低成本办公问题，然而Word真正的功能是自动化处理。本章将介绍Word自动化功能的操作方法，从而提高事务处理的效率。通过本章的学习，读者应该掌握样式的使用、题注与交叉引用、脚注与尾注、制作目录和索引、域与宏的使用等，以及通过综合实例复习本章所学的内容，希望能够提高办公效率与掌握Word的自动化操作。

## 教学目标 〉〉〉〉〉〉〉〉〉〉〉〉〉〉〉〉〉〉〉〉〉

通过本章的学习，你能够掌握如下内容：

※ 使用样式快速统一设置标题格式，高效制作风格一致的文档

※ 为一些学术性、科技类的文档添加脚注和尾注

※ 为长文档快速制作目录、索引等大纲性提示

※ 为长文档自动添加题注和交叉引用

※ 使用域在文档中插入重要的信息，使用宏自动简化重复性操作

# 8.1
## 使用样式高效制作文档

本节将详细介绍样式的使用，样式是Word所提供的最好的时间节省器之一，它们的优点之一是保证所有的文档外观都非常漂亮，而且相关文档的外观都是一致的。通过本章的学习，用户能够将花费10分钟录入一篇文章，在1分钟内完成规范化修饰。

### 8.1.1 样式的基本知识

本节将介绍一些样式的基本知识，为读者学习样式打下基础。

**1. 样式的概念**

样式是一套预先调整好的文本格式。文本格式包括字体、字号、缩进等，并且样式都有名字。样式可以应用于一段文本，也可以应用于几个字，所有格式都是一次完成的。例如，在编排这本书时，就使用了一套自定义的样式。章标题是一种样式，章内的主要标题是一种样式，操作步骤是一种样式，"提示"和"技巧"又是一种样式。

**2. 内置样式与自定义样式**

系统自带的样式为内置样式，用户无法删除Word内置的样式，但可以修改内置样式。不过，用户可以根据需要创建新样式，还可以将创建的样式删除。

### 8.1.2 快速使用现有的样式

Word内置了很多样式，用户可以直接使用到文档中。如果要使用字符类型的样式，可以在文档中选择要套用样式的文本块；如果要应用段落类型的样式，只需将光标定位到要设置的段落范围内。选择要设置样式的内容后，切换到功能区中的"开始"选项卡，单击"样式"组右下角的"样式"按钮，从打开的"样式"窗格中选择需要的样式即可。

### 8.1.3 创建新样式

创建新样式很简单，只需为其取一个名称，然后将所需的格式依次设置好即可。具体操作步骤如下：

**1** 切换到功能区中的"开始"选项卡，单击"样式"组右下角的"样式"按钮，打开"样式"窗格，单击"新建样式"按钮，打开如图8-1所示的"根据格式设置创建新样式"对话框。

图8-1 "根据格式设置创建新样式"对话框

**2** 在"名称"文本框中输入新建样式的名称。命名时有两点需要注意，一个是尽量取有意义的名称，另一个就是名称不能与系统默认的样式同名。

**3** 在"样式类型"下拉列表框中选择样式类型，包括5个选项：字符、段落、链接段落和字符、表格和列表。经常使用的是字符和段落类型。根据创建样式时设置的类型不同，其应用范围也不同。例如，字符类型用于设置选中的文字格式，而段落类型可用于设置整个段落的格式。

**4** 在"样式基准"下拉列表框中列出了当前文档中的所有样式，如果要创建的样式与其中的某个样式比较接近，则可以选择列表中已有的样式，然后新样式会继承选择样式中的格式，只要稍作修改，则可创建新的样式。

**5** 在"后续段落样式"下拉列表框中显示了当前文档中的所有样式，该选项的作用是在编辑文档的过程中按Enter键后，转到下一段落时自动套用的样式。

**6** 在"格式"选项组中，可以设置字体、段落的常用格式，例如字体、字号、字形、字体颜色、段落对齐方式以及行间距等。

另外，用户还可以单击"格式"按钮，在弹出的菜单中选择要设置的格式类型，然后在打开的对话框中进行详细的设置。

下面以新建一个"二级标题"样式为例，类型为"段落"，其中的格式如下：

● 字体为黑体、字号为三号、颜色为红色。

● 段落对齐方式为居中，段前间距、段后间距为 1 行。

创建新样式的具体操作步骤如下：

**1** 打开"根据格式设置创建新样式"对话框，在"名称"文本框中输入"二级标题"，将"样式类型"设置为"段落"，"样式基准"设置为"无样式"，"后续段落样式"设置为"正文"。

**2** 在"格式"选项组中，将字体设置为"黑体"，字号为"三号"，"字体颜色"为红色，单击"居中"按钮。

207

**3** 单击"格式"按钮，在弹出的菜单中选择"段落"命令，在打开的"段落"对话框中设置"段前"和"段后"为"1行"，如图8-2所示。

**4** 单击"确定"按钮，关闭该对话框。此时，在"样式"窗格中即可看到新建的"二级标题"样式，如图8-3所示。只需移到要应用"二级标题"样式的段落中，单击"二级标题"样式即可快速设置格式。

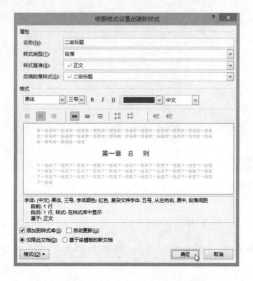

图8-2 设置样式的属性和格式

图8-3 显示创建的样式

## 8.1.4 修改与删除样式

实战练习素材：光盘\素材\第8章\原始文件\修改与删除样式.docx
最终结果文件：光盘\素材\第8章\结果文件\修改与删除样式.docx

对内置样式与自定义样式都可以进行修改。修改样式后，Word会自动更新整个文档中应用该 样式的文本格式。例如，将"二级标题"样式中的"黑体"改为"隶书"、字号改为"二号"，就需要通过以下3种方法打开"修改样式"对话框：

- 右击快速样式库中要修改的样式，在弹出的快捷菜单中选择"修改"命令，如图 8-4 所示。
- 打开"样式"窗格，单击样式名右侧的下拉按钮，然后选择"修改"命令，如图 8-5 所示。
- 打开"样式"窗格，右击样式名，在弹出的快捷菜单中选择"修改"命令。

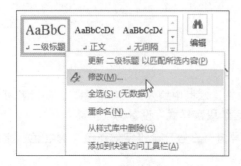

图8-4 从快捷菜单选择"修改"命令

图8-5 选择"修改"命令

打开"修改样式"对话框与前面介绍的"根据格式设置创建新样式"对话框的设置方法基本类似。例如，将"二级标题"样式的字体改为"隶书"、"二号"。修改样式后，文档中所有应用"二级标题"的段落都会改为"隶书"、"二号"。

**办公专家一点通**

如果要修改自定义样式的名称，可以在"修改"对话框的"名称"文本框中输入新名称。另外，还可以右击快速样式库中的样式，在弹出的快捷菜单中选择"重命名"命令，在打开的"重命名样式"对话框中输入新名称，然后单击"确定"按钮。

对于不使用的样式，可以将其删除，打开"样式"窗格，单击样式名右侧的下拉按钮，或右击样式名，然后在弹出的快捷菜单中选择"删除'二级标题'"命令（根据具体样式名不同而各异），即可将该样式从当前文档中删除。

## 8.1.5　为样式指定快捷键

实战练习素材：光盘\素材\第8章\原始文件\为样式指定快捷键.docx
最终结果文件：光盘\素材\第8章\结果文件\为样式指定快捷键.docx

在一篇文档中创建了众多样式，在为不同内容设置样式时，就需要不停地寻找并单击相应样式来完成，这样会降低工作效率。此时，可以为样式设置快捷键。例如，要为"二级标题"样式指定快捷键为Ctrl+2，具体操作步骤如下：

**1** 利用前一节的方法，打开"二级标题"样式的"修改样式"对话框，单击"格式"按钮，在弹出的菜单中选择"快捷键"命令，打开"自定义键盘"对话框，将光标定位到"请按新快捷键"文本框中，然后按键盘上的Ctrl键和2键，将在该文本框中显示Ctrl+2，单击"指定"按钮，即可为"二级标题"指定快捷键Ctrl+2，如图8-6所示。

图8-6　"自定义键盘"对话框

**2** 单击"关闭"按钮和"确定"按钮，关闭"修改样式"对话框。

此时，只需将光标移到要应用"二级标题"的段落中，按Ctrl+2组合键即可为该段落快速应用"二级标题"样式。

# 8.2
## 设置脚注和尾注

　　脚注和尾注是对文章添加的注释，我们经常在学术论文或专著中看到。Word提供了插入脚注和尾注的功能，并且会自动为脚注和尾注编号。在页面底部所加的注释称为脚注；在文档的末尾所加的注释称为尾注。注释包括注释引用标记和注释文本两个部分，注释引用标记可以是数字或字符。本节将介绍在文档中插入脚注、尾注以及脚/尾注相互转换的方法。

## 8.2.1　插入脚注和尾注

　　实战练习素材：光盘\素材\第8章\原始文件\设置脚注和尾注.docx
　　最终结果文件：光盘\素材\第8章\结果文件\设置脚注和尾注.docx

　　如果要在文档中插入脚注或尾注，可以按照下述步骤进行操作：

**1** 将光标移到要插入注释引用标记的位置。

**2** 如果要插入脚注，切换到功能区中的"引用"选项卡，单击"脚注"组中的"插入脚注"按钮；如果要插入尾注，切换到功能区中的"引用"选项卡，单击"脚注"组中的"插入尾注"按钮。

**3** 此时，Word会将插入点移到脚注或尾注区中，用户可以直接输入脚注或尾注文本，结果如图8-7所示。

图8-7　在文档中插入脚注

办公专家一点通

　　切换到"引用"选项卡，单击"脚注"组右下角的"脚注和尾注"按钮，打开"脚注和尾注"对话框，可以指定编号格式、起始编号等。

## 8.2.2　编辑脚注和尾注

　　添加脚注或尾注后，可以切换到页面视图中，在文档编辑区的下方的脚注或尾注区内对脚注和尾注进行编辑。

　　如果要移动某个注释，可以按照下述步骤进行操作：

**1** 在文档窗口中选定注释引用标记使其反白显示。

**2** 将鼠标指针移到该注释引用标记之上，按住鼠标左键将注释引用标记拖至文档中的新位置，然后释放鼠标左键。

另外，用户还可以使用"编辑"菜单中的"剪切"和"粘贴"命令来移动脚注引用标记。如果要复制某个注释，可以按照下述步骤进行操作：

**1** 在文档窗口中选定注释引用标记使其反白显示。

**2** 将鼠标指针移到该注释引用标记之上，按下Ctrl键不放并拖动鼠标，即可将注释引用标记复制到新的位置，同时在注释区中插入注释文本。

如果要删除某个注释，可以在文档中选定相应的注释引用标记使其反白显示，然后按Delete键，则相应的页面底端的脚注内容或文档结尾处的尾注内容也将自动被删除。

## 8.2.3 脚注和尾注之间的相互转换

对于文档中插入的脚注或尾注，如果需要，可以相互转换，即将脚注转换为尾注，尾注转换为脚注，具体操作步骤如下：

**1** 切换到功能区中的"引用"选项卡，单击"脚注"组右下角的"脚注和尾注"按钮，打开"脚注和尾注"对话框，单击"转换"按钮，如图8-8所示。

**2** 打开"转换注释"对话框，根据需要选择要转换的选项，如图8-9所示。单击"确定"按钮，即可实现所需的转换。

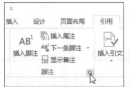

图8-8 "脚注和尾注"对话框

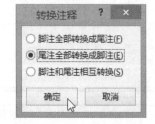

图8-9 "转换注释"对话框

**办公专家一点通**

有些用户可能想用自定义的标记作为注释的引用标记（如[1]），可以打开"脚注和尾注"对话框，在"格式"组中的"自定义标记"文本框中输入自定义的标记，或者单击"符号"按钮打开"符号"对话框，选择特殊符号作为自定义标记。

# 8.3

## 制作目录和索引

目录是一篇长文档或一本书的大纲提要，用户可以通过目录了解整个文档的整体结构，以便把握全局内容框架。在Word中可以直接将文档中套用样式的内容创建为目录，也可以根据需要添加特定内容到目录中。不少科研书籍都会在末尾处包含索引，其中的内容是书籍中某些关键字词所在的页码，索引就是为了快速查找书籍中某个字词而建立的。本节将介绍制作目录和索引的方法。

## 8.3.1 创建文档目录

实战练习素材：光盘\素材\第8章\原始文件\创建文档目录.docx
最终结果文件：光盘\素材\第8章\结果文件\创建文档目录.docx

如果文档中的各级标题应用了Word 2013定义的各级标题样式，这时创建目录将十分方便，具体操作步骤如下：

**1** 检查文档中的标题，确保它们已经以标题样式被格式化。

**2** 将插入光标移到需要目录的位置，通常位于文档的开头。

**3** 切换到功能区中的"引用"选项卡，单击"目录"组中的"目录"按钮，出现如图8-10所示的"目录"下拉菜单。

**4** 单击一种自动目录样式，即可快速生成该文档的目录，如图8-11所示。

图8-10 "目录"下拉菜单

图8-11 快速生成文档的目录

如果要利用自定义样式生成目录，可以按照下述步骤进行操作：

**1** 将光标移到文档中要插入目录的位置，切换到功能区中的"引用"选项卡，单击"目录"组中的"目录"按钮，从弹出的菜单中选择"插入目录"命令，打开如图8-12所示的"目录"对话框。

**2** 在"格式"下拉列表框中选择目录的风格，选择的结果可以通过"预览"框查看。如果选择"来自模板"，表示使用内置的目录样式（目录1～目录9）格式化目录。如果选中"显示页码"复选框，表示在目录中每个标题后面将显示页码；如果选中"页码右对齐"复选框，表示让页码右对齐。

**3** 在"显示级别"下拉列表框中指定目录中显示的标题层次（选择1时，只有标题1样式包含在目录中；当选择2时，标题1和标题2样式包含在目录中，依此类推）。

**4** 如果要从文档的不同样式中创建目录，例如，不想根据"标题1"～"标题9"样式创建目录，而是根据自定义的"一级标题"样式创建目录，可以单击"选项"按钮，打开如图8-13所示的"目录选项"对话框。在"有效样式"列表框中找到标题使用的样式，然后在"目录级别"文本框中指定标题的级别，并单击"确定"按钮。

  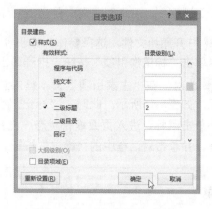

图8-12 "目录"对话框　　　　　　　　　　图8-13 "目录选项"对话框

**5** 如果希望修改生成目录的外观格式，可以在"目录"对话框中单击"修改"按钮，打开"样式"对话框，选择目录级别，然后单击"修改"按钮，即可打开"修改样式"对话框修改该目录级别的格式。

**6** 单击"确定"按钮，即可在文档中插入目录。

## 8.3.2 更新目录

更新目录的方法很简单，切换到功能区中的"引用"选项卡，单击"目录"组中的"更新目录"按钮，打开如图8-14所示的"更新目录"对话框。如果选中"只更新页码"单选按钮，则仅更新现有目录项的页码，不会影响目录项的增加或修改；如果选中"更新整个目录"单选按钮，将重新创建目录。

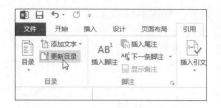 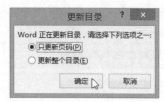

图8-14 "更新目录"对话框

## 8.3.3 将目录转换为普通文本

如果希望将文档中创建的目录转换为普通文字，可以选择整个目录，然后按Ctrl+Shift+F9组合键，即可中断目录与正文的链接。这时，可以像编辑普通文字那样直接编辑目录。选择转换后的文本块，切换到功能区的"开始"选项卡，将"字体"组中的"下划线"设置为无，字体颜色设置为"黑色"即可。

## 8.3.4　制作索引

实战练习素材：光盘\素材\第8章\原始文件\制作索引.docx
最终结果文件：光盘\素材\第8章\结果文件\制作索引.docx

索引可以列出一篇文档中重要关键词或主题的所在页码，以便快速检索查询。由于索引的对象为"关键词"，因此创建索引前必须对索引的关键词进行标记。制作索引的具体操作步骤如下：

**1** 打开原始文件，选择要作为索引项使用的关键词，切换到功能区中的"引用"选项卡，在"索引"组中单击"标记索引项"按钮，打开如图8-15所示的"标记索引项"对话框。

**2** 此时，在"主索引项"文本框内显示被选中的关键词，单击"标记"按钮，完成第一个索引项的标记，如图8-16所示。此时，"标记索引项"对话框并不关闭。继续标记其他索引项的方法是：在对话框外单击鼠标，进入页面编辑状态，查找并选定第二个需要标记的关键词，然后单击"标记索引项"对话框，并单击对话框中的"标记"按钮。

图8-15 "标记索引项"对话框　　　　　　　　　　　　图8-16 标记的索引项

**3** 完成后单击"关闭"按钮，关闭"标记索引项"对话框。

**4** 定位到文档结尾处，单击"索引"组中的"插入索引"按钮，打开如图8-17所示的"索引"对话框。在"类型"选项组中选择索引的类型，通常选择"缩进式"类型。在"栏数"文本框中指定栏数以编排索引。用户还可以设置其他的选项，如排序依据、页码右对齐等。

**5** 单击"确定"按钮，即可在光标位置创建索引列表，如图8-18所示。

图8-17 "索引"对话框　　　　　　　　　　　　图8-18 创建索引列表

若要修改索引项的内容，则只需在正文标记的索引项中修改双引号中的内容即可。若要删除索引项，则连同括号一起选定域标志后，按Delete键即可。修改或删除了索引项后应该更新索引，可以右击索引，在弹出的快捷菜单中选择"更新域"命令。

# 8.4 添加题注与交叉引用

题注是添加到表格、图片或其他项目上的编号标签，例如"图表1"等。使用题注功能，可以保证长文档中图片、表格或图表等项目按照顺序自动编号。如果移动、添加或删除带题注的某个项目，则Word将自动更新题注的编号。

一旦为图表内容添加题注，相关正文内容就需要设置引用说明。例如，在创建图片题注（如"图表1"）后，相应的正文内容就需要建立引用说明（如"见图表1"），以保证图片与文字的对应关系。这一引用关系就称为"交叉引用"。

## 8.4.1 为图片和表格创建题注

实战练习素材：光盘\素材\第8章\原始文件\为图片和表格创建题注.docx；相机.jpg
最终结果文件：光盘\素材\第8章\结果文件\为图片和表格创建题注.docx

编辑一篇长文档时，可能要对图片和表格进行编号。Word提供了题注功能，使用该功能可以对文档中的图片和表格进行自动编号，可以节省手动输入编号的时间。下面以设置图题注为例，具体操作步骤如下：

**1** 打开原始文件，切换到功能区中的"引用"选项卡，在"题注"组中单击"插入题注"按钮，打开如图8-19所示的"题注"对话框。

**2** 在"标签"下拉列表框中选择所需的标签，如"图表"、"表格"或"公式"。如果提供的标签不能满足需要，则可以单击"新建标签"按钮，出现如图8-20所示的"新建标签"对话框。在"新建标签"对话框的"标签"文本框中输入自定义的标签名，然后单击"确定"按钮，返回到"题注"对话框中。此时，新建的标签出现在"标签"列表框中。

图8-19　"题注"对话框　　　　　　　　　　　　　图8-20　"新建标签"对话框

**3** 单击"关闭"按钮，返回文档编辑窗口中。此时，通过"插入"选项卡中的"图片"按钮在文档中插入一张图片，然后右击该图片，在弹出的快捷菜单中选择"插入题注"命令，在打开的对话框中直接单击"确定"按钮，即可在该图片下方自动插入标签和图号，如图8-21所示。如果要添加文字说明，只需在该题注的尾部输入文字内容。

图8-21　在图片下方插入题注

　　如果要删除某个题注，可以先选择它，然后用剪切的方法清除。清除此题注后，Word自动更新其余题注的编号。

办公专家一点通

　　如果要在文档中插入图片、公式或图表等项目时，让Word自动给插入的项目加上题注，可以在"题注"对话框中单击"自动插入题注"按钮，在打开的"自动插入题注"对话框内选中需要插入题注的项目。

## 8.4.2　创建交叉引用

实战练习素材：光盘\素材\第8章\原始文件\创建交叉引用.docx
最终结果文件：光盘\素材\第8章\结果文件\创建交叉引用.docx

　　交叉引用可以将文档插图、表格等内容与相关正文的说明内容建立对应关系，既方便阅读，也为编辑操作提供自动更新手段。例如，文档中经常用"请参阅第7章"这类说明指出参考对象。

　　如果要创建交叉引用，可以按照下述步骤进行操作：

**1** 在文档中输入交叉引用开头的介绍文字，如"请参阅"，并将插入点置于该位置，如图8-22所示。

**2** 切换到功能区中的"引用"选项卡，单击"题注"组中的"交叉引用"按钮，出现如图8-23所示的"交叉引用"对话框。

图8-22 输入交叉引用开头的介绍文字

图8-23 "交叉引用"对话框

**3** 在"引用类型"下拉列表框中选择所要引用的内容，例如选择"标题"；在"引用哪一个标题"列表框中选择所要引用的项目。

**4** 如果选中"插入为超链接"复选框，则引用的内容会以超链接的方式插入到文档中，单击它即可直接跳到引用的内容处。

**5** 单击"插入"按钮，即可在当前位置添加相应图片的引用说明。

**6** 如果还要插入其他的交叉引用，请单击文档并输入所需的附加文字，然后重复步骤3～5。添加所有的交叉引用后，单击"交叉引用"对话框中的"关闭"按钮。插入后与普通文本没什么区别，这时可以单击插入的文本范围内将会显示灰色的底纹，如图8-24所示，这是Word域的作用结果。

按 Ctrl 键单击交叉引用后，跳转到指定的位置

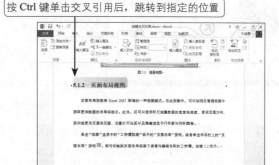

图8-24 在文档中添加交叉引用

**7** 此时，如果修改被引用位置上的内容，返回引用点时按F9键，即可更新引用点处的内容。

办公专家一点通

将光标指向插入的交叉引用文字上时，将会显示提示信息，只需按住Ctrl键单击该文字即可直接跳转到被引用的位置上。该功能是由"交叉引用"对话框中的"插入为超链接"复选框控制的。

# 8.5
## 使用域和宏

通过自动化用户经常完成的任务，可以提高工作效率。本节将学习使用域和宏实现任务的自动化。域是一种特殊的代码，用于指明在文档中插入何种信息。宏是将一系列的Word命令或指令组合在一起，形成一个命令，以实现任务执行的自动化。用户可以创建并执行一个宏，从而替代人工进行的一系列重复的操作。

## 8.5.1 使用域

 最终结果文件：光盘\素材\第8章\结果文件\使用域.docx

所谓域，实际就是相当于文档中可能发生变化的数据。域的最大特点就是其内容会随着引用内容的变化而变化，因此在文档中插入域，就是插入各种自动信息并使这些信息保持最新状态。

除了前面已经介绍的插入目录、索引、题注和交叉引用等常用的域外，还可以手动插入更多的域：

- 切换到功能区中的"插入"选项卡，在"文本"组中单击"浏览文档部件"按钮，在弹出的菜单中选择"域"命令，打开"域"对话框，选择域类别以及具体的域，根据具体的域不同，还可以选择域的格式，单击"确定"按钮，如图 8-25 所示。

图8-25 插入域

- 直接在文档中按 Ctrl+F9 组合键插入域符号"{}"（看起来很像一对花括号，但不能在键盘上直接输入域符号），然后在域符号中输入域的内容。例如，在"{}"中输入"=6+9"，按 F9 键更新域，即可显示计算结果"15"。

如果要修改域的内容，可以采用以下两种方法：

- 对于已经插入的域，可以通过"域"对话框编辑。右击文档中包含域的内容，在弹出的快捷菜单中选择"编辑域"命令，打开"域"对话框，在该对话框中重新选择域的其他格式或选择新的域。
- 直接在文档中修改。右击包含域的内容，在弹出的快捷菜单中选择"切换域代码"命令，将域结果转换为域代码的形式，如图 8-26 所示，可以对其直接修改。

图8-26 显示域代码

为了使域内容始终与其对应内容一致，需要按F9键更新域内容。另外，还有一种针对打印输出前自动更新域的方法：单击"文件"选项卡，在弹出的菜单中单击"选项"命令，在打开的"Word选项"对话框中选择左侧的"显示"选项，在右侧的"打印选项"选项组内选中"打印前更新域"复选框。

## 8.5.2 使用宏

实战练习素材：光盘\素材\第8章\原始文件\使用宏.docx
最终结果文件：光盘\素材\第8章\结果文件\使用宏.docx

如果希望在Word 2013中重复进行某项工作，可以利用"宏"功能使这项工作自动执行。宏就是将一系列的操作命令和指令组合在一起，形成一个命令。因此，可以创建并执行一个宏，以便替代人工进行一系列费时而重复的操作。例如，使用宏可以进行日常编辑和格式设置、组合多个命令、使对话框中的选项更易于访问，或使一系列复杂的任务自动运行。

Word提供了两种创建宏的方法：利用宏录制器和Visual Basic编辑器。利用宏录制器可以帮助用户记录一系列的操作，这对于不太了解宏命令和宏语言的用户是非常方便的。利用Visual Basic编辑器可以打开已录制的宏，修改其中的指令。并非所有Word 2013的功能都可以记录，因此有时需要在Visual Basic编辑器中使用Visual Basic命令来编写宏。

本节将用一个实例说明如何录制一个宏，用于改变当前选定文本的字体和字形。具体操作步骤如下：

**1** 单击"文件"选项卡，在弹出的菜单中单击"选项"，打开"Word选项"对话框。选择左侧的"自定义功能区"选项，在右侧选中"自定义功能区"下方的"开发工具"复选框，单击"确定"按钮。

**2** 选择要设置格式的文本，切换到功能区中的"开发工具"选项卡，单击"代码"组中的"录制宏"按钮，打开"录制宏"对话框，在"宏名"文本框中输入要录制宏的名称，在"将宏保存在"下拉列表框中选择录制后宏的保存位置，在"说明"文本框中可以输入对要录制宏的说明内容，如图8-27所示。

图8-27 "录制宏"对话框

**3** 单击"键盘"图标,打开如图8-28所示的"自定义键盘"对话框。将光标移至"请按新快捷键"文本框中,并按Alt+D组合键,表示同时按这两个按键即可执行这个宏程序。

**4** 单击"指定"按钮,使快捷键出现在"当前快捷键"列表框中。单击"关闭"按钮后,开始录制该宏,如图8-29所示。本例中将选定的文本改为黑体、一号、红色和居中。

图8-28 "自定义键盘"对话框          图8-29 录制宏

**5** 录制好后,切换到功能区中的"开发工具"选项卡,单击"代码"组中的"停止录制"按钮。

**6** 选择要设置字体格式的文字内容,按设置的快捷键Alt+D即可快速运行宏。另外,还可以切换到功能区中的"开发工具"选项卡,单击"代码"组中的"宏"按钮,打开"宏"对话框,选择刚录制宏名称后,单击"运行"按钮,即可自动执行录制的宏中的一组连续的操作。

# 8.6

## 办公实例:设置"房屋承租合同"的格式

样式和模板是Word提供的最好的时间节省器之一,它们的优点之一是保证所有文档的外观都非常一致。本节将通过设置"房屋承租合同"的格式来进一步提高样式和模板的实际应用能力。

## 8.6.1 实例描述

本实例将使用样式和模板设置一份"房屋承租合同"的样式。在制作中主要包括以下内容:

- 在合同中创建所需的样式
- 修改合同的正文样式
- 为公司合同中的各部分内容套用样式
- 创建合同的模板

## 8.6.2 实例操作指南

 最终结果文件:光盘\素材\第8章\结果文件\房屋承租合同.docx

本实例的具体操作步骤如下:

**1** 打开文件,切换到功能区中的"开始"选项卡,单击"样式"组右下角的"样式"按钮,打开"样式"窗格。单击下方的"新建样式"按钮,打开如图8-30所示的"根据格式设置创建新样式"对话框。在"名称"文本框中输入"合同标题",将"样式类型"设置为"段落",字体设置为"黑体",字号设置为"二号",单击"居中"按钮将段落对齐方式设置为"居中"。

图8-30 "根据格式设置创建新样式"对话框

**2** 单击"格式"按钮,在弹出的菜单中选择"段落"命令,打开如图8-31所示的"段落"对话框,在"缩进和间距"选项卡中设置"段前"和"段后"为"1行"。

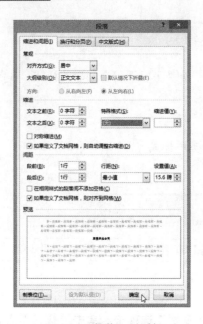

图8-31 "段落"对话框

**3** 单击"确定"按钮，即可创建一个名为"合同标题"的样式。

**4** 单击"样式"窗格下方的"新建样式"按钮，打开如图8-32所示的"根据格式设置创建新样式"对话框，在"名称"文本框中输入"合同小标题"，将"样式类型"设置为"段落"，字体设置为"黑体"，字号设置为"四号"。

**5** 单击"格式"按钮，在弹出的菜单中选择"段落"命令，打开如图8-33所示的"段落"对话框，在"缩进和间距"选项卡中，设置"段前"和"段后"为"0.5行"。

图8-32 创建"合同小标题"样式

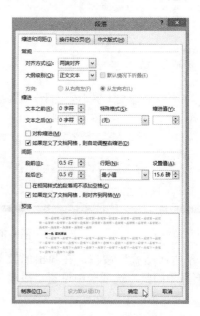

图8-33 设置段间距

**6** 将光标定位到"房屋承租合同"文字中，单击"样式"窗格中的"合同标题"样式，如图8-34所示。

**7** 将光标定位到"第一条"文字中，单击"样式"窗格中的"合同小标题"样式，如图8-35所示。重复该步骤，为其他标题应用"合同小标题"样式。

图8-34 应用"合同标题"样式

图8-35 应用"合同小标题"样式

**8** 单击快速访问工具栏中的"保存"按钮，将文档保存。

## 8.6.3 实例总结

本实例介绍了灵活利用样式快速操作长文档的方法，其中仅介绍了有关创建样式和应用样式的技巧，有关修改样式的方法可以参见前面的正文。例如，可以试着将"合同小标题"样式的字体改为"楷体"。主要用到所学的以下知识点：

- 创建样式
- 使用样式
- 修改样式

# 8.7
## 提高办公效率的诀窍

## 窍门1：解决标题出现在一页底部的方法

用户在排版书籍时，可能会遇到如图8-36所示的问题，其中标题"1.3.1计算机硬件系统"出现在一页的底部，而它的正文出现在另一页中。

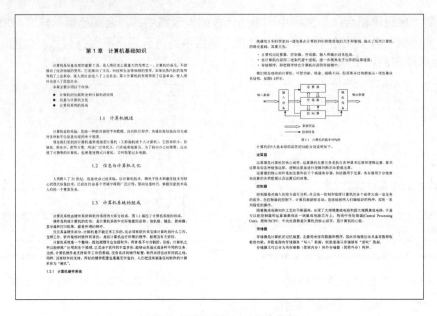

图8-36 标题出现在一页的底部

如何使标题与它的正文出现在同一页呢？可以按照下述步骤进行修改：

**1** 切换到功能区中的"开始"选项卡，单击"样式"选项组右下角的"样式窗口"按钮，出现"样式"窗口。在"样式"窗口内找到要修改的样式名。例如，选择"三级标题"。

**2** 单击该样式名右侧的向下箭头，从弹出的下拉菜单中选择"修改"命令，出现"修改样式"对话框。单击"格式"按钮，从弹出的菜单中选择"段落"，在出现的"段落"对话框中单击"换行和分页"选项卡，如图8-37所示。

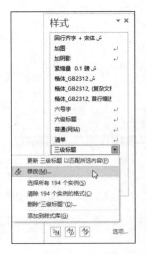

图8-37 "换行和分页"选项卡

**3** 选中"与下段同页"复选框，然后单击"确定"按钮。此时，发现所有应用"三级标题"样式的段落已自动移到下一页的顶部，如图8-38所示。

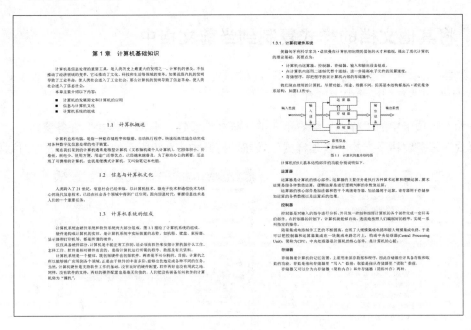

图8-38 避免标题单独出现在一页的底部

# 窍门2：删除不需要的样式

用户不再需要某个自定义样式时，可以将它删除。具体操作步骤如下：

**1** 单击"开始"选项卡中的"样式"组右下角的"样式"按钮，显示"样式"任务窗格。

**2** 在"样式"列表框中找到要删除的样式名称。Word不允许删除"正文"以及"标题"等内置样式。

**3** 单击该样式名右侧的向下箭头，从弹出的菜单中选择"删除"命令，出现如图8-39所示的对话框。

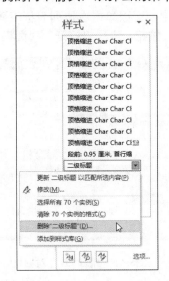

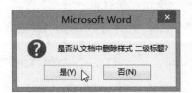

图8-39 是否删除对话框

**4** 单击"是"按钮。单击"样式"任务窗格中的"关闭"按钮。删除某个样式后，文档中所有应用该样式的文本都会恢复成默认的"正文"样式。

## 窍门3：将其他文档的样式复制到当前文档中

在排版文档时，如果需要某种样式，而其他文档中已经创建了该样式，只需将其他文档中的样式复制到当前文档中即可。复制样式的方法如下：

**1** 单击"开始"选项卡中的"样式"组右下角的"样式"按钮，显示"样式"任务窗格。

**2** 单击"样式"任务窗格下方的"管理样式"按钮，打开如图8-40所示的"管理样式"对话框。

图8-40 "管理样式"对话框

**3** 单击"导入/导出"按钮，打开如图8-41所示的"管理器"对话框。单击"样式"选项卡，对话框左边的列表框中显示当前文档的所有样式名称，右边显示的是Normal.dotm模板内的样式。

**4** 如果要把当前文档中的样式复制到其他文档或模板中，可以单击右边列表框下面的"关闭文件"按钮，该按钮会变成"打开文件"按钮，单击"打开文件"按钮，出现"打开"对话框。

**5** 在"打开"对话框中选择复制的目标文档或模板，然后单击"打开"按钮返回到"管理器"对话框中。此时，目标文档或模板的样式会出现在右边的样式列表框中。

**6** 从左边的列表框中选择要复制的样式，再单击"复制"按钮，该样式名出现在右边的列表框中。单击"关闭"按钮，完成操作。

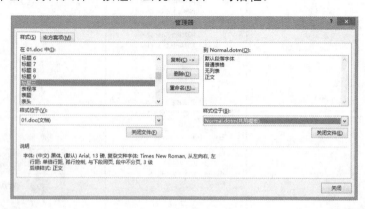

图8-41 "管理器"对话框

## 窍门4：指定样式的快捷键

在Word中，可以通过按某个键或某些组合键直接将样式应用到相应的段落中，能够提高排版一篇长文档的工作效果。下面介绍如何定义某个样式的快捷键，具体操作步骤如下：

**1** 单击"开始"选项卡的"样式"组右下角的"样式"按钮，显示"样式"任务窗格。在"样式"列表框中选择某个样式，例如，选择"三级标题"。

**2** 单击该样式名右侧的向下箭头，然后单击"修改"按钮，打开"修改样式"对话框。在"修改样式"对话框中单击"格式"按钮，从弹出的菜单中选择"快捷键"命令，出现如图8-42所示的"自定义键盘"对话框。

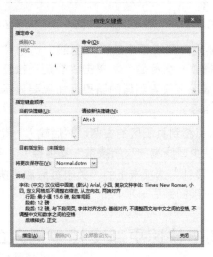

图8-42 "自定义键盘"对话框

**3** 将插入点置于"请按新快捷键"框中，然后按下快捷键。例如，按Alt+3组合键（不是在框中输入键名，而是直接按下这些组合键）。

**4** 单击"指定"按钮，刚按的快捷键出现在"当前快捷键"框中。单击"自定义键盘"对话框的"关闭"按钮，返回到"修改样式"对话框。

**5** 单击"修改样式"对话框中的"确定"按钮。单击"样式"对话框中的"关闭"按钮。

要使用样式"三级标题"时，只需将插入点定位到某个段落后，再按Alt+3组合键即可。

## 窍门5：创建字典式的页眉

用户在查字典时，可以发现字典的页眉很有特色。在每一页的页眉上除了显示页码外，还显示该页上的第一项和最后一项。这样，用户可以大致知道这一页上的内容范围。

如果要在Word中编排这样的页眉，可以按照下述步骤进行操作：

**1** 对文档中的项应用一种样式。例如，编排一个成员目录时，可以对成员的名字应用"一级标题"样式。

**2** 单击"编辑"选项卡的"页眉和页脚"组中的"页眉"按钮，从弹出的快捷菜单中选择"编辑页眉"命令，进入页眉区。

**3** 将插入点移到页眉区的左侧，然后单击"插入"选项卡中的"文本"组的"浏览文档部件"按钮，从弹出菜单中选择"域"命令，出现如图8-43所示的"域"对话框。

图8-43 "域"对话框

**4** 在"类别"列表框中选择"全部"选项，在"域名"列表框中选择"StyleRef"。从"样式名"列表框中选择"一级标题"。单击"确定"按钮，即可在页眉中插入"{STYLEREF—级标题}"的域（当然，正常情况下只看到域的结果，如果要显示域代码，可以右击该域，从弹出的快捷菜单中选择"切换域代码"命令）。

**5** 将插入点移到页眉区的右侧，然后输入一个"StyleRef"域，并且要带"\l"开关（即在"域"对话框内选中"从页面底端向顶端搜索"复选框），其域代码为"{STYLEREF—级标题 \l}"。

**6** 单击"设计"选项卡上的"关闭页眉和页脚"按钮。这样，当打印此文档时，每一页的页眉将显示该页上的第一项和最后一项。

## 窍门6：快速更新文档中插入的域

域不同于普通的文字，域的内容可以被更新。在Word中，域不是随时进行更新，它是根据文档环境的变化而变化。例如，对于页码域，可以在分页时自动更新。有些域需要选择"更新域"命令进行更新。

如果要更新某个域，可以在选定该域后按F9键，或者右击该域，在弹出的快捷菜单中选择"更新域"命令；如果要更新整个文档中的域，可以按Ctrl+A组合键来选定整个文档，然后按F9键。

## 窍门7：锁定文档中的域

有两种防止更新域结果的方法：第一种方法是暂时锁定域；第二种方法是将域结果转换为常规文本。

### 1. 域的锁定与解除锁定

如果要锁定一个域，可以单击该域，然后按Ctrl+F11组合键。这样，该域就被锁定了。锁定域的外观与未锁定的域相同，但在右击该域时，会发现快捷菜单中的"更新域"命令呈灰色，表示无法更新该域。

如果要解除对一个域的锁定，可以将插入点置于被锁定的域中，然后按Ctrl+Shift+F11组合键。

### 2. 将域结果转换为常规文本

在Word中，域通常与一个信息源链接在一起。如果需要永久保存当前的域结果，可以解除该域的链接。首先单击该域，然后按Ctrl+Shift+F9组合键，插入在文档中的域结果将变成正常的文本。

# 09

## 第 9 章
## Excel基本操作与数据输入

Excel 2013是微软公司最新推出的一套功能强大的电子表格处理软件，是每个公司、学校、工厂甚至家庭不可缺少的工具，它可以管理账务、制作报表、对数据进行排序与分析，或者将数据转换为更加直观的图表等。本章将介绍Excel 2013的基本操作，主要包括Excel 2013的窗口组成、创建新工作簿、打开工作簿、保存工作簿和管理工作表等，让用户能够创建工作簿以及处理工作簿中的工作表，最后通过一个综合实例巩固所学的内容。

教学目标 ≫≫≫≫≫≫≫≫≫≫≫≫≫≫

通过本章的学习，你能够掌握如下内容：

※ 了解Excel的文档格式及工作簿的常用操作

※ 对Excel的工作表进行各种操作

※ 在工作表中快速输入各种格式的数据

※ 掌握几种提高数据输入速度的方法

※ 设置数据的有效性，以便快速输入正确的数据

# 9.1
## 初识 Excel 2013

本节将介绍一些关于Excel 2013入门知识，包括Excel 2013的文档格式、工作簿、工作表和单元格之间的关系等。

## 9.1.1 Excel 2013 文档的格式

Excel 2013的文档格式与以前版本不同，它以XML格式保存，其新的文件扩展名是在以前文件扩展名后添加x或m。x表示不含宏的XML文件，m表示含有宏的XML文件，具体如表9-1所示。

表9-1 Excel中的文件类型与其对应的扩展名

| 文件类型 | 扩展名 |
| --- | --- |
| Excel 2013工作簿 | xlsx |
| Excel 2013启用宏的工作簿 | xlsm |
| Excel 2013模板 | xltx |
| Excel 2013启用宏的模板 | xltxm |

## 9.1.2 工作簿、工作表和单元格

工作簿与工作表之间的关系类似一本书和书中的每一页之间的关系。一本书由不同的页数组成，各种文字和图片都出现在每一页上，而工作簿由工作表组成，所有数据包括数字、符号、图片以及图表等都输入到工作表中。

### 1. 工作簿

工作簿是Excel用来处理和存储数据的文件，其扩展名为.xlsx，其中可以含有一个或多个工作表。实质上，工作簿是工作表的容器。刚启动Excel 2013选择"空白工作簿"时，打开一个名为"工作簿1"的空白工作簿。当然，可以在保存工作簿时，重新定义一个自己喜欢的名字。

### 2. 工作表

在Excel 2013中，每个工作簿就像一个大的活页夹，工作表就像其中一张张的活页纸。工作表是工作簿的重要组成部分，它又称为电子表格。用户可以在一个工作簿文件中管理各种类型的相关信息。例如，在一个工作表中存放"一月销售"的销售数据，在另一个工作表中存放"二月销售"的销售数据等，而这些工作表都可以包含在一个工作簿中。

### 3. 单元格

Excel作为电子表格软件，其数据的操作都在组成表格的单元格中完成。一张工作表由行和列构成，每一列的列标由A、B、C等字母表示；每一行的行号由1、2、3等数字表示。行与列的交叉处形成一个单

元格，它是Excel 2013进行工作的基本单位。在Excel 2013中，单元格是按照单元格所在的行和列的位置来命名的，例如单元格D4，就是指位于第D列第4行交叉点上的单元格。要表示一个连续的单元格区域，可以用该区域左上角和右下角单元格表示，中间用冒号（:）分隔，例如，C1:F3表示从单元格C1到F3的区域。

## 9.1.3 Excel 2013 窗口

启动Excel 2013后，首先看到如图9-1所示的开始屏幕，其中列出许多模板可以快速创建表格。例如，单击"空白工作簿"，打开如图9-2所示的Excel 2013窗口。

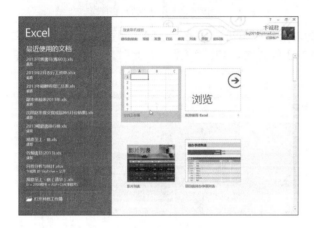

图9-1 Excel 2013开始屏幕　　　　　　　　图9-2 Excel 2013窗口

# 9.2
## 工作簿和工作表的常用操作

由于操作与处理Excel数据都是在工作簿和工作表中进行的，因此有必要先了解工作簿和工作表的常用操作，包括新建与保存工作簿、打开与关闭工作簿、设置默认工作簿中的工作表数量、新建工作表、移动和复制工作表、重命名工作表、删除工作表、隐藏工作表等。

## 9.2.1 保存工作簿

刚才在启动Excel 2013时在开始屏幕上单击"空白工作簿"图标，系统会自动创建一个空白的工作簿，等待用户输入信息。用户还可以根据自己的实际需要，创建新的工作簿。

除了创建空白工作簿之外，还可以使用Excel提供的联机模板来创建工作簿。具体操作步骤如下：

**1** 单击"文件"选项卡，在弹出的菜单中选择"新建"命令，打开如图9-3所示的"新建"窗口。

**2** 在"搜索"文本框中可以输入要使用的模板关键字，例如，近期要出差，需要一份差旅费费用表，可以输入"差旅费"，然后单击右侧的"开始搜索"按钮，即可显示符合条件的模板，如图9-4所示。

图9-3 "新建"窗口

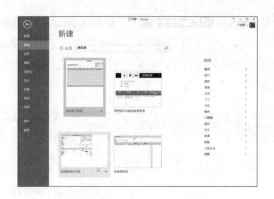

图9-4 显示符合条件的模板

**3** 选择与需要创建工作簿类型对应的模板，在弹出的对话框中单击"创建"按钮，即可生成带有相关文字和格式的工作簿，大大简化了重新创建Excel工作簿的工作过程，如图9-5所示。此时，只需在相应的单元格中填写数据。

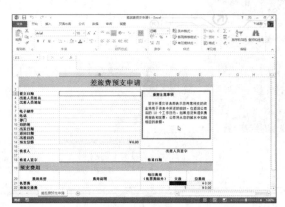

图9-5 利用模板新建工作簿

为了便于日后查看或编辑，需要将工作簿保存起来。具体方法有以下几种：

● 单击快速访问工具栏上的"保存"按钮，弹出"另存为"窗口，先选择保存位置，Excel 允许将工作簿保存到 SkyDrive 上与朋友共享，或者单击"计算机"，然后单击"浏览"按钮，如图 9-6 所示。此时，打开"另存为"对话框，在"文件名"文本框中输入保存后的工作簿名称，在"保存类型"下拉列表框中选择工作簿的保存类型，指定要保存的位置后单击"保存"按钮即可，如图 9-7 所示。

图9-6 "另存为"窗口

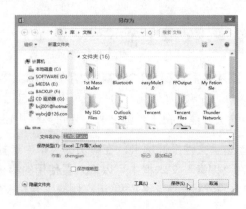

图9-7 "另存为"对话框

- 单击"文件"选项卡,在弹出的菜单中选择"保存"命令或"另存为"命令,然后对工作簿进行保存。

以后要保存已经存在的工作簿,请单击快速启动工具栏上的"保存"按钮,或者单击"文件"选项卡,在弹出的菜单中选择"保存"命令,Excel不再出现"另存为"对话框,而是直接保存工作簿。

为了让保存后的工作簿可以用Excel 2013以前的版本打开,可以在"另存为"对话框的"保存类型"下拉列表框中选择"Excel 97-2003工作簿"选项。

## 9.2.2  打开与关闭工作簿

如果要对已经保存的工作簿进行编辑,就必须先打开该工作簿。具体操作步骤如下:

**1** 单击"文件"选项卡,在弹出的菜单中选择"打开"命令,Excel 2013会在"打开"窗口中显示最近使用的工作簿,让用户快速打开最近用过的工作簿。如果要用的工作簿最近没有打开过,可以单击"计算机"选项,然后单击右侧的"浏览"按钮,出现"打开"对话框。

**2** 定位到要打开的工作簿路径下,然后选择要打开的工作簿,并单击"打开"按钮,即可在Excel窗口中打开选择的工作簿。

**一个工作簿对应一个窗口**

在资源管理器窗口中双击准备打开的工作簿文件,即可启动Excel并打开该工作簿。在Excel 2013中,每个工作簿都拥有自己的窗口,从而能够更加轻松地同时操作两个工作簿。

对于暂时不再进行编辑的工作簿,可以将其关闭,以释放该工作簿所占用的内存空间。在Excel中关闭当前已打开的工作簿操作有以下几种方法:

- 单击"文件"选项卡,在弹出的菜单中选择"关闭"命令。
- 如果不再使用 Excel 编辑任何工作簿,单击 Excel 2013 主窗口标题栏右侧的按钮,可以关闭所有打开的工作簿。

关闭工作簿时,如果没有进行保存操作,弹出确认保存对话框,单击"是"按钮,保存并关闭当前文档;单击"否"按钮,则将不保存并关闭当前文档;单击"取消"按钮将返回当前文档。

## 9.2.3  设置新建工作簿的默认工作表数量

默认情况下,Excel 2013在新建的空白工作簿中简化为仅包含1个工作表,其名字是Sheet1,显示在工作表标签中。如果觉得1个工作表不够用,例如,公司要统计半年财务报表,并以月份来指定工作表标签,因此每个工作簿需要包含6个工作表。如果每次新建工作簿后都采用插入工作表的方法，显得很麻烦。

用户可以改变工作簿中默认工作表的数量，具体操作步骤如下：

**1** 单击"文件"选项卡，在弹出的菜单中单击"选项"按钮，打开"Excel选项"对话框。

**2** 选择左侧的"常规"选项，然后在右侧的"新建工作簿时"选项组中，将"包含的工作表数"文本框中的内容设置为所需数值即可，如图9-8所示。

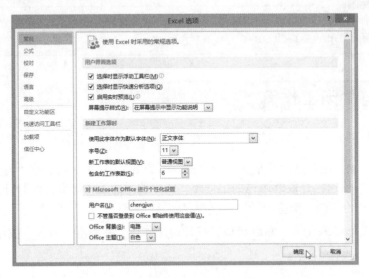

图9-8 修改工作簿包含的默认工作表数量

**3** 单击"确定"按钮，以后新建空白工作簿时将会自动包含6个工作表。

## 9.2.4 插入工作表

除了预先设置工作簿默认包含的工作表数量外，还可以在工作表中随时根据需要来添加新的工作表。有以下几种插入工作表的方法：

● 在工作簿中直接单击工作表标签中的"新工作表"按钮 ⊕，如图 9-9 所示。

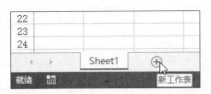 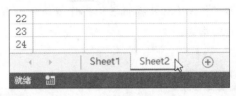

图9-9 插入工作表

● 右击工作表标签，在弹出的快捷菜单中选择"插入"命令，在打开的"插入"对话框的"常用"选项卡中选择"工作表"选项，然后单击"确定"按钮，即可插入新的工作表，如图 9-10 所示。

图9-10 利用"插入"对话框插入工作表

● 切换到功能区中的"开始"选项卡,在"单元格"组中单击"插入"按钮右侧的向下箭头,从弹出的下拉菜单中选择"插入工作表"命令。

## 9.2.5 切换工作表

使用新建的工作簿时,最先看到的是Sheet1工作表。要切换到其他工作表中,可以选择以下几种方法之一:

● 单击工作表标签,可以快速在工作表之间进行切换。例如,单击 Sheet2 标签,即可进入第二个空白工作表,如图 9-11 所示。此时,Sheet2 以白底且带下划线显示,表明它为当前工作表。

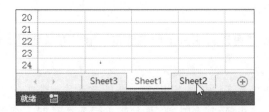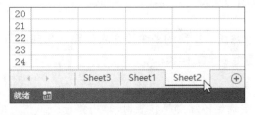

图9-11 切换工作表

● 通过键盘切换工作表:按 Ctrl+PageUp 组合键,切换到上一个工作表;按 Ctrl+PageDown 组合键,切换到下一个工作表。
● 如果在工作簿中插入了许多工作表,而所需的标签没有显示在屏幕上,则可以通过工作表标签前面的两个标签滚动按钮 ◀ ▶ 来滚动标签。
● 右击工作表标签左边的标签滚动按钮,在弹出的对话框中选择要切换的工作表。

## 9.2.6 删除工作表

如果已经不再需要某个工作表,则可以将该工作表删除,有以下几种方法:

● 右击要删除的工作表标签,在弹出的快捷菜单中选择"删除"命令,即可将工作表删除。
● 单击要删除的工作表标签,切换到功能区中的"开始"选项卡,在"单元格"组中单击"删除"按钮右侧的向下箭头,在弹出的菜单中选择"删除工作表"命令。

如果要删除的工作表中包含数据，会弹出对话框提示"无法撤销删除工作表，并且可能删除一些数据"，单击"删除"按钮。

### 9.2.7 重命名工作表

对于一个新建的工作簿，其中默认的工作表名为Sheet1、Sheet2等，从这些工作表名称中不容易知道工作表中存放的内容，使用起来很不方便，可以为工作表取一个有意义的名称。用户可以通过以下几种方法重命名工作表：

- 双击要重命名的工作表标签，输入工作表的新名称并按 Enter 键确认，如图 9-12 所示。

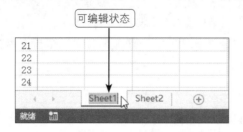
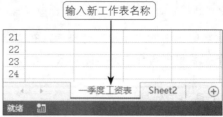

图9-12 重命名工作表

- 右击要重命名的工作表标签，在弹出的快捷菜单中选择"重命名"命令进入编辑状态，输入工作表的新名称后按 Enter 键确认。

### 9.2.8 选定多个工作表

如果要在工作簿的多个工作表中输入相同的数据，可以将这些工作表选定。用户可以利用下述方法之一来选定多个工作表：

- 要选定多个相邻工作表时，单击第一个工作表的标签，按住 Shift 键，再单击最后一个工作表标签。
- 要选定不相邻工作表时，单击第一个工作表的标签，按住 Ctrl 键，再分别单击要选定的工作表标签。
- 要选定工作簿中的所有工作表时，请右击工作表标签，然后在弹出的快捷菜单中选择"选定全部工作表"命令。

选定多个工作表时，在标题栏的文件名旁边将出现"［工作组］"字样。当向工作组内的一个工作表中输入数据或者进行格式化时，工作组中的其他工作表也出现相同的数据和格式。

如果要取消对工作表的选定，只需单击任意一个未选定的工作表标签；或者右击工作表标签，在弹出的快捷菜单中选择"取消组合工作表"命令即可。

### 9.2.9 移动和复制工作表

利用工作表的移动和复制功能，可以实现两个工作簿间或工作簿内工作表的移动和复制。

#### 1. 在工作簿内移动或复制工作表

在同一个工作簿内移动工作表，即改变工作表的排列顺序。其操作方法很简单：

**1** 拖动要移动的工作表标签。

**2** 当小三角箭头到达新位置后，释放鼠标左键，如图9-13所示。

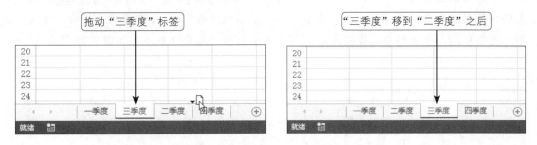

图9-13 移动工作表

要在同一个工作簿内复制工作表，请按住Ctrl键的同时拖动工作表标签。到达新位置时，先释放鼠标左键，再松开Ctrl键，即可复制工作表。复制一个工作表后，在新位置出现一个完全相同的工作表，只是在复制的工作表名称后附上一个带括号的编号，例如，Sheet3的复制工作表名称为Sheet3(2)。

### 2. 在工作簿之间移动或复制工作表

如果要将一个工作表移动或复制到另一个工作簿中，可以按照下述步骤进行操作：

**1** 打开用于接收工作表的工作簿，切换到包含要移动或复制工作表的工作簿中。

**2** 右击要移动或复制的工作表标签，在弹出的快捷菜单中选择"移动或复制"命令，出现如图9-14所示的"移动或复制工作表"对话框。

图9-14 "移动或复制工作表"对话框

**3** 在"工作簿"下拉列表框中选择用于接收工作表的工作簿名。如果选择"（新工作簿）"，则可以将选定的工作表移动或复制到新的工作簿中。

**4** 在"下列选定工作表之前"列表框中，选择要移动或复制的工作表要放在选定工作簿中的哪个工作表之前。要复制工作表，请选中"建立副本"复选框，否则只是移动工作表。

**5** 单击"确定"按钮。

## 9.2.10 隐藏或显示工作表

隐藏工作表能够避免对重要数据和机密数据的误操作，当需要显示时再将其恢复显示。

隐藏工作表的方法有以下两种：

- 单击要隐藏的工作表标签，切换到功能区中的"开始"选项卡，在"单元格"组中单击"格式"按钮，在弹出的菜单中选择"隐藏和取消隐藏"→"隐藏工作表"命令，即可将选择的工作表隐藏起来。
- 右击要隐藏的工作表标签，在弹出的快捷菜单中选择"隐藏"命令，如图9-15所示。

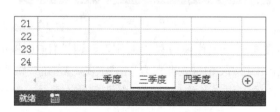

图9-15 隐藏工作表

当需要取消工作表的隐藏时，右击工作表标签，在弹出的快捷菜单中选择"取消隐藏"命令，打开如图9-16所示的"取消隐藏"对话框。在"取消隐藏工作表"列表框中选择要取消隐藏的工作表，单击"确定"按钮，隐藏的工作表将重新显示出来。

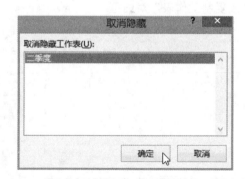

图9-16 "取消隐藏"对话框

## 9.2.11 拆分工作表

实战练习素材：光盘\素材\第9章\原始文件\销售统计.xlsx

不少用户可能遇到这样的情况，在一个数据量较大的表格中，需要在某个区域编辑数据，而有时需要一边编辑数据一边参照该工作表中其他位置上的内容，这时通过拆分工作表的功能，可以很好地解决这个问题。拆分工作表的具体操作步骤如下：

**1** 打开要拆分的工作表，单击要从其上方和左侧拆分的单元格，然后切换到功能区中的"视图"选项卡，在"窗口"组中单击"拆分"按钮，即可将工作表拆分为4个窗格，如图9-17所示。

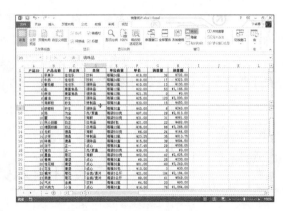

图9-17 拆分为4个窗格

**2** 将光标移到拆分后的分割条上，当鼠标变为双向箭头时，拖动可改变拆分后窗口的大小。如果将分割条拖出表格窗口外，则可删除分割条。

**3** 用户可以通过用鼠标在各个窗格中单击进行切换，然后在各个窗格中显示工作表的不同部分。

当窗口处于拆分状态时，切换到功能区中的"视图"选项卡，再次单击"窗口"组中的"拆分"按钮，即可取消窗口的拆分。

## 9.2.12 冻结工作表

**实战练习素材：光盘\素材\第9章\原始文件\销售统计.xlsx**

通常处理的模拟运算表格有很多行，当移动垂直滚动条查看表格下方数据时，表格上方的标题行将会不可见，这时每列数据的含义将变得不清晰。为此，可以通过冻结工作表标题来使其位置固定不变。具体操作步骤如下：

**1** 打开Excel工作表，单击标题行下一行中的任意一个单元格，然后切换到功能区中的"视图"选项卡，在"窗口"组中单击"冻结窗格"按钮，在下拉菜单中选择"冻结首行"命令。

**2** 此时，标题行的下边框将显示一个黑色的线条，再滚动垂直滚动条浏览表格下方数据时，标题行将固定不被移动，始终显示在数据上方，如图9-18所示。

图9-18 冻结窗格

如果表格很宽，最左列是标题列的话，可以切换到功能区中的"视图"选项卡，单击"窗口"组中的"冻结窗格"按钮，在下拉菜单中选择"冻结首列"命令。

如果要取消冻结，可以切换到功能区中的"视图"选项卡，单击"窗口"组中的"冻结窗格"按钮，在下拉菜单中选择"取消冻结窗格"命令。

# 9.3 在工作表中输入数据——创建员工工资表

数据是表格中不可缺少的元素之一，在Excel 2013中，常见的数据类型有文本型、数字型、日期时间型和公式等。本节将介绍在表格中输入数据的方法。

## 9.3.1 输入文本

 最终结果文件：光盘\素材\第9章\结果文件\员工工资表.xlsx

文本是Excel常用的一种数据类型，如表格的标题、行标题与列标题等。文本数据包含任何字母（包括中文字符）、数字和键盘符号的组合。

输入文本的具体操作步骤如下：

**1** 选定单元格A1，输入"员工工资表"。输入完毕后，按Enter键，或者单击编辑栏上的"输入"按钮。

**2** 单击单元格A3，输入"编号"。输入完毕后，按Tab键要选定右侧的单元格为活动单元格；按回车键可以选定下方的单元格为活动单元格；按方向键可以自由选定其他单元格为活动单元格，如图9-19所示。

**3** 重复步骤2的操作，在其他单元格中输入相应的数据，如图9-20所示。

图9-19 输入文本　　　　　　　　　　　　　　　　　图9-20 输入其他单元格数据

**4** 用户还可以在编辑栏中输入，只需单击要输入文本的单元格，然后单击编辑栏，在光标处输入所需的内容，完成后按Enter键或者单击 ✔ 按钮确认即可。

用户输入的文本超过单元格宽度时，如果右侧相邻的单元格中没有任何数据，则超出的文本延伸到右侧单元格中；如果右侧相邻的单元格中已有数据，则超出的文本被隐藏起来，只要增大列宽或以自动换行的方式格式化该单元格后，就能够看到全部的内容。

**替单元格中的文字断行**

要怎么做才能替单元格中的文字断行？其实很简单，只要按Alt+Enter组合键即可。此外，如果想要将断行的文字合并成一段，只要将插入点移到断行处，按下Delete键就可以删除除断行字符，让文字合并。

## 9.3.2 输入数字

最终结果文件：光盘\素材\第9章\结果文件\员工工资表.xlsx

Excel是处理各种数据最有利的工具，因此在日常操作中会经常输入大量的数字内容。如果输入负数，则在数字前加一个负号（-），或者将数字放在圆括号内。

单击准备输入数字的单元格，输入数字后按Enter键即可，如图9-21所示。用户可以继续在其他单元格中输入数字。

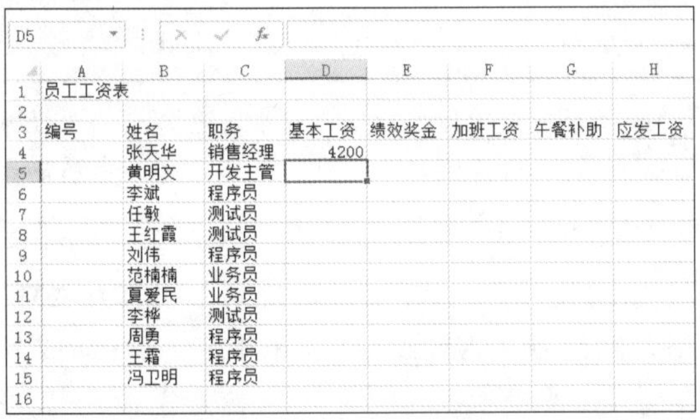

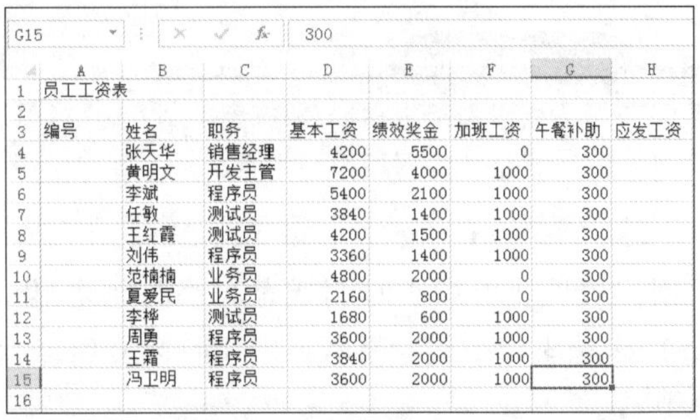

图9-21 输入数字

当输入一个较长的数字时，在单元格中显示为科学记数法（2.34E+09），表示该单元格的列宽太小不能显示整个数字。

当单元格中的数字以科学记数法表示或者填满了"###"符号时，表示该列没有足够的宽度，只需调整列宽即可。

为了避免将输入的分数视作日期，应该在分数前加上"0"和空格，如输入"0 1/2"。

## 9.3.3 输入日期和时间

在使用Excel进行各种报表的编辑和统计中，经常需要输入日期和时间。输入日期时，一般使用"/"（斜杠）或"－"（减号）分隔日期的年、月、日。年份通常用两位数来表示，如果输入时省略了年份，则Excel 2013会以当前的年份作为默认值。输入时间时，可以使用":"号（英文半角状态的冒号）将时、分、秒隔开。

例如，要输入2013年10月18日和24小时制的7点28分。具体操作步骤如下：

**1** 单击要输入日期的单元格A1，然后输入"2013/10/18"，按Tab键，将光标定位到单元格B1。此时，单元格A1输入的内容变为"2013-10-18"，如图9-22所示。此处显示的日期格式，与用户在Windows控制面板中的"区域"设置有关，可以设置短日期和长日期的格式。

**2** 在单元格B1中输入"7:28"，按Enter键确认输入，如图9-23所示。要在同一单元格中输入日期和时间，请在它们之间用空格分隔。

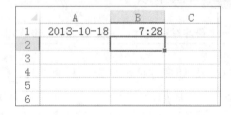

图9-22 输入日期　　　　　　　　　　　　　　　图9-23 输入时间

办公专家一点通

右击准备输入日期的单元格，在弹出的快捷菜单中选择"设置单元格格式"命令，在弹出的"设置单元格格式"对话框中选择"数字"选项卡，在"分类"列表框中选择"日期"选项，选择合适的日期类型，单击"确定"按钮，可以设置输入的日期类型。

用户可以使用12小时制或者24小时制来显示时间。如果使用24小时制格式，则不必使用AM或者PM；如果使用12小时制格式，则在时间后加上一个空格，然后输入AM或A（表示上午）、PM或P（表示下午）。

## 9.3.4　输入特殊符号

实际应用中可能需要输入符号，如"℃"、"ø"、"ƒ"等，在Excel 2013中可以轻松输入这类符号。下面以输入"ø"符号为例，介绍在单元格中输入符号的方法：

**1** 单击准备输入符号的单元格，切换到功能区中的"插入"选项卡，在"符号"组中单击"符号"按钮。

**2** 打开"符号"对话框。切换到"特殊字符"选项卡，然后选择要插入的符号，如"ø"。

**3** 单击"确定"按钮，即可在单元格中显示特殊符号，如图9-24所示。

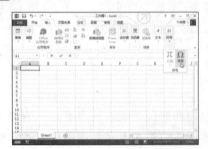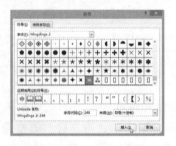

图9-24 输入特殊符号

# 9.4
## 快速输入工作表数据

在输入数据的过程中，经常发现表格中有大量重复的数据，可以将该数据复制到其他单元格中。当需要输入"1，3，5……"这样有规律的数字时，可以使用Excel的序列填充功能。当需要输入"春、夏、秋、冬"等文本时，可以使用自定义序列功能。为了提高数据的输入速度，本节将介绍一些有关快速输入数据的技巧，以提高工作效率。

## 9.4.1 轻松一个按键就能输入重复的数据

 实战练习素材：光盘\素材\第9章\原始文件\输入重复的数据.xlsx

如果要输入的是重复的数据（也就是该数据之前已输入到单元格中），那么比起复制和粘贴的操作而言，按Ctrl+D组合键更能快速完成。同理，如果想要将数据复制到右侧时，只要按Ctrl+R组合键即可。此外，还可以将之前输入的数据以"列表"显示，然后从中选择需要的数据，不过这个方法仅适用于文字数据，这份"列表"中不会显示已输入的数字或者日期数据。

- 如果想要复制目前所在单元格正上方的单元格数据，只要按 Ctrl+D 组合键即可，如图 9-25 所示。

图9-25 重复输入正上方的单元格数据

- 如果要输入已经存在的数据，可以先选择要输入数据的单元格，接着按 Alt+ ↓ 组合键，就会显示该列已有数据的列表，利用向上或向下箭头键在列表中选择需要的数据，再按 Enter 键完成输入，如图 9-26 所示。

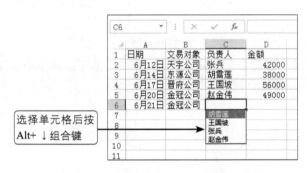

图9-26 快速选择已有的数据

## 9.4.2 在多个单元格中快速输入相同的数据

用户可能遇到要重复输入相同的数据，除了采用复制与粘贴之外，还有一种更快捷的方法。

**1** 按住Ctrl键，用鼠标单击要输入的单元格。

**2** 选定完毕后，在最后一个单元格中输入文字"开会"。

**3** 按Ctrl+Enter组合键，即可在所有选定的单元格中出现相同的文字，如图9-27所示。

图9-27 快速输入相同的数据

另一种在相邻单元格中快速输入相同数据的方法如下：

**1** 单击单元格A1，输入数据"2013"。

**2** 将鼠标移到单元格的右下角，当光标形状变为小黑十字形时，按住鼠标左键向下拖动到单元格A6，释放鼠标左键即时可在单元格区域A1:A6中输入"2013"，如图9-28所示。

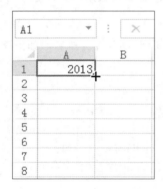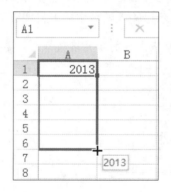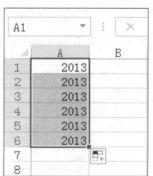

图9-28 快速输入相同的数据

## 9.4.3 快速填充整列数据

Excel 2013新增了"快速填充"功能，会根据从用户数据中识别的模式，一次性输入剩余数据。下面列举一个例子来说明快速填充整列数据：

**1** 在A列输入了员工的姓名，在单元格B1中输入左侧输入的姓氏并按Enter键。

**2** 单击"开始"选项卡的"编辑"组中的"填充"按钮右侧的向下箭头，从弹出的下拉菜单中选择"快速填充"命令，结果在此列自动填充左侧的姓氏，如图9-29所示。

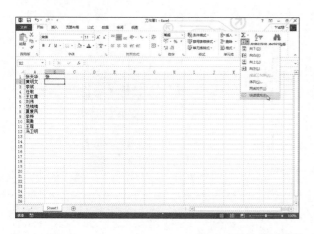

图9-29 快速填充姓氏

**3** 在单元格C1中输入名字，然后按Enter键。

**4** 开始输入下一个名字，"快速填充"将显示建议名字列表，如果显示正确，只需按Enter键确认，如图9-30所示。

图9-30 快速填充功能

## 9.4.4 快速输入序列数据

在输入数据的过程中，经常需要输入一系列日期、数字或文本。例如，要在相邻的单元格中填入1、2、3等，或者填入一个日期序列（星期一、星期二、星期三）等，可以利用Excel提供的序列填充功能来快速输入数据。具体操作步骤如下：

**1** 选定要填充区域的第一个单元格并输入数据序列中的初始值。如果数据序列的步长值不是1，则选定区域中的下一单元格并输入数据序列中的第二个数值，两个数值之间的差决定数据序列的步长值。

**2** 将鼠标移到单元格区域右下角的填充柄上，当鼠标指针变成小黑十字形时，按住鼠标左键在要填充序列的区域上拖动。

**3** 释放鼠标左键时，Excel将在这个区域完成填充工作，如图9-31所示。

 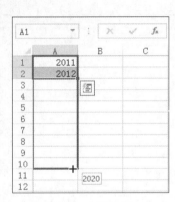 

图9-31 自动填充数据

## 9.4.5　自动填充日期

> 实战练习素材：光盘\素材\第9章\原始文件\自动填充日期.xlsx
> 最终结果文件：光盘\素材\第9章\结果文件\自动填充日期.xlsx

　　填充日期时可以选用不同的日期单位，例如工作日，则填充的日期将忽略周末或其他国家法定的节假日。

**1** 在单元格A2中输入日期"2013-3-14"。

**2** 选择需要填充的单元格区域A2:A11，同时还要包括起始数据所在的单元格。

**3** 在"开始"选项卡中，单击"编辑"组中的"填充"按钮，在弹出的下拉菜单中选择"序列"命令，如图9-32所示。

图9-32 选择"序列"命令

**4** 弹出"序列"对话框，单击"日期"单选按钮，再选中填充单位为"工作日"，设置"步长值"为"1"。

**5** 单击"确定"按钮，返回工作表中，此时在选择的区域可以看到所填充的日期忽略了3-16和3-17这两天周末，如图9-33所示。

图9-33 自动填充日期

# 9.4.6 设置自定义填充序列

自定义序列是根据实际工作的需要设置的序列，可以更加快捷地填充固定的序列。下面介绍使用Excel 2013自定义序列填充的方法：

**1** 单击"文件"选项卡，在弹出的菜单中选择"选项"命令，打开"Excel选项"对话框。

**2** 选择左侧列表框中的"高级"选项，然后单击右侧窗格的"常规"选项组中的"编辑自定义列表"按钮。

**3** 打开"自定义序列"对话框，在"输入序列"文本框中输入自定义的序列项，在每项末尾按Enter键进行分隔，单击"添加"按钮，新定义的填充序列出现在"自定义序列"列表框中。

**4** 单击"确定"按钮，返回Excel工作表窗口。在单元格中输入自定义序列的第一个数据，通过拖动填充柄的方法进行填充，到达目标位置后，释放鼠标即可完成自定义序列的填充，如图9-34所示。

图9-34 利用自定义填充序列快速输入数据

**办公专家一点通**

如果已经在工作表中输入填充序列的项，则选定这些单元格，然后在"自定义序列"对话框中单击"导入"按钮。

# 9.5

## 设置数据有效性

在默认情况下，用户可以在单元格中输入任何数据。在实际工作中，经常需要给一些单元格或单元格区域定义有效数据范围。下面以设置单元格仅可输入0~2 000之间的数字为例，指定数据的有效范围。具体操作步骤如下：

**1** 选定需要设置数据有效范围的单元格区域B2:B8，切换到功能区中的"数据"选项卡，单击"数据工具"组中的"数据验证"按钮向下箭头，在弹出的下拉菜单中选择"数据验证"命令，打开"数据验证"对话框，并切换到"设置"选项卡，如图9-35所示。

**2** 在"允许"下拉列表框中选择允许输入的数据类型。如果仅允许输入数字，请选择"整数"或"小数"；如果仅允许输入日期或时间，请选择"日期"或"时间"。

**3** 在"数据"下拉列表框中选择所需的操作符，然后根据选定的操作符指定数据的上限或下限。单击"确定"按钮。

在设置了数据有效性的单元格中，如果输入超过2000的数值时，就会弹出对话框提示"输入值非法"，如图9-36所示。

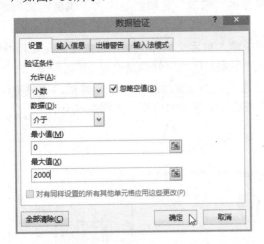

图9-35 "设置"选项卡

图9-36 设置数据的有效范围

# 9.6

## 办公实例：制作员工登记表

本节将通过制作具体的办公实例——制作员工登记表，来巩固与拓展在Excel 2013中制作表格的方法，使读者真正将知识快速应用到实际的工作中。

## 9.6.1 实例描述

本实例将制作员工登记表，主要涉及以下内容：

- 输入标题并设置标题格式
- 使用填充功能输入员工登记表编号
- 使用自定义序列输入员工姓名
- 使用有效性输入员工性别
- 快速设置表格的格式

## 9.6.2 实例操作指南

本实例的具体操作步骤如下：

**1** 启动Excel 2013，单击单元格A1，输入"员工登记表"，按Enter键确认输入的内容，然后选择单元格区域A1:F1，如图9-37所示。

**2** 切换到功能区中的"开始"选项卡，在"对齐方式"组中单击"合并后居中"按钮，然后将标题设置为黑体，字号设置为20，效果如图9-38所示。

图9-37 输入标题

图9-38 设置标题格式

**3** 单击单元格A2并输入"编号"，按Tab键依次在单元格区域B2:F2中输入"姓名"、"性别"、"年龄"、"入厂时间"、"职务"等，如图9-39所示。

**4** 单击单元格A3并输入C09001，然后将光标指向单元格A3右下角的填充柄，当光标形状变为+时向下拖动至A10，释放鼠标后的结果如图9-40所示。

图9-39 输入表格的标题

图9-40 在单元格中快速填充编号

**5** 单击"文件"选项卡，在弹出的菜单中单击"选项"命令，打开"Excel选项"对话框，选择左侧的"高级"选项，在右侧的"常规"选项组单击"编辑自定义列表"按钮，打开"自定义序列"对话框。在"输入序列"文本框中依次输入员工姓名，每输入一个姓名后按Enter键，如图9-41所示。

**6** 单击"确定"按钮，返回Excel工作表。在单元格B3中输入刚才自定义序列的第1个姓名"吴峻"，然后拖动鼠标至单元格B10，如图9-42所示。

图9-41 "自定义序列"对话框

图9-42 利用自定义序列快速填充姓名

**7** 选择单元格区域C3:C10，然后切换到功能区中的"数据"选项卡，在"数据工具"组中单击"数据验证"按钮，打开"数据验证"对话框。在"设置"选项组中的"允许"下拉列表框中选择"序列"选项，然后在"来源"文本框中输入"男，女"，如图9-43所示。

**8** 单击"确定"按钮，然后分别为每位员工选择相应的性别，如图9-44所示。

图9-43 设置数据有效性

图9-44 选择性别

**9** 分别输入年龄、入厂时间和职务，如图9-45所示。

**10** 选择单元格区域A2:F10，切换到功能区中的"开始"选项卡，在"对齐方式"选项组中单击"居中"按钮，结果如图9-46所示。

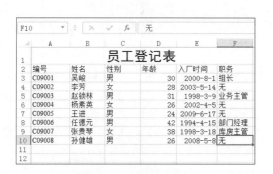

图9-45 输入其他数据

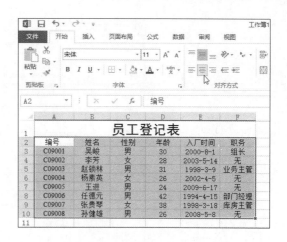

图9-46 设置对齐方式

**11** 完成表格的制作后，单击快速访问工具栏中的"保存"按钮，将工作簿保存起来。

### 9.6.3 实例总结

本实例复习了本章中关于Excel中数据输入的操作方法和应用技巧，主要用到以下一些知识点：

- 输入文本、日期和数值
- 快速填充数据
- 创建自定义序列
- 设置数据的有效性
- 快速设置表格的格式

# 9.7

## 提高办公效率的诀窍

## 窍门 1：设置新建工作簿的默认格式

默认情况下，新建的工作簿的字号为11磅、使用普通视图、包含1个工作表等。若想在新建工作簿时使用不同的默认格式，可以按照下述步骤进行修改：

**1** 单击"文件"选项卡，在弹出的菜单中单击"选项"，打开"Excel选项"对话框。

**2** 单击左侧窗格中的"常规"选项，然后在右侧窗格的"新建工作簿时"选项组内进行修改，如图9-47所示。

图9-47 设置新建工作簿的格式

**3** 单击"确定"按钮。

## 窍门2：通过"自动保存"功能避免工作表数据意外丢失

表格编辑过程中意外情况是不可预测的，造成损失也是在所难免。通过Excel提供的"自动保存"功能，可以使发生意外时的损失降低到最小。具体设置方法如下：

**1** 单击"文件"选项卡，在弹出的菜单中选择"选项"，打开"Excel选项"对话框。

**2** 单击左侧窗格中的"保存"选项，然后在右侧窗格的"保存工作簿"选项组中将"保存自动恢复信息时间间隔"设置为合适的时间，数值越小，恢复的完整性越好，一般建议设置为5分钟，如图9-48所示。

图9-48 设置自动保存时间

## 窍门3：速选所有数据类型相同的单元格

有时需要选择某一类型的数据，但这些数据数量多而且又比较分散，可以利用工具快速选取所有数据类型相同的单元格。下面以选择工作表中所有内容都是文本的单元格为例，具体操作步骤如下：

**1** 切换到功能区中的"开始"选项卡，然后单击"编辑"组中的"查找和选择"按钮，在弹出的菜单中选择"定位条件"命令，打开如图9-49所示的"定位条件"对话框。

**2** 选中"常量"单选按钮，然后选中"文本"复选框。单击"确定"按钮。

图9-49 "定位条件"对话框

## 窍门4：一次删除所有空白的行

当表格中有空白行时，可以视为是一条不完整的数据，若希望删除所有不完整的数据，就必须先学会如何选出这些数据的技巧。

**1** 先选择"应发工资"所在的列，接着单击"开始"选项卡的"编辑"组中的"查找和选择"按钮，在弹出的下拉列表中选择"定位条件"选项，打开如图9-50所示的"定位条件"对话框。

**2** 选择"空值"单选按钮，然后单击"确定"按钮，这样就能选出所有的空白行。在选择的单元格上单击右键，在弹出的快捷菜单中选择"删除"命令（见图9-51），打开"删除"对话框，选择"整行"单选按钮，再单击"确定"按钮，就能删除"应发工资"列中是空白的数据行。

图9-50 "定位条件"对话框             图9-51 选择"删除"命令

## 窍门5：查找特定格式的单元格

如果需要查找文件中某个格式的所有单元格，可以按照下述步骤进行操作：

**1** 按Ctrl+F组合键，打开"查找和替换"对话框。

**2** 单击"查找"按钮，然后单击"格式"按钮右侧的向下箭头，选择"从单元格选择格式"命令，如图9-52所示。

**3** 此时光标会变成🔵🖊状，单击一个要查找的特定格式的单元格。

**4** 单击"查找全部"按钮，即可在"查找和替换"对话框的下方列出所有符合条件的单元格，如图9-53所示。

图9-52 指定查找特定的格式

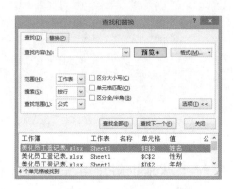

图9-53 找到含有特定格式的单元格

## 窍门6：为单元格添加批注

批注是补充单元格内容的说明，以便日后了解创建时的想法，或供其他用户参考。

如果要为单元格添加批注，可以按照下述步骤进行操作：

**1** 选定要添加批注的单元格，切换到功能区中的"审阅"选项卡，单击"批注"组中的"新建批注"按钮，该单元格的右上角会出现一个红色的小三角，同时弹出批注框。

**2** 在批注框中输入批注，过程如图9-54所示。

图9-54 添加批注

**3** 单击批注框外任意位置完成批注的插入。

当用户将鼠标指向带有红色小三角的单元格时，会弹出显示相关联的批注。当鼠标移到工作表的其他位置时，会自动隐藏批注。

# 10

## 第 10 章
# 工作表的数据编辑与格式设置

在工作表中输入数据后，有时需要对这些数据进行修改，而对于像货币类、对日期格式有特殊要求的数据，一般都希望在工作表中可以体现出来，这时就需要设置数据的格式。本章将介绍在Excel中编辑数据与设置格式的方法和技巧，包括编辑Excel工作表数据、设置工作表中数据格式以及美化工作表外观等，最后通过一个综合实例巩固所学的内容。

### 教学目标 ›››››››››››››››››››››

通过本章的学习，你能够掌握如下内容：

※ 对工作表中的行、列及单元格进行操作

※ 快速编辑Excel工作表的数据

※ 设置工作表的数据格式

# 10.1
## 工作表中的行与列操作

本节将介绍一些关于工作表行列操作的基本方法，包括选择行和列，插入、删除行和列，隐藏或显示行和列。

## 10.1.1　选择表格中的行和列

选择表格中的行和列是对其进行操作的前提。选择表格行主要分为选择单行、选择连续的多行以及选择不连续的多行3种情况。

- 选择单行：将光标移动到要选择行的行号上，当光标变为 ➡ 形状时单击，即可选择该行。
- 选择连续的多行：单击要选择的多行中最上面一行的行号，按住鼠标左键并向下拖动至选择区域的最后一行，即可同时选择该区域的所有行。
- 选择不连续的多行：按住 Ctrl 键的同时，分别单击要选择的多个行的行号，即可同时选择这些行。

同样，选择表格列也分为选择单列、选择连续的多列以及选择不连续的多列3种情况。

- 选择单列：将光标移动到要选择列的列标上，当光标变为 ⬇ 形状时单击，即可选择该列。
- 选择连续的多列：单击要选择的多列中最左面一列的列标，按住鼠标左键并向右拖动至选择区域的最后一列，即可同时选择该区域的所有列。
- 选择不连续的多列：按住 Ctrl 键的同时，分别单击要选择的多个列的列标，即可同时选择这些列。

## 10.1.2　插入与删除行和列

 实战练习素材：光盘\素材\第10章\原始文件\插入行和列.xlsx

与一般在纸上绘制表格的概念有所不同，Excel是电子表格软件，它允许用户建立最初的表格后，还能够补充一个单元格、整行或整列，而表格中已有的数据将按照命令自动迁移，以腾出插入的空间。

要插入行，可以选择该行，切换到功能区中的"开始"选项卡，单击"单元格"组中的"插入"按钮右侧的向下箭头，从下拉菜单中选择"插入工作表行"命令，新行出现在选择行的上方，如图10-1所示。

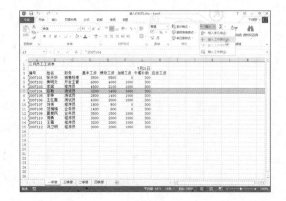

图10-1　插入新行

要插入列，可以选择该列，切换到功能区中的"开始"选项卡，单击"单元格"组中的"插入"按钮右侧的向下箭头，从下拉菜单中选择"插入工作表列"命令，新列出现在选择列的左侧，如图10-2所示。

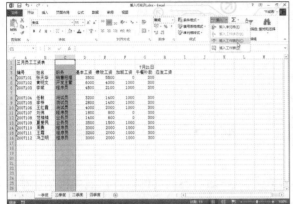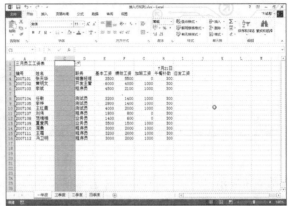

图10-2 插入新列

右击要插入行的行号，在弹出的快捷菜单中选择"插入"命令，将在右击行的上方插入一个新行；右击要插入列的列标，在弹出的快捷菜单中选择"插入"命令，将在右击列的左侧插入一个新列。

删除行或列时，它们将从工作表中消失，其他的单元格移到删除的位置，以填补留下的空隙。

选择要删除的行，切换到功能区中的"开始"选项卡，单击"单元格"组中的"删除"按钮，从下拉菜单中选择"删除工作表行"命令。选择要删除的列，切换到功能区中的"开始"选项卡，单击"单元格"组中的"删除"按钮，从下拉菜单中选择"删除工作表列"命令。

右击要删除行的行号，在弹出的快捷菜单中选择"删除"命令，将删除当前选择的行；右击要删除列的列标，在弹出的快捷菜单中选择"删除"命令，将删除当前选择的列。

## 10.1.3 隐藏或显示行和列

 实战练习素材：光盘\素材\第10章\原始文件\隐藏或显示行和列.xlsx

对于表格中某些敏感或机密数据，有时不希望让其他人看到，可以将这些数据所在的行或列隐藏起来，待需要时再将其显示出来。具体操作步骤如下：

**1** 右击表格中要隐藏行的行号，如第5行，在弹出的快捷菜单中选择"隐藏"命令，即可将该行隐藏起来，如图10-3所示。

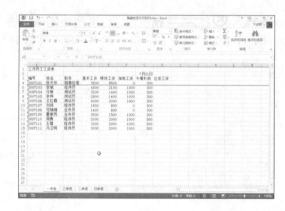

图10-3 隐藏表格中的第5行

**2** 要重新显示第5行，则需要同时选择相邻的第4行和第6行，然后右击选择的区域，在弹出的快捷菜单中选择"取消隐藏"命令，即可重新显示第5行。

另一种隐藏或显示行和列的方法是，选择要隐藏的行或列，然后切换到功能区中的"开始"选项卡，单击"单元格"组中"格式"按钮的向下箭头，在弹出的下拉菜单中选择"隐藏和取消隐藏"命令，再从子菜单中选择相应的命令，即可完成隐藏或显示行和列的操作。

# 10.2
## 工作表中的单元格操作

用户在工作表中输入数据后，经常需要对单元格进行操作，包括选择一个单元格中的数据或者选择一个单元格区域中的数据，以及插入与删除单元格等操作。

## 10.2.1 选择单元格

选择单元格是对单元格进行编辑的前提，选择单元格包括选择一个单元格、选择单元格区域和选择全部单元格3种情况。

### 1. 选择一个单元格

选择一个单元格的方法有以下3种：

- 单击要选择的单元格，即可将其选中。这时该单元格的周围出现选择框，表明它是活动单元格。
- 在名称框中输入单元格引用，例如，输入 C15，按 Enter 键，即可快速选择单元格 C15。
- 切换到功能区中的"开始"选项卡，在"编辑"组中单击"查找和选择"按钮，在弹出的菜单中选择"转到"命令，打开"定位"对话框，在"引用位置"文本框中输入单元格引用，然后单击"确定"按钮，如图 10-4 所示。

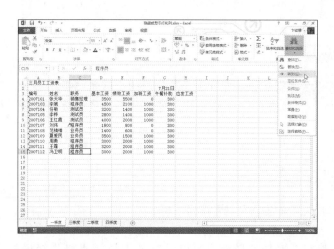

图10-4 "定位"对话框

## 2. 快速将选择框移至表格上下左右边界

要在大型表格中将单元格选择框移动到表格尽头是一件很花工夫的事，在此介绍一些方便的快捷键，只要使用介绍的方法，就能够瞬间将选择框移至表格的上下左右边界。如果想直接利用鼠标来移动选择框，那么只需要双击选择框的某一边即可。注意，如果表格中有空白单元格，那么这个空白单元格将被视为表格的边界，而无法利用快捷键将选择框移到表格实际的尽头。

如果要让选择框迅速移到表格上下左右的边界，可以按住Ctrl键再以方向键移动选择框。此外，如果想要移到单元格A1的位置，只需按Ctrl+Home组合键，如果要移到表格右下角的尽头，只需按Ctrl+End组合键。

## 3. 选择多个单元格

用户可以同时选择多个单元格，称为单元格区域。选择多个单元格又可分为选择连续的多个单元格和选择不连续的多个单元格，具体选择方法如下：

- 选择连续的多个单元格：单击要选择的单元格区域内的第一个单元格，拖动鼠标至选择区域内的最后一个单元格，释放鼠标左键后即可选择单元格区域，如图 10-5 所示。
- 选择不连续的多个单元格：按住 Ctrl 键的同时单击要选择的单元格，即可选择不连续的多个单元格，如图 10-6 所示。

图10-5 选择连续的多个单元格　　　　　　图10-6 选择不连续的多个单元格

### 4. 选择全部单元格

选择工作表中全部单元格有以下两种方法：

- 单击行号和列标的左上角交叉处的"全选"按钮，即可选择工作表的全部单元格。
- 单击数据区域中的任意一个单元格，然后按 Ctrl+A 组合键，可以选择连续的数据区域；单击数据区域中的空白单元格，再按 Ctrl+A 组合键，可以选择工作表中的全部单元格。

## 10.2.2 插入与删除单元格

 实战练习素材：光盘\素材\第10章\原始文件\插入与删除单元格.xlsx

如果工作表中输入的数据有遗漏或者准备添加新数据，可以进行插入单元格操作轻松解决。例如，本例中的D9:D14发生数据错位，需要将D9:D14中的数据向下移动一个单元格，然后在D9中输入"2300"。具体操作步骤如下：

**1** 单击单元格D15，按Delete键将其中的数据删除。

**2** 右击单元格D9，在弹出的快捷菜单中选择"插入"命令，打开"插入"对话框，选中"活动单元格下移"单选按钮。

**3** 单击"确定"按钮，在光标处插入一个空白单元格，在其中输入"2300"，并按Enter键确认即可，如图10-7所示。

 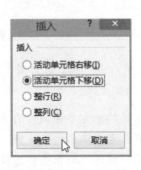 

图10-7 插入单元格

对于表格中多余的单元格，可以将其删除。删除单元格不仅可以删除单元格中的数据，同时还将选中的单元格本身删除。右击要删除的单元格，在弹出的快捷菜单中选择"删除"命令，打开如图10-8所示的"删除"对话框。根据需要选择适当的选项即可。

图10-8 "删除"对话框

用户还可以选中要删除的单元格区域，切换到功能区中的"开始"选项卡，在"单元格"组中单击"删除"按钮，在弹出的菜单中选择"删除单元格"命令，在打开的"删除单元格"对话框中选择适当的选项即可。

## 10.2.3 合并与拆分单元格

 实战练习素材：光盘\素材\第10章\原始文件\合并与拆分单元格.xlsx

如果用户希望将两个或两个以上的单元格合并为一个单元格，或者将表格标题同时输入到几个单元格中，这时就可以通过合并单元格的操作来完成。

合并单元格的具体操作步骤如下：

**1** 选择要合并的单元格区域，切换到功能区中的"开始"选项卡，单击"对齐方式"组右下角的"对齐设置"按钮 🔲，打开如图10-9所示的"设置单元格格式"对话框。

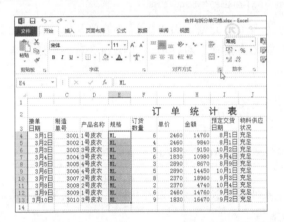 

图10-9 "设置单元格格式"对话框

**2** 切换到"对齐"选项卡，选中"合并单元格"复选框，单击"确定"按钮。合并后的单元格如图10-10所示。

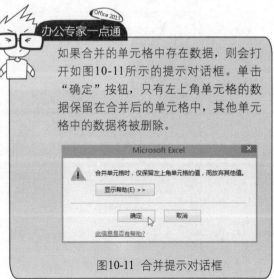

图10-10 合并单元格

**办公专家一点通**

如果合并的单元格中存在数据，则会打开如图10-11所示的提示对话框。单击"确定"按钮，只有左上角单元格的数据保留在合并后的单元格中，其他单元格中的数据将被删除。

图10-11 合并提示对话框

另外，为了将标题居于表格的中央，可以利用"合并后居中"功能。选择好要合并的单元格区域后，切换到功能区中的"开始"选项卡，在"对齐方式"组中单击"合并后居中"按钮右侧的向下箭头，在弹出的菜单中选择"合并后居中"命令，则可以在合并单元格后使文字在单元格中水平垂直居中，如图10-12所示。

图10-12　对单元格区域A1:J1合并后居中的效果

对于已经合并的单元格，需要时可以将其拆分为多个单元格。右击要拆分的单元格，在弹出的快捷菜单中选择"设置单元格格式"命令，打开"设置单元格格式"对话框，切换到"对齐"选项卡，撤选"合并单元格"复选框即可。

## 10.2.4　将单元格中的文字转成垂直方向

 实战练习素材：光盘\素材\第10章\原始文件\将单元格中的文字转成垂直方向.xlsx

如果让部分单元格中的文字以垂直方向显示，有时可让表格显得更容易阅读，举例来说，我们让横跨几行的大标题以垂直方向显示，标题就显得更为醒目了。

**1** 要想将单元格中的文字改为竖排，只需选择该单元格区域，然后单击鼠标右键，在弹出的快捷菜单中选择"设置单元格格式"命令，打开"设置单元格格式"对话框，如图10-13所示。

图10-13　"设置单元格格式"对话框

**2** 在"对齐"选项卡中的"方向"区单击"垂直文本框"（如果要还原为水平方向，则单击旁边的"水平文本框"），然后选中"合并单元格"复选框。

**3** 单击"确定"按钮，结果如图10-14所示。

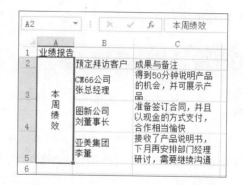

图10-14 将单元格中的文字改成垂直方向

# 10.3
## 编辑表格数据

本节将介绍一些编辑表格数据的方法，包括修改数据、移动和复制数据、删除数据格式以及删除数据内容等。

## 10.3.1 修改数据

 实战练习素材：光盘\素材\第10章\原始文件\修改数据.xlsx

当对当前单元格中的数据进行修改，遇到原数据与新数据完全不一样时，可以重新输入；当原数据中只有个别字符与新数据不同时，可以使用两种方法来编辑单元格中的数据：一种是直接在单元格中进行编辑；另一种是在编辑栏中进行编辑。

- 在单元格中修改：双击准备修改数据的单元格，或者选择单元格后按 F2 键，将光标定位到该单元格中，通过按 Backspace 键或 Delete 键可将光标左侧或光标右侧的字符删除，然后输入正确的内容后按 Enter 键确认，如图 10-15 所示。

图10-15 在单元格中修改数据

- 在编辑栏中修改：单击准备修改数据的单元格（该内容会显示在编辑栏中），然后单击编辑栏，对其中的内容进行修改即可，尤其是单元格中的数据较多时，利用编辑栏来修改很方便。

在编辑过程中，如果出现误操作，则单击快速启动工具栏上的"撤销"按钮来撤销误操作。

## 10.3.2　移动表格数据

实战练习素材：光盘\素材\第10章\原始文件\移动表格数据.xlsx

创建工作表后，可能需要将某些单元格区域的数据移动到其他的位置，这样可以提高工作效率，避免重复输入。下面介绍两种移动表格数据的方法。

- 选择准备移动的单元格，切换到功能区中的"开始"选项卡，单击"剪贴板"组中的"剪切"按钮。单击要将数据移动到的目标单元格，单击"剪贴板"组中的"粘贴"按钮，如图 10-16 所示。

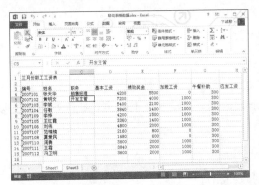

图10-16 利用剪贴板移动表格数据

- 选择要移动的单元格，将光标指向单元格的外框，当光标形状变为 ✥ 时，按住鼠标左键向目标位置拖动，到合适的位置后释放鼠标左键即可，如图 10-17 所示。

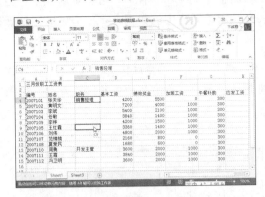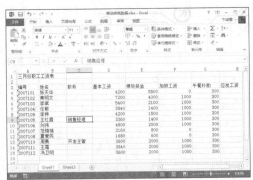

图10-17 利用拖动法移动表格数据

**办公专家一点通**

右击准备移动数据的单元格，在弹出的快捷菜单中选择"剪切"命令，然后右击目标单元格，在弹出的快捷菜单中选择"粘贴"命令，也可以快速移动单元格中的数据。

## 10.3.3 以插入方式移动数据

 实战练习素材：光盘\素材\第10章\原始文件\以插入方式移动数据.xlsx

利用前一节的方法移动单元格数据时，会将目标位置的单元格区域中的内容替换为新的内容。如果不想覆盖区域中已有的数据，而只是在已有的数据区域之间插入新的数据，例如，将编号为2007109的一行移到2007110一行之前，则以插入方式移动数据。具体操作步骤如下：

**1** 选择需要移动的单元格区域，将鼠标指向选择区域的边框上。

**2** 按住Shift键，然后按住鼠标左键拖至新位置，鼠标指针将变成Ⅰ形柱，同时鼠标指针旁边会出现提示，指示被选择区域将插入的位置。

**3** 释放鼠标后，原位置的数据将向下移动，移动过程如图10-18所示。

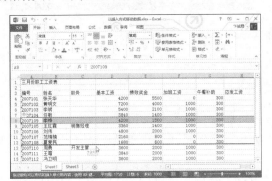 

图10-18 以插入方式移动数据

## 10.3.4 复制表格数据

相同的数据可以通过复制的方式输入，从而节省时间，提高效率。下面介绍几种复制表格数据的方法：

- 单击要复制的单元格，切换到功能区中的"开始"选项卡，在"剪贴板"组中单击"复制"按钮。单击要将数据复制到的单元格，然后在"剪贴板"组中单击"粘贴"按钮。
- 将光标移动到要复制数据的单元格边框，当光标形状变为 ⌖ 时，同时按住 Ctrl 键与鼠标左键向目标位置拖动，到合适位置后释放鼠标左键即可。
- 右击准备复制数据的单元格，在弹出的快捷菜单中选择"复制"命令，然后右击目标单元格，在弹出的快捷菜单中选择"粘贴"命令，也可以快速复制单元格中的数据。

## 10.3.5 删除单元格数据格式

 实战练习素材：光盘\素材\第10章\删除单元格数据格式.xlsx

用户可以删除单元格中的数据格式，而仍然保留内容。单击要删除格式的单元格，切换到功能区中的"开始"选项卡，然后在"编辑"组中单击"清除"按钮，在弹出的菜单中选择"清除格式"命令，即可清除选定单元格中的字体格式，并恢复到Excel的默认格式，如图10-19所示。

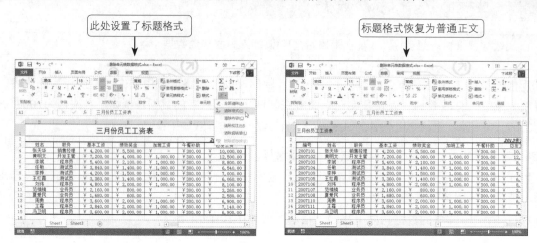

图10-19 删除单元格数据格式

## 10.3.6 删除单元格内容

删除单元格中的内容是指删除单元格中的数据，单元格中设置数据的格式并没有被删除，如果再次输入数据仍然以设置的数据格式显示输入的数据，例如单元格的格式为货币型，删除内容后再次输入数据，数据的格式仍为货币型数据。

单击要删除内容的单元格，切换到功能区中的"开始"选项卡，然后在"编辑"组中单击"清除"按钮，在弹出的菜单中选择"清除内容"命令，将删除单元格中的内容。

办公专家一点通

如果单击"编辑"组中的"清除"按钮，在弹出的菜单中选择"全部清除"命令，则既可清除单元格中的内容，又可以删除单元格中的数据格式。

## 10.3.7 复制单元格中的特定内容

 实战练习素材：光盘\素材\第10章\复制单元格中的特定内容.xlsx

用户可以复制单元格中的特定内容，例如，创建一个工资表时，已经输入了每位员工的工资，后来公司决定将每位员工的工资上涨20%，这时，就可以利用"选择性粘贴"命令完成这项工作。具体操作步骤如下：

**1** 在工作表的一个空白单元格中输入数值1.2。

**2** 单击"开始"选项卡中的"复制"按钮，将该数据复制到剪贴板中。

**3** 选定要增加工资的数据区域。

**4** 单击"开始"选项卡中的"粘贴"按钮的向下箭头，在弹出的菜单中选择"选择性粘贴"命令，整个

过程如图10-20所示。

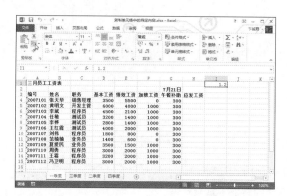

图10-20 复制特定的内容

**5** 打开"选择性粘贴"对话框，在"粘贴"选项组内选中"数值"单选按钮，在"运算"选项组内选中"乘"单选按钮。

**6** 单击"确定"按钮，即可使选定的数值增加20%，如图10-21所示。

图10-21 所有的数值增加了20%

## 10.3.8 在保持表格列宽的前提下复制数据

粘贴数据时，往往会因列宽不足而使数据溢出单元格，这是因为复制位置的列宽与复制来源的单元格列宽不一致所造成。

为了解决这个问题，在选择表格时必须连工作表的列标一起选择，这样就能在维持表格列宽的前提下复制数据。如果是以单元格为单位复制表格时，可以在粘贴数据之后单击"粘贴选项"按钮，从中选择"保留源列宽"选项，也能达到相同的目的。

选择包含整列的数据表格，接着按住Ctrl键再拖曳表格边框，就能够复制出相同列宽的表格，如图10-22所示。注意，如果不按住Ctrl键而直接拖曳表格边框的话，只会移动表格而已。

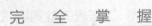

图10-22 在保持表格列宽的前提下复制数据

办公专家一点通

如果仅复制表格的单元格区域的话，会出现"粘贴选项"按钮，单击此按钮，再单击"保留源列宽"选项，如图10-23所示。

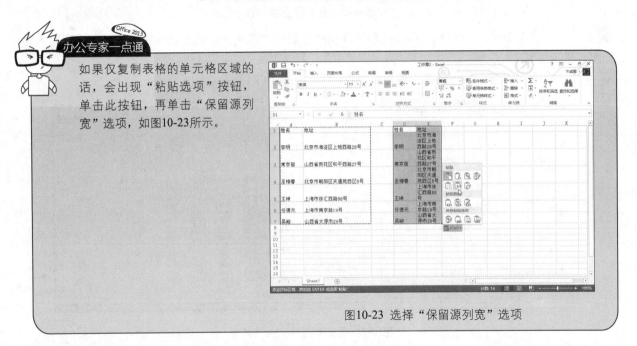

图10-23 选择"保留源列宽"选项

# 10.4

## 设置工作表中的数据格式

为了使制作的表格更加美观，还需要对工作表进行格式化。本节将介绍设置数据格式的各种方法，包括设置字体格式（与Word设置方法类似）、设置对齐方式、设置数字格式、设置日期和时间、设置表格的边框、添加表格的填充效果、调整列宽与行高、快速套用表格格式以及设置条件格式等。

## 10.4.1 设置字体格式

实战练习素材：光盘\素材\第10章\原始文件\设置字体格式.xlsx
最终结果文件：光盘\素材\第10章\结果文件\设置字体格式.xlsx

设置字体格式包括对文字的字体、字号、颜色等进行设置，以符合表格的标准。下面将介绍设置字体格式的具体操作方法：

**1** 选定要设置字体格式的单元格，切换到功能区中的"开始"选项卡，单击"字体"选项组中的"对话框启动器"按钮，打开"设置单元格格式"对话框。

**2** 设置字体为"隶书"，选择字形为加粗，选择字号为24，选择字体颜色为"红色"，单击"确定"按钮，结果如图10-24所示。

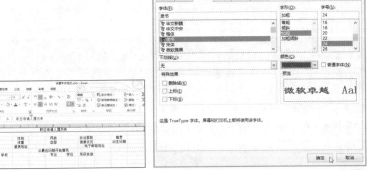

图10-24 设置字体格式

办公专家一点通

选定准备设置字体的单元格，切换到功能区中的"开始"选项卡，在"字体"组中单击"字体"下拉列表框右侧的向下箭头，选择所需的字体；单击"字号"下拉列表框右侧的向下箭头，即可设置字号等。

## 10.4.2 设置字体对齐方式

输入数据时，文本靠左对齐，数字、日期和时间靠右对齐。为了使表格看起来更加美观，可以改变单元格中数据的对齐方式，但是不会改变数据的类型。

字体对齐方式包括水平对齐和垂直对齐两种，其中水平对齐包括靠左、居中和靠右等；垂直对齐方式包括靠上、居中和靠下等。

"开始"选项卡的"对齐方式"选项组中提供了几个设置水平对齐方式的按钮，如图10-25所示。

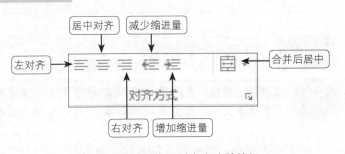

图10-25 设置水平对齐方式的按钮

- 单击"左对齐"按钮，使所选单元格内的数据左对齐。
- 单击"居中对齐"按钮，使所选单元格内的数据居中。
- 单击"右对齐"按钮，使所选单元格内的数据右对齐。
- 单击"减少缩进量"按钮，活动单元格中的数据向左缩进。
- 单击"增加缩进量"按钮，活动单元格中的数据向右缩进。
- 单击"合并后居中"按钮，使所选的单元格合并为一个单元格，并将数据居中。

除了可以设置单元格的水平对齐方式外，还可以设置垂直对齐方式以及数据在单元格中的旋转角度，设置垂直对齐方式的按钮，如图10-26所示。

图10-26 设置垂直对齐方式的按钮

**办公专家一点通**

如果要详细设置字体对齐方式，可以选择单元格后，切换到功能区中的"开始"选项卡，单击"对齐方式"组右下角的"对齐设置"按钮，打开"设置单元格格式"对话框并选择"对齐"选项卡，可以分别在"水平对齐"和"垂直对齐"下拉列表框中选择所需的对齐方式，如图10-27所示。例如，在"水平对齐"下拉列表框中可以选择"分散对齐"选项，使单元格的内容撑满单元格，在"水平对齐"下拉列表框中可以选择"填充"，使单元格的内容重复复制直至填满单元格等。

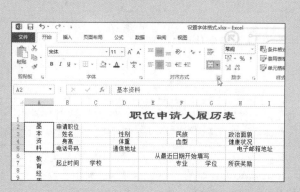

图10-27 "对齐"选项卡

## 10.4.3 设置数字格式

实战练习素材：光盘\素材\第10章\原始文件\快速设置数字格式.xlsx
最终结果文件：光盘\素材\第10章\结果文件\快速设置数字格式.xlsx

在工作表的单元格中输入的数字，通常按照常规格式显示，但是这种格式可能无法满足用户的要求，例如，财务报表中的数据常用的是货币格式。

Excel 2013提供了多种数字格式，并且进行了分类，如常规、数字、货币、特殊和自定义等。通过应用不同的数字格式，可以更改数字的外观，数字格式并不影响Excel用于执行计算的实际单元格值，实际值显示在编辑栏中。

在"开始"选项卡中，"数字"组内提供了几个快速设置数字格式的按钮，如图10-28所示。

- 单击"会计数字格式"按钮，可以在原数字前添加货币符号，并且增加两位小数。
- 单击"百分比样式"按钮，将原数字乘以100，再在数字后加上百分号。
- 单击"千位分隔样式"按钮，在数字中加入千位符。
- 单击"增加小数位数"按钮，使数字的小数位数增加一位。
- 单击"减少小数位数"按钮，使数字的小数位数减少一位。

例如，要为单元格添加货币符号，可以按照下述步骤进行操作：

选定要设置格式的单元格或区域，切换到功能区中的"开始"选项卡，单击"数字"组中"会计数字格式"按钮右侧的向下箭头，从下拉列表中选择"中文（中国）"。此时，选定的数字添加了货币符号，同时增加了两位小数，如图10-29所示。

图10-28 设置数字格式的按钮

 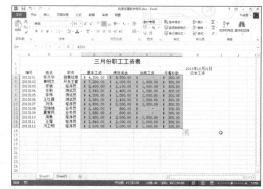

图10-29 添加货币符号的数字格式

**办公专家一点通**

右击选定要设置数字格式的单元格区域，在弹出的快捷菜单中选择"设置单元格格式"命令，打开"设置单元格格式"对话框，切换到"数字"选项卡，在"分类"列表框中选择"数值"选项，在右侧的"小数位数"微调框中输入小数的位数，还可以进一步设置负数的格式，如图10-30所示。

图10-30 "数字"选项卡

271

## 10.4.4 设置日期和时间格式

实战练习素材：光盘\素材\第10章\原始文件\设置日期和时间格式.xlsx
最终结果文件：光盘\素材\第10章\结果文件\设置日期和时间格式.xlsx

在Excel中输入的日期默认格式为"xxxx-xx-xx"，但是有时需要将日期显示为如"xxxx年xx月xx日"的格式，这时需要对单元格中日期的格式进行设置。具体操作步骤如下：

**1** 选定要设置数字格式的单元格区域，右击选定的区域，在弹出的快捷菜单中选择"设置单元格格式"命令，打开"设置单元格格式"对话框。

**2** 切换到"数字"选项卡，在"分类"列表框中选择"日期"选项，在右侧的"类型"列表框中选择"2012年3月14日"选项，单击"确定"按钮，如图10-31所示。

| E | F | G | H |
|---|---|---|---|
| 生日 | 身高 | 体重 | 电子邮件地址 |
| 1980年2月9日 | 167 | 52 | xia@126.com |
| 1976年11月12日 | 172 | 67 | Zxb@sohu.com |
| 1979年10月14日 | 160 | 48 | WY@sina.com |
| 1980年3月14日 | 176 | 82 | LAM@126.com |
| 1984年2月3日 | 161 | 47 | JSY@126.com |
| 1978年4月16日 | 170 | 78 | LYC@sohu.com |
| 1981年11月14日 | 171 | 70 | LAZ@sohu.com |
| 1978年2月4日 | 165 | 46 | BSH@sina.com |
| 1977年4月9日 | 172 | 66 | WJ@sina.com |
| 1978年5月10日 | 168 | 49 | WSF@sina.com |
| 1976年9月12日 | 160 | 51 | LJM@126.com |
| 1977年10月14日 | 175 | 68 | JJ@sina.com |
| 1980年12月10日 | 176 | 74 | XGM@sina.com |
| 1976年7月3日 | 167 | 52 | LP@126.com |
| 1982年3月4日 | 163 | 49 | ZLL@126.com |

图10-31 设置日期格式

办公专家一点通

用户还可以切换到功能区中的"开始"选项卡，在"数字"组中单击"数字格式"下拉列表框右侧的向下箭头，从弹出的下拉列表中选择"长日期"选项进行设置。

## 10.4.5 设置表格的边框

实战练习素材：光盘\素材\第10章\原始文件\设置表格的边框.xlsx
最终结果文件：光盘\素材\第10章\结果文件\设置表格的边框.xlsx

为了打印有边框线的表格，可以为表格添加不同线型的边框。具体操作步骤如下：

**1** 选择要设置边框的单元格区域，切换到功能区中的"开始"选项卡，在"字体"组中单击"边框"按钮，在弹出的菜单中选择"其他边框"命令，打开"设置单元格格式"对话框并切换到"边框"选项卡，如图10-32所示。

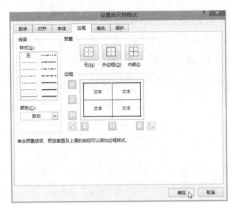

图10-32 "边框"选项卡

**2** 在该选项卡中可以进行如下设置：

- "样式"列表框：选择边框的线条样式，即线条形状。
- "颜色"下拉列表框：选择边框的颜色。
- "预置"选项组：单击"无"按钮将清除表格线；单击"外边框"按钮为表格添加外边框；单击"内部"按钮为表格添加内部边框。
- "边框"选项组：通过单击该选项组中的8个按钮可以自定义表格的边框位置。

**3** 设置完毕后单击"确定"按钮，返回Excel工作表窗口即可看到设置效果，如图10-33所示。

**4** 为了看清添加的边框，请单击"视图"选项卡，撤选"显示/隐藏"组中的"网格线"复选框，即可隐藏网格线，如图10-34所示。

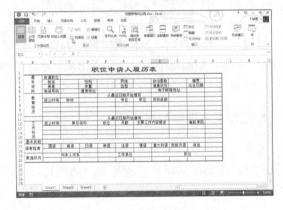

图10-33 设置表格边框　　　　　　　　　　　图10-34 隐藏网格线后的效果

## 10.4.6 设置表格的填充效果

实战练习素材：光盘\素材\第10章\原始文件\设置表格的填充效果.xlsx
最终结果文件：光盘\素材\第10章\结果文件\设置表格的填充效果.xlsx

　　Excel默认单元格的颜色是白色，并且没有图案。为了使表格中的重要信息更加醒目，可以为单元格添加填充效果。具体操作步骤如下：

**1** 选择要设置填充色的单元格区域。

**2** 切换到功能区中的"开始"选项卡，单击"字体"组中的"填充颜色"按钮右侧的向下箭头，从下拉列表中选择所需的颜色，结果如图10-35所示。

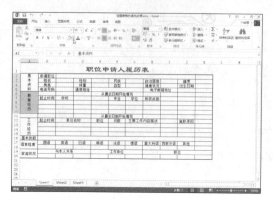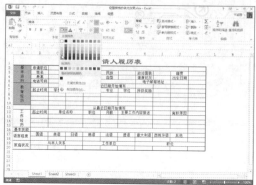

图10-35 设置表格的填充效果

办公专家一点通

选择要设置填充效果的单元格，切换到功能区中的"开始"选项卡，单击"字体"组右下角的"字体设置"按钮，打开"设置单元格格式"对话框并单击"填充"选项卡，可以设置背景色、填充效果、图案颜色和图案样式等。

## 10.4.7 调整表格列宽与行高

新建工作簿文件时，工作表中每列的宽度与每行的高度都相同。如果所在列的宽度不够，而单元格数据过长，则部分数据就不能完全显示出来。这时应该对列宽进行调整，使得单元格数据能够完整的显示。

行的高度一般会随着显示字体的大小变化而自动调整，但是用户也可根据需要调整行高。

### 1. 使用鼠标调整列宽

如果要利用鼠标拖动来调整列宽，则将鼠标指针移到目标列的右边框线上，待鼠标指针呈双向箭头显示时，拖动鼠标即可改变列宽，如图10-36所示。到达目标位置后，释放鼠标左键即可设置该列的列宽。

图10-36 改变列宽

## 2. 使用鼠标调整行高

如果要利用鼠标拖动来调整行高，则将鼠标指针移到目标行的下边框线上，待鼠标指针呈双向箭头显示时，拖动鼠标即可改变行高，如图10-37所示。到达目标位置后，释放鼠标左键即可设置该行的行高。

图10-37 改变行高

## 3. 使用命令精确设置列宽与行高

选择要调整的列或行，切换到功能区中的"开始"选项卡，单击"单元格"组中"格式"按钮右侧的向下箭头，在弹出的下拉菜单中选择"列宽"（"行高"）命令，打开如图10-38所示的"列宽"对话框（"行高"对话框），在文本框中输入具体的列宽值（行高值），然后单击"确定"按钮。

图10-38 调整列宽或行高

# 10.4.8 套用表格格式

 实战练习素材：光盘\素材\第10章\原始文件\套用表格格式.xlsx

Excel 2013中提供了"表"功能，可以将工作表中的数据套用"表"格式，即可实现快速美化表格外观的功能，具体操作步骤如下：

**1** 打开原始文件，选择要套用"表"样式的区域，然后切换到功能区中的"开始"选项卡，在"样式"组中单击"套用表格格式"按钮，在弹出的菜单中选择一种表格格式。

**2** 打开"套用表格式"对话框，确认表数据的来源区域正确，如图10-39所示。如果希望标题出现在套用格式后的表中，则选中"表包含标题"复选框。

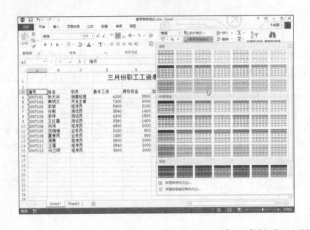
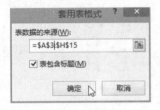

图10-39 "套用表格式"对话框

**3** 单击"确定"按钮，即可将表格式套用在选择的数据区域中，如图10-40所示。

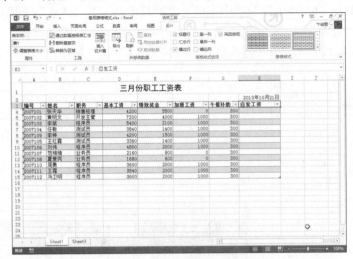

办公专家一点通

如果要将表转换为普通的区域，请单击"设计"选项卡的"工具"组中的"转换为区域"按钮，在弹出的提示对话框中单击"是"按钮。

图10-40 套用表格格式

## 10.4.9 设置条件格式

为了更容易查看表格中符合条件的数据，可以为表格数据设置条件格式。设置完成后，只要是符合条件的数据都将以特定的外观显示，既便于查找，也使表格更加美观。在Excel 2013中，可以使用Excel提供的条件格式设置数值，也可以根据需要自定义条件规则和格式进行设置。

### 1. 设置默认条件格式

实战练习素材：光盘\素材\第10章\原始文件\设置条件格式.xlsx
最终结果文件：光盘\素材\第10章\结果文件\设置条件格式.xlsx

为数据设置默认条件格式的具体操作步骤如下：

**1** 选择要设置条件格式的数据区域，如D4:G21，然后切换到功能区的"开始"选项卡，在"样式"组中单击"条件格式"按钮，在弹出的菜单中选择设置条件的方式。

**2** 选择"突出显示单元格规则"命令，从其子菜单中选择"介于"命令，打开如图10-41所示的"介于"对话框。在左侧和中间的文本框中输入条件的界限值，如分别输入85和95，表示是大于85分并小于95，在"设置为"下拉列表框中选择符合条件时数据显示的外观。

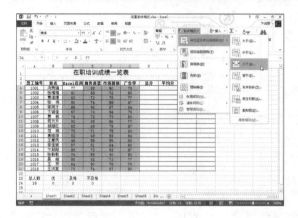

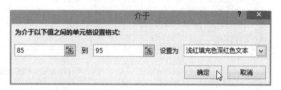

图10-41 "介于"对话框

**3** 单击"确定"按钮，即可看到应用条件格式后的效果，如图10-42所示。

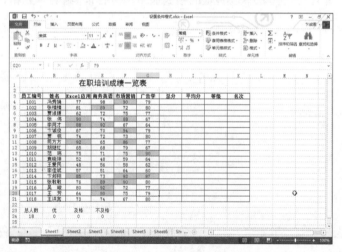

图10-42 应用条件格式快速设置单元格的格式

### 2. 设置自定义条件格式

> 实战练习素材：光盘\素材\第10章\原始文件\设置自定义条件格式.xlsx
> 最终结果文件：光盘\素材\第10章\结果文件\设置自定义条件格式.xlsx

除了直接使用默认条件格式外，还可以根据需要对条件格式进行自定义设置。例如，要显示总分前5名的数据，并以红色、加粗与斜体显示，具体操作步骤如下：

**1** 选择要应用条件格式的单元格区域H4:H21，切换到功能区中的"开始"选项卡，在"样式"组中单击"条件格式"按钮，在弹出的菜单中选择"新建规则"命令。

**2** 打开"新建格式规则"对话框，在列表框中选择"仅对排名靠前或靠后的数值设置格式"选项，在下方的文本框中输入"5"，然后单击"格式"按钮，如图10-43所示。

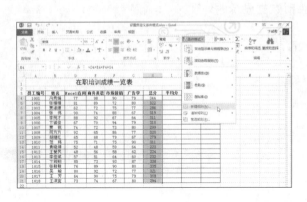

图10-43 "新建格式规则"对话框

**3** 打开"设置单元格格式"对话框，根据需要设置条件格式，如图10-44所示，然后单击"确定"按钮，返回"新建格式规则"对话框，可以预览设置效果。

**4** 单击"确定"按钮，即可在工作表中以特定的格式显示总分在前5名的单元格，如图10-45所示。

图10-44 设置自定义条件格式

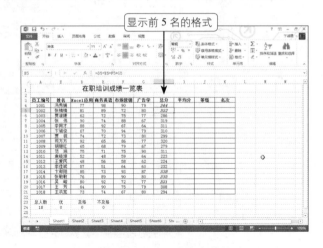

图10-45 显示了前5名的格式

### 3. 使用三色刻度标示单元格数据

三色刻度使用三种颜色的深浅程度来帮助用户比较某个区域的单元格。颜色的深浅表示值的高、中与低。例如，在红色、黄色和蓝色的三色刻度中，可以指定较高值单元格的颜色为红色，中间值单元格的颜色为黄色，而较低值单元格的颜色为蓝色。具体操作步骤如下：

**1** 选定单元格区域，切换到"开始"选项卡，单击"样式"组内的"条件格式"按钮，然后指向"色阶"右侧的箭头。

**2** 选择一种三色刻度，如图10-46所示是应用"红、黄、蓝"色阶的一个示例。在图中，红色值最大；深蓝色值最小。

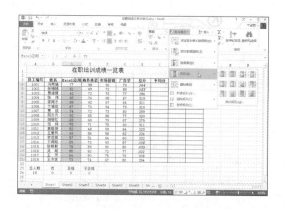
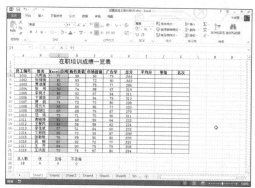

图10-46 利用三色刻度标示单元格数据

# 10.5

## 办公实例：美化员工登记表

本节将通过一个实例 —— 美化员工登记表，来巩固与拓展本章所学的知识，使读者能够真正将知识快速应用到实际工作中。

## 10.5.1 实例描述

本实例是上一章"员工登记表"的延续，将对员工登记表进行美化，主要涉及到以下内容：

- 设置表格标题栏的格式
- 设置员工出生日期的格式
- 设置表格的边框和底纹
- 在表格中插入图片

## 10.5.2 实例操作指南

实战练习素材：光盘\素材\第10章\原始文件\美化员工登记表.xlsx
最终结果文件：光盘\素材\第10章\结果文件\美化员工登记表.xlsx

本实例的具体操作步骤如下：

**1** 打开文件，选择单元格区域E3:E10，切换到功能区中的"开始"选项卡，在"数字"组中单击"数字格式"下拉按钮，在弹出的菜单中选择"长日期"命令，以改变日期格式，如图10-47所示。

**2** 选择表格的标题栏，设置字体为"楷体"，加粗字形，如图10-48所示。

**3** 选择表格的内容，切换到功能区中的"开始"选项卡，单击"字体"组右下角的"字体设置"按钮，打开"设置单元格格式"对话框，单击"边框"选项卡，选择线条样式，然后单击"外边框"按钮，再次选择线条样式，并单击"内部"按钮，可以分别设置外边框和内边框，如图10-49所示。

**4** 单击"确定"按钮，即可为表格添加不同的边框，如图10-50所示。

图10-47 设置出生日期的格式

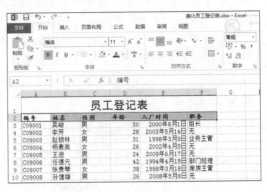

图10-48 设置表格的标题格式

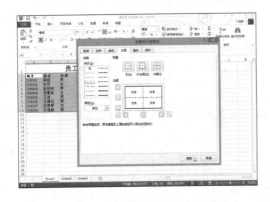

图10-49 "边框"选项卡

图10-50 添加表格边框

**5** 选择表格的内容，单击"开始"选项卡的"对齐方式"组中的"居中"按钮，使表格的内容在单元格内居中对齐。

**6** 选择表格的标题，然后单击"字体"组中的"填充颜色"按钮右侧的向下箭头，从下拉菜单中选择一种颜色，如图10-51所示。

**7** 切换到功能区中的"插入"选项卡，单击"插图"按钮在弹出的菜单中单击"联机图片"按钮，打开如图10-52所示的"剪贴画"窗口，在"搜索Office.com"文本框中输入关键字，然后单击"搜索"按钮。

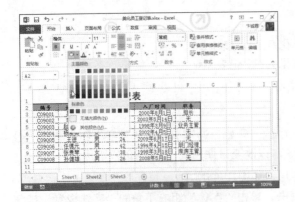

图10-51 设置表格的标题填充颜色

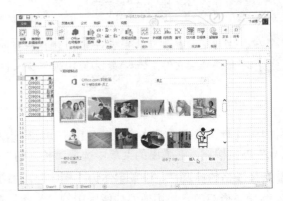

图10-52 打开"剪贴画"窗口

**8** 单击任务窗格中要插入的图片，然后在工作表中拖动图片四周的控制点，调整图片的大小，如图 10-53所示。

**9** 将图片移到表格中适当的位置，完成美化表格的工作，如图10-54所示。

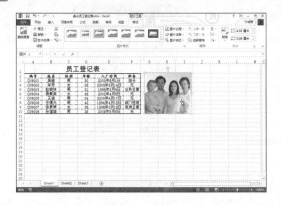

图10-53 插入图片

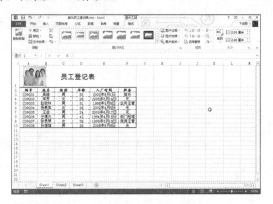

图10-54 美化表格

### 10.5.3 实例总结

本实例复习了本章中关于表格的数据格式设置、添加表格边框和底纹，以及插入图片等方法，主要用到本章所学的以下知识点：

- 设置日期格式
- 为表格添加边框
- 为单元格添加底纹
- 插入图片与调整图片的大小和位置

# 10.6
## 提高办公效率的诀窍

## 窍门1：在保持表格形状的前提下，将表格复制到其他工作表

如果希望重复使用Excel制作的表格，利用"复制/粘贴"的方式将表格复制到其他工作表的话，往往因为粘贴位置的列宽与原来不一致，而破坏表格的形状。

这里要将表格当作"图片"来复制，转换成"图片"的表格就不会受到列宽的限制，而且还能以拖曳的方式调整图片大小。

**1** 选择表格之后，单击"开始"选项卡中的"剪贴板"组的"复制"按钮向下箭头，在弹出的下拉列表中选择"复制为图片"选项，打开"复制图片"对话框，如图10-55所示。

**2** 将"外观"设置为"如屏幕所示"，"格式"设置为"图片"，然后单击"确定"按钮。

**3** 单击要粘贴数据的单元格，再单击"剪贴板"组中的"粘贴"按钮，就能以图片的格式粘贴表格。如果要更改图片的大小，只单击图片再拖曳图片四周的控点。

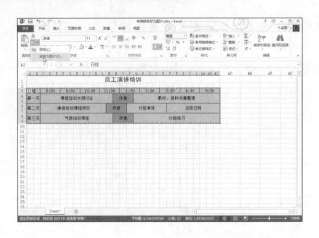

图10-55 "复制图片"对话框

## 窍门2：让文本在单元格内自动换行

如果工作表中有大量单元格的文本需要换行，每次都使用Alt+Enter键手动进行换行，还是很麻烦，可以让文本在单元格内自动换行。具体操作步骤如下：

**1** 选定要自动换行的单元格。

**2** 切换到功能区中的"开始"选项卡，在"对齐方式"组中单击"自动换行"按钮，即可使单元格内的文字自动换行。

## 窍门3：倾斜排版单元格数据

单元格中的数据默认是按水平方向排版的，有时为了使表格更美观，需要将数据倾斜排版。具体操作步骤如下：

**1** 选定需要倾斜排版的单元格。

**2** 单击"开始"选项卡的"对齐方式"组中的"方向"按钮，在弹出的菜单中选择"逆时针角度"按钮或"顺时针角度"命令即可，如图10-56所示。

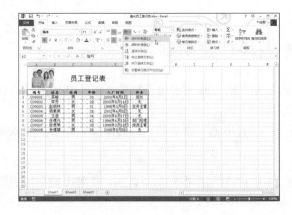

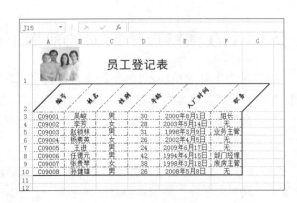

图10-56 倾斜文字

## 窍门4：设置斜线表头

在制作Excel模拟运算表格时经常会用到斜线表头，使用它可以将表格的表头分得更详细和清晰，具体操作步骤如下：

**1** 右击要设置斜线表头的单元格，在弹出的快捷菜单中选择"设置单元格格式"命令，打开"设置单元格格式"对话框。

**2** 切换到"边框"选项卡，在"边框"组中单击相应的按钮设置单元格边框和斜线，如图10-57所示。

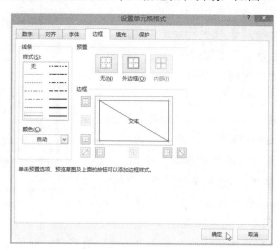

图10-57 "边框"选项卡

**3** 在单元格中输入分栏标题，按Alt+Enter组合键换行，接着输入第二个标题。在第一个标题文字前加上几个空格，设置成斜线分隔的形式。

**4** 单击"确定"按钮，即可为单元格添加斜线，如图10-58所示。

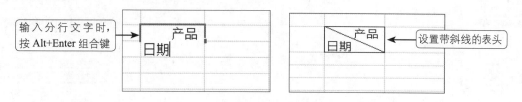

图10-58 添加斜线

## 窍门5：对个别字符进行格式设置

在编辑单元格中内容时，需要设置单元格中某些单个字符的格式，如字体、颜色或上下标等。具体操作步骤如下：

**1** 选定单元格中需要设置格式的单个字符（可以双击该单元格，然后按住鼠标左键拖动选定单个字符）。

**2** 按Ctrl+1组合键，打开"设置单元格格式"对话框，此对话框中仅包含一个"字体"选项卡。

**3** 根据需要设置字体的格式。设置完成后，单击"确定"按钮即可。

## 窍门6：巧妙实现欧元与其他货币的转换

Excel具有将欧元转换为如法郎、马克等欧盟货币的功能，在需要时可以按照下述步骤进行操作：

**1** 单击"文件"选项卡，在弹出的菜单中单击"选项"命令，打开"Excel选项"对话框。

**2** 单击左侧窗格中的"加载项"选项，然后在右侧窗格中的"管理"下拉列表框中选择"Excel加载项"选项，单击"转到"按钮，如图10-59所示。

**3** 打开如图10-60所示的"加载宏"对话框，在"可用加载宏"列表框内选中"欧元工具"复选框，单击"确定"按钮。

**4** 在弹出的对话框中单击"是"按钮，安装此功能，接着弹出"配置进度"对话框，稍等片刻即可完成配置。

图10-59 "Excel选项"对话框

**5** 选定需要转换的单元格，单击"公式"选项卡，然后单击"解决方案"组中的"欧元转换"按钮，打开如图10-61所示的"欧元转换"对话框。

**6** 根据需要进行设置，完成后单击"确定"按钮即可。

图10-60 "加载宏"对话框

图10-61 "欧元转换"对话框

# 11

要想发挥Excel在数据分析与处理方面的优势，公式与函数是必须掌握的重点内容之一。Excel可以对数据资料进行分析和复杂运算，例如，在家庭理财方面，根据家庭支出与收入的状况，可以快速而准确地统计出每月收支汇总数据等。本章将介绍关于公式与函数方面的知识与技巧，最后通过一个综合实例巩固所学的内容。

## 第 11 章
# 使用公式与函数
# 处理表格数据

教学目标 ))))))))))))))))))))))))

通过本章的学习，你能够掌握如下内容：

※　了解公式的一些基本概念与掌握输入公式的方法

※　单元格的多种引用方式，包括相对引用、绝对引用、混合引用等

※　常用函数的使用

※　为一些常用的单元格和区域命名

※　对公式进行审核

# 11.1

## 公式的输入与使用

公式是对单元格中数据进行分析的式子，它可以对数据进行加、减、乘、除或比较等运算。公式可以引用同一工作表中的其他单元格、同一工作簿中不同工作表的单元格，或者其他工作簿中工作表中的单元格。

Excel 2013中的公式遵循一个特定的语法，即最前面是等号（=），后面是参与计算的元素（运算数）和运算符。每个运算数可以是不改变的数值（常量）、单元格或区域的引用、标志、名称或函数。例如，在"=7+8*9"公式中，结果等于8乘以9再加7。例如，"=SUM(B3:E10)"是一个简单的求和公式，它由函数SUM、单元格区域引用B3:E10以及两个括号运算符"（"和"）"组成。

## 11.1.1 基本概念

### 1. 函数

函数是预先编写的公式，可以对一个或多个值执行运算，并返回一个或多个值。函数可以简化和缩短工作表中的公式，尤其是用公式执行很长或复杂的计算时。

### 2. 参数

公式或函数中用于执行操作或计算的数值称为参数。函数中使用的常见参数类型有数值、文本、单元格引用或单元格名称、函数返回值等。

### 3. 常量

常量是不用计算的值。例如，日期2008-6-16、数字248以及文本"编号"，都是常量。如果公式中使用常量而不是对单元格的引用，则只有在更改公式时其结果才会更改。

### 4. 运算符

运算符是指一个标记或符号，指定表达式内执行的运算的类型。如算术、比较、逻辑和引用运算符等。

## 11.1.2 公式中的运算符

在输入的公式中，各个参与运算的数字和单元格引用都由代表各种运算方式的符号连接而成，这些符号被称为运算符。常用的运算符有算术运算符、文本运算符、比较运算符和引用运算符。

### 1. 算术运算符

算术运算符用来完成基本的数学运算，如加法、减法、乘法、除法等。算术运算符如表11-1所示。

表11-1 算术运算符

| 算术运算符 | 功能 | 示例 |
|---|---|---|
| + | 加 | 10+5 |
| - | 减 | 10-5 |
| - | 负数 | -5 |
| * | 乘 | 10*5 |
| / | 除 | 10/5 |
| % | 求余运算 | 10%3 |
| ^ | 乘方 | 5^2 |

## 2. 文本运算符

在Excel中，可以利用文本运算符（&）将文本连接起来。在公式中使用文本运算符时，以"="开始输入文本的第一段（文本或单元格引用），然后加入文本运算符（&）输入下一段（文本或单元格引用）。例如，在单元格A1中输入"一季度"，在A2中输入"销售额"，在C3单元格中输入"=A1&"累计"&A2"，结果为"一季度累计销售额"。

## 3. 比较运算符

比较运算符可以比较两个数值并产生逻辑值TRUE或FALSE。比较运算符如表11-2所示。

表11-2 比较运算符

| 比较运算符 | 功能 | 示例 |
|---|---|---|
| = | 等于 | A1=A2 |
| < | 小于 | A1<A2 |
| > | 大于 | A1>A2 |
| <> | 不等于 | A1<>A2 |
| <= | 小于等于 | A1<=A2 |
| >= | 大于等于 | A1>=A2 |

## 4. 引用运算符

引用运算符主要用于连接或交叉多个单元格区域，从而生成一个新的单元格区域，各引用运算符的具体功能如表11-3所示。

表11-3 引用运算符

| 引用运算符 | 含义 | 示例 |
|---|---|---|
| : （冒号） | 区域运算符，对两个引用之间、包括两个引用在内的所有单元格进行引用 | SUM(A1:A5) |
| , （逗号） | 联合运算符，将多个引用合并为一个引用 | SUM(A2:A5,C2:C5) |
| （空格） | 交叉运算符，表示几个单元格区域所重叠的那些单元格 | SUM(B2:D3 C1:C4)（这两个单元格区域的共有单元格为C2和C3） |

## 11.1.3　运算符的优先级

当公式中同时用到多个运算符时，就应该了解运算符的运算顺序。例如，公式"=8+12*3"应先做乘法运算，再做加法运算。Excel将按照表11-4所示的优先级顺序进行运算。

表11-4　运算符的运算优先级

| 运算符 | 说明 | 优先级 |
| --- | --- | --- |
| （ ） | 括号，可以改变运算的优先级 | 1 |
| - | 负号，使正数变为负数（如-2） | 2 |
| % | 求余运算 | 3 |
| ^ | 乘幂，一个数自乘一次 | 4 |
| *和/ | 乘法和除法 | 5 |
| +和— | 加法和减法 | 6 |
| & | 文本运算符 | 7 |
| =, <, >, >=, <=, <> | 比较运算符 | 8 |

如果公式中包含了相同优先级的运算符，如公式中同时使用加法和减法运算符，则按照从左到右的原则进行计算。

要更改求值的顺序，请将公式中要先计算的部分用圆括号括起来。例如，公式"=(8+12)*3"就是先用8加12，再用结果乘以3。

## 11.1.4　输入公式

实战练习素材：光盘\素材\第11章\原始文件\输入公式.xlsx
最终结果文件：光盘\素材\第11章\结果文件\输入公式.xlsx

公式以等号"="开头，例如，为了在单元格H4中求出第一位员工的应发工资，可以按照下述步骤输入公式：

**1** 单击要输入公式的单元格H4。

**2** 输入等号（=）。

**3** 输入公式的表达式，例如，输入"D4+E4+F4+G4"。公式中的单元格引用将以不同的颜色进行区分，在编辑栏中也可以看到输入后的公式。

**4** 输入完毕后，按Enter键或者单击编辑栏中的"输入"按钮，即可在单元格H4中显示计算结果，而在编辑栏中显示当前单元格的公式，如图11-1所示。

办公专家一点通

输入公式时，可以使用鼠标直接选中参与计算的单元格，从而提高输入公式的效率。选择准备输入公式的单元格（如H4），输入等号"="，单击准备参与计算的第一个单元格（如D4），输入运算符，如"+"，单击准备参与运算的第二个单元格，如E4等。

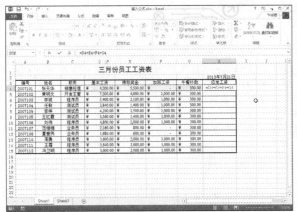

图11-1 输入公式

## 11.1.5 编辑公式

编辑公式与编辑正文的方法一样。如果要删除公式中的某些项，则在编辑栏中用鼠标选定要删除的部分，然后按 Backspace 键或者 Delete 键。如果要替换公式中的某些部分，则先选定被替换的部分，然后进行修改。

编辑公式时，公式将以彩色方式标识，其颜色与所引用的单元格的标识颜色一致，以便于跟踪公式，帮助用户查询分析公式。

# 11.2

## 单元格引用方式

只要在Excel工作表中使用公式，就离不开单元格的引用问题。引用的作用是标识工作表的单元格或单元格区域，并指明公式中使用的数据位置。通过引用，可以在公式中使用工作表不同部分的数据，或者在多个公式中使用同一单元格的数值，还可以引用相同工作簿中不同工作表的单元格。

## 11.2.1 相对引用单元格

 实战练习素材：光盘\素材\第11章\原始文件\相对引用单元格.xlsx

公式中的相对单元格引用是基于包含公式和单元格引用的单元格的相对位置。如果公式所在的单元格位置改变，则引用也随之改变。在相对引用中，用字母表示单元格的列号，用数字表示单元格的行号，如A1、B2等。

例如，希望将单元格H4的公式复制到H5~H15中，可以按照下述步骤进行操作：

**1** 选定单元格H4，其中的公式为"=D4+E4+F4+G4"，即求出"张天华"的应发工资，如图11-2所示。

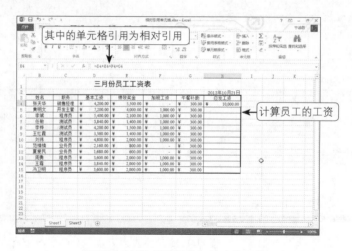

图11-2 计算"张天华"的应发工资

**2** 指向单元格H4右下角的填充柄，鼠标指针变为十形时，按住鼠标左键不放向下拖曳到要复制公式的区域。

**3** 释放鼠标后，即可完成复制公式的操作。这些单元格中会显示相应的计算结果，如图11-3所示。

此处的参数对应改变，如H15的公式为D15+E15+F15+G15。

图11-3 复制带相对引用的公式

## 11.2.2 绝对引用单元格

 **实战练习素材**：光盘\素材\第11章\原始文件\绝对引用单元格.xlsx

绝对引用指向工作表中固定位置的单元格，它的位置与包含公式的单元格无关。在Excel中，通过对单元格引用的"冻结"来达到此目的，即在列标和行号前面添加"$"符。例如，用$A$1表示绝对引用。当复制含有该引用的单元格时，$A$1是不会改变的。

例如，希望将单元格C4的公式复制到C5~C15中，可以按照下述步骤进行操作：

**1** 选定单元格C4，其中公式为"=B4*D2"，即求出苹果汁应交纳的税额。

**2** 为了使单元格D2的位置不随复制公式而改变，将单元格C4中的公式改为"=B4*$D$2"。

**3** 切换到功能区中的"开始"选项卡，单击"剪贴板"组中的"复制"按钮。

**4** 选定单元格D5~D15。

**5** 切换到功能区中的"开始"选项卡，单击"剪贴板"组中的"粘贴"按钮，结果如图11-4所示。

图11-4 复制了带绝对引用的公式

此时，C5中的公式为"=B5*$D$2"，C6中的公式为"=B6*$D$2"，C7中的公式为"=B7*$D$2"。$D$2的位置没有因复制而改变。

## 11.2.3 混合引用单元格

> 实战练习素材：光盘\素材\第11章\原始文件\混合引用单元格.xlsx

混合引用是指公式中参数的行采用相对引用，列采用绝对引用；或列采用绝对引用、行采用相对引用，如$A1，A$1。公式中相对引用部分随公式复制而变化，绝对引用部分不随公式复制而变化。

例如，要创建一个九九乘法表，可以按照下述步骤进行操作：

**1** 准备将单元格B2的公式复制到其他的单元格中。

**2** 希望第一个乘数的最左列不动（$A）而行随之变动，希望第二个乘数的最上行不动（$1）而列随之变动，因此B2的公式应该改为"=$A2*B$1"。

**3** 选定包含混合引用的单元格B2，切换到功能区中的"开始"选项卡，在"剪贴板"组中单击"复制"按钮。

**4** 选定目标区域B2:I9，切换到功能区中的"开始"选项卡，在"剪贴板"组中单击"粘贴"按钮，结果如图11-5所示。

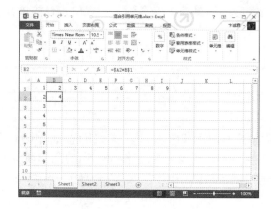
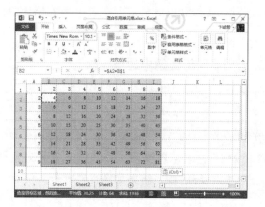

图11-5 混合引用单元格

### 11.2.4 不同位置上的引用

除了以上引用方式之外，还有一些不同位置上单元格的引用，下面进行统一介绍。

**1. 引用同一工作簿其他工作表中的单元格**

如果要引用同一工作簿其他工作表中的单元格，其表达方式如下：

工作表名称！单元格地址

例如，在工作表Sheet2的单元格B2中输入公式"=Sheet1!A2*3"，其中A2是指工作表Sheet1中的单元格A2。如果在工作表Sheet1的单元格A2中有数据8，那么在工作表Sheet2的单元格B2中将显示计算结果，结果如图11-6所示。

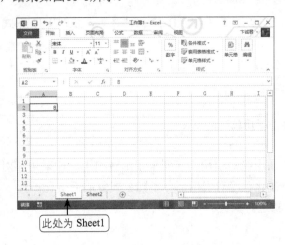 

图11-6 引用工作簿其他工作表中的单元格

**2. 引用同一工作簿多张工作表中的单元格**

如果要引用同一工作簿多张工作表中的单元格或单元格区域，其表达方式如下：

工作表名称:工作表名称!单元格地址

例如，在工作表Sheet2的单元格C2中输入公式"=SUM(Sheet1:Sheet3!B2)"，该公式是计算工作表Sheet1、Sheet2和Sheet3三张工作表中单元格B2的和，然后将计算结果保存到工作表Sheet2的单元格C2中。

**3. 引用不同工作簿中的单元格**

除了引用同一工作簿中工作表的单元格外，还可以引用其他工作簿中的单元格，其表达方式如下：

'工作簿存储地址[工作簿名称]工作表名称' !单元格地址

例如，在当前工作簿的工作表Sheet2中的单元格B2中的输入公式"='E:\2\[sport.xlsx]Sheet2'!C2*5"，表示在当前工作簿的工作表Sheet2中的单元格B2中，引用工作簿sport的工作表Sheet2中的单元格C2乘以5的积，结果如图11-7所示。

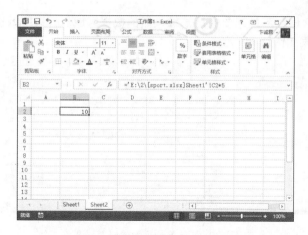

图11-7 未打开要引用工作簿时输入的公式内容

如果已经在Excel中打开了被引用的工作簿，那么其表达式可以写为"=[sport.xlsx]Sheet2!C2*5"，如图11-8所示。

图11-8 已打开要引用工作簿时输入的公式内容

# 11.3

## 使用自动求和

 实战练习素材：光盘\素材\第11章\原始文件\使用自动求和.xlsx

求和计算是一种最常用的公式计算，可以将诸如"=D4+D5+D6+D7+D8+D9+D10+D11+D12+D13+D14+D15"这样的复杂公式转变为更简洁的形式"=SUM(D4:D15)"。

使用自动求和计算的具体操作步骤如下：

**1** 选定要计算求和结果的单元格H4。

**2** 切换到功能区中的"开始"选项卡，在"编辑"组中单击"求和"按钮右侧的向下箭头，在弹出的菜单中选择"求和"，Excel将自动出现求和函数SUM以及求和数据区域。

**3** 如果Excel推荐的数据区域并不是想要的，则输入新的数据区域；如果Excel推荐的数据区域正是自己想要的，则按Enter键，结果如图11-9所示。

图11-9 显示求和函数的计算结果

除了利用"自动求和"按钮一次求出一组的总和外，还能够利用Excel 2013新增的"快速分析"功能一次输入多个求和公式，具体操作步骤如下：

**1** 选定要求和的单元格区域。

**2** 此时，在单元格区域的右下角显示"快速分析"按钮，单击此按钮，在"快速分析"库中选择所需的选项卡，本例选择"汇总"，如图11-10所示。

**3** 选择一个选项，例如选择"在右侧求和"，则在选定区域右侧的空白单元格中填入相应的求和结果，如图11-11所示。本例就是求出每位员工的总分。

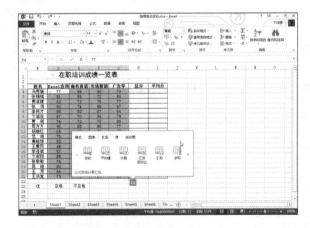

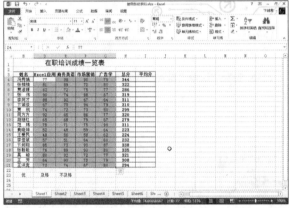

图11-10 "快速分析"库        图11-11 自动求出一组数据的总分

办公专家一点通

用户还可以选定要求和的一列数据的下方单元格或者一行数据的右侧单元格，然后单击"开始"选项卡的"编辑"组中的"求和"按钮，即可在选定区域下方的空白单元格或右侧的空白单元格中填入相应的求和结果。

# 11.4

## 使用函数

函数是按照特定语法进行计算的一种表达式，使用函数进行计算，在简化公式的同时也提高了工作效率。

函数是使用被称为参数的特定数值，按照被称为语法的特定顺序进行计算。例如，SUM函数对单元格或单元格区域执行相加运算，PMT函数在给定的利率、贷款期限和本金数额基础上计算偿还额。

参数可以是数字、文本、逻辑值、数组、错误值或者单元格引用。给定的参数必须能够产生有效的值。参数也可以是常量、公式或其他函数。

函数的语法以函数名称开始，后面分别是左圆括号、以逗号隔开的各个参数和右圆括号。如果函数以公式的形式出现，则在函数名称前面键入等号（=）。

### 11.4.1 常用函数的说明

在提供的众多函数中有些是经常使用的，下面介绍几个常用函数。

- 求和函数：一般格式为 SUM（计算区域），功能是求出指定区域中所有数的和。
- 求平均值函数：一般格式为 AVERAGE（计算区域），功能是求出指定区域中所有数的平均值。
- 求个数函数：一般格式为 COUNT（计算区域），功能是求出指定区域中数据个数。
- 条件函数：一般格式为 IF（条件表达式，值1，值2），功能是当条件表达式为真时，返回值1；当条件表达式为假时，返回值2。
- 求最大值函数：一般格式为 MAX（计算区域），功能是求出指定区域中最大的数。
- 求最小值函数：一般格式为 MIN（计算区域），功能是求出指定区域中最小的数。
- 求四舍五入值函数：一般格式为 ROUND（单元格，保留小数位数），功能是对该单元格中的数按要求保留位数，进行四舍五入。
- 还贷款额函数：一般格式为 PMT（月利率，偿还期限，货款总额），功能是根据给定的参数，求出每月的还款额。
- 排位：一般格式为 RANK（查找值，参照的区域），功能是返回一个数字在数字列表中的排位。

### 11.4.2 使用函数向导输入函数

实战练习素材：光盘\素材\第11章\原始文件\使用函数向导输入函数.xlsx
最终结果文件：光盘\素材\第11章\结果文件\使用函数向导输入函数.xlsx

Excel 2013提供了几百个函数，想熟练掌握所有的函数难度很大，可以使用函数向导来输入函数。例如，要求出每位员工的平均分，可以按照下述步骤进行操作：

**1** 选定要插入函数的单元格，单击编辑栏上的"插入函数"按钮，打开如图11-12所示的"插入函数"对话框。

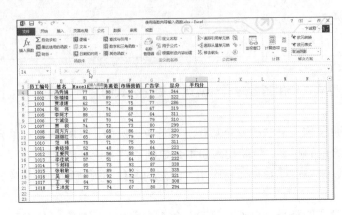

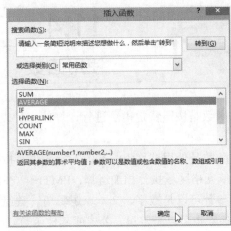

图11-12 "插入函数"对话框

**2** 在"或选择类别"下拉列表框中选择要插入的函数类型，然后从"选择函数"列表框中选择要使用的函数。单击"确定"按钮，打开如图11-13所示的"函数参数"对话框。

**3** 在参数框中输入数值、单元格引用或区域。在Excel 2013中，所有要求用户输入单元格引用的编辑框都可以使用这样的方法输入，首先用鼠标单击编辑框，然后使用鼠标选定要引用的单元格区域（选定单元格区域时，对话框会自动缩小）。如果对话框挡住了要选定的单元格，则单击编辑框右边的缩小按钮将对话框缩小，如图11-14所示。选择结束时，再次单击该按钮恢复对话框。

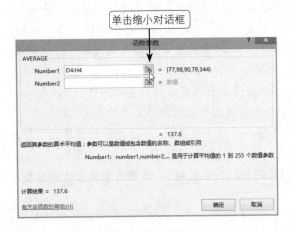

图11-13 "函数参数"对话框

图11-14 缩小对话框

**4** 单击"确定"按钮，在单元格中显示公式的结果。拖动该单元格右下角的填充柄，可以求出其他员工的平均分，如图11-15所示。

如果小数位数太多，可以切换到功能区中的"开始"选项卡，在"数字"组中单击"减少小数位数"按钮。

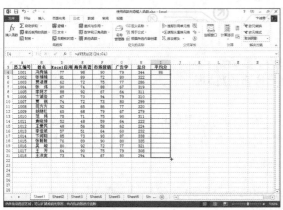

图11-15 求出每位学员的平均分

## 11.4.3 手动输入函数

实战练习素材：光盘\素材\第11章\原始文件\手动输入函数.xlsx
最终结果文件：光盘\素材\第11章\结果文件\手动输入函数.xlsx

如果用户对某些常用的函数及其语法比较熟悉，则可以直接在单元格中输入公式，具体操作步骤如下：

**1** 选定要输入函数的单元格，输入等号（=）。

**2** 输入函数名的第一个字母时，Excel会自动列出以该字母开头的函数名，如图11-16所示。

**3** 按Tab键选择所需的函数名，例如MAX，并在其右侧自动输入一个"("。Excel会出现一个带有语法和参数的工具提示，如图11-17所示。

图11-16 函数自动匹配功能

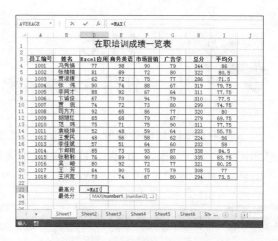

图11-17 显示函数的语法和参数提示

**4** 选定要引用的单元格或区域，输入右括号，然后按回车键。Excel将在函数所在的单元格中显示公式的结果。

如果要求出"Excel应用"成绩的最低分，则使用MIN函数。

### 11.4.4 使用嵌套函数

 实战练习素材：光盘\素材\第11章\原始文件\使用嵌套函数.xlsx
最终结果文件：光盘\素材\第11章\结果文件\使用嵌套函数.xlsx

一个函数表达式中包括一个或多个函数，函数与函数之间可以层层相套，括号内的函数作为括号外函数的一个参数，称为嵌套函数。例如，要根据学生各科的平均分统计"等级"情况，其中平均分80以上（含80分）为"优"，其余评为"良"，具体操作步骤如下：

**1** 单击单元格F2并输入"="，输入公式"IF(AVERAGE(C2:E2)>=80,"优","良")"。

**2** 输入好公式后按Enter键，即可得出计算结果，如图11-18所示。

**3** 使用填充的方法将单元格F2的公式拖动到单元格F3:F8，即可得出所有结果，如图11-19所示。

图11-18 嵌套函数的使用

图11-19 复制计算的结果

# 11.5
## 使用单元格名称

经常使用某些区域的数据时，可以为该区域定义一个名称，以后直接用定义的名称代表该区域的单元格即可。例如，工作表中C2~C8是Excel应用成绩，可以把它定义为"Excel应用"，想求出"Excel应用"的最高分时，输入公式"=MAX(Excel应用)"要比公式"=MAX(C2:C8)"更容易理解。

### 11.5.1 命名单元格或区域

 实战练习素材：光盘\素材\第11章\原始文件\定义单元格名称.xlsx

在Excel 2013中对单元格命名有以下几种方法：

- 选择要命名的单元格或区域，单击编辑栏左侧的名称框，输入所需的名称后，按 Enter 键。
- 选择要命名的单元格或区域，切换到功能区中的"公式"选项卡，在"定义的名称"组中单击"定义名称"按钮,打开"新建名称"对话框,输入名称并指定名称的有效范围,然后单击"确定"按钮,如图 11-20 所示。

● 选择要命名的单元格或区域,切换到功能区中的"公式"选项卡,在"定义的名称"组中单击"名称管理器"按钮,打开"名称管理器"对话框并单击"新建"按钮(如图 11-21 所示),然后打开"新建名称"对话框进行命名。

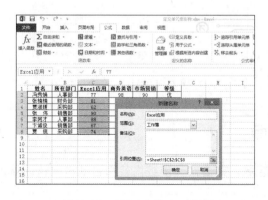

图11-20 "新建名称"对话框

图11-21 "名称管理器"对话框

● 选择要命名的区域,包括每行的标题和每列的标题,切换到功能区中的"公式"选项卡,在"定义的名称"组中单击"根据所选内容创建"按钮,打开"以选定区域创建名称"对话框,根据标题名称所在的位置选择相应的复选框即可,如图 11-22 所示。

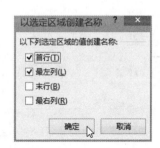

图11-22 "以选定区域创建名称"对话框

## 11.5.2 定义常量和公式的名称

定义常量名称就是为常数命名,例如圆周率为3.14159265。由于数值位数较多,每次在公式中输入该数值不是很方便,因此可以通过将其定义为一个名称来解决。只需打开"新建名称"对话框,在"名称"文本框中输入要定义的常量名称,在"引用位置"文本框中输入常量值,如图11-23所示。

除了为常量定义名称外,还可以为常用公式定义名称,打开"新建名称"对话框,在"名称"文本框中输入要定义的公式名称"平均值",在"引用位置"文本框中输入"=AVERAGE(",然后单击"引用位置"文本框右侧的按钮,选择单元格区域A1:A6,再单击按钮返回"新建名称"对话框,最后输入")",如图11-24所示。

图11-23 定义常量名称

图11-24 定义公式名称

### 11.5.3 在公式和函数中使用命名区域

　　使用公式和函数时，如果选定了已经命名的数据区域，则公式和函数内就会自动出现该区域的名称。这时，只要按回车键就可以完成公式和函数的输入。

　　例如，单击单元格B1，切换到功能区中的"公式"选项卡，在"定义的公式"组中单击"用于公式"按钮，在弹出的菜单中选择定义的公式名称"平均值"，如图11-25所示。按Enter键即可得到计算结果，如图11-26所示。

图11-25 利用公式名称输入公式

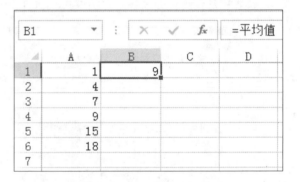

图11-26 显示计算结果

# 11.6
## 公式审核

　　为了确保数据和公式的正确性，审核是至关重要的。审核公式包括检查并校对数据、查找选定公式引用的单元格、查找引用选定单元格的公式和查找错误等。

### 11.6.1 公式中的错误信息

　　输入计算公式后，经常因为输入错误，使系统看不懂该公式，会在单元格中显示错误信息。例如，在需要数字的公式中使用了文本、删除了被公式引用的单元格等。下面列出了一些常见的错误信息、可能产生的原因和解决的方法。

### 1. ####

错误原因：输入到单元格中的数值太长或公式产生的结果太长，单元格容纳不下。

解决方法：适当增加列的宽度。

### 2. #DIV/0!

错误原因：除数为0。在公式中，除数使用了指向空白单元格或者包含零值的单元格引用。

解决方法：修改单元格引用，或者在用作除数的单元格中输入不为零的值。

在Excel 2013中，当单元格中出现错误信息时，会在单元格左侧显示一个"智能标记"按钮，单击该按钮，出现如图11-27所示的下拉菜单，从中获得错误的帮助信息。

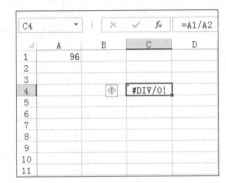

图11-27 错误信息的智能标记菜单

### 3. #N/A

错误原因：在函数和公式中没有可用的数值可以引用。当公式中引用某个单元格时，如果该单元格暂时没有数值，可能会造成计算错误。因此，可以在该单元格中键入#N/A，所有引用该单元格的公式均会出现#N/A，避免让用户误认为已经算出正确答案。

解决方法：检查公式中引用的单元格的数据，并正确输入。

### 4. #NAME?

错误原因：删除了公式中使用名称或者使用了不存在的名称以及拼写错误。当在公式中键入错误单元格或尚未命名过的区域名称，例如，本来要键入=SUM(A2:A3)，结果键入为=SUM(A2A3)，系统将A2A3当作一个已命名的区域名称，可是你并未对该区域命名，系统并不认识A2A3名称，因此会出现错误信息。

解决方法：确认使用的名称确实存在。如果还没有定义所需的名称，请添加相应的名称。如果名称存在拼写错误，请修改拼写错误。

### 5. #NULL!

错误原因：使用了不正确的区域运算或者不正确的单元格引用。当公式中指定以数字区域间互相交叉的部分进行计算时，所指定的各个区域间并不相交。例如，=SUM(A2:A4 C2:C5)，两个区域间没有相交的单元格。

解决方法：如果要引用两个不相交的区域，请使用联合运算符（逗号）。例如，要对两个区域的数据进行求和，请确认在引用这两个区域时使用了逗号。例如，=SUM(A2:A4,C2:C5)。如果没有使用逗号，请重新选定两个相交的区域。

### 6. #NUM!

错误原因：在需要数字参数的函数中使用了不能接受的参数或公式产生的数字太大或者太小，Excel不能表示。例如，=SQRT(-2)，即计算-2的平方根，因为负数无法开方，因此会出现#NUM!的错误信息。另外，如果要使用迭代计算的工作表函数，如IRR或RATE，有时也会出现错误。

解决方法：检查数字是否超出限定区域，函数内的参数是否正确。

### 7. #REF!

错误原因：删除了由其他公式引用的单元格或者将移动单元格粘贴到由其他公式引用的单元格中。
解决方法：检查引用单元格是否被删除。

### 8. #VALUE!

错误原因：需要数字或逻辑值时输入了文本，Excel不能将文本转换为正确的数据类型。例如，=2+"3+4"，而系统会将"3+4"视为文字，与数字2相加时，就会出现#VALUE!的错误信息。

解决方法：确认公式、函数所需的运算符或参数正确，并且公式引用的单元格中包含有效的数值。

## 11.6.2 使用公式审核工具

使用"公式审核"组中提供的工具，可以检查工作表公式与单元格之间的相互关系，并指定错误。在使用审核工具时，追踪箭头将指明哪些单元格为公式提供了数据，哪些单元格包含相关的公式。

### 1. 追踪引用单元格

如果要观察在公式中使用了哪些单元格，可以选定包含公式的单元格，然后切换到功能区中的"公式"选项卡，在"公式审核"组中单击"追踪引用单元格"按钮，如图11-28所示。Excel 2013用追踪线连接活动单元格与有关单元格。

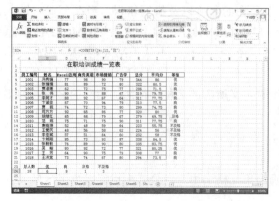 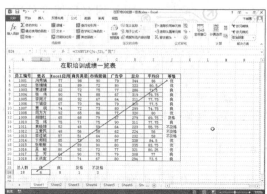

图11-28 追踪引用单元格

## 2. 追踪从属单元格

在工作表中选定任意一个单元格，然后切换到功能区中的"公式"选项卡，在"公式审核"选项组中单击"追踪从属单元格"按钮，如果该单元格被某个公式所引用，就会出现指向该公式单元格的追踪箭头；要标识从属单元格的下一级单元格，请再次单击"追踪从属单元格"按钮，屏幕画面如图11-29所示。

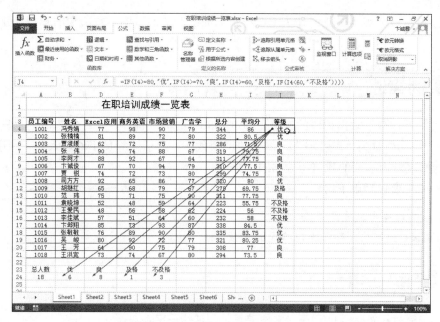

图11-29 追踪从属单元格

如果要消除添加的箭头，则切换到功能区中的"公式"选项卡，在"公式审核"组中单击"移去箭头"按钮。

## 3. 错误检查

假设工作表中含有错误值，为挽回追踪出错误的单元格，必须选定包含有错误的单元格，然后切换到功能区中的"公式"选项卡，在"公式审核"组中单击"错误检查"按钮，弹出如图11-30所示的"错误检查"对话框，其中显示单元格内公式或函数的错误提示。用户可以单击"关于此错误的帮助"按钮，了解此错误的帮助信息；单击"显示计算步骤"按钮，会显示此公式的详细计算步骤；单击"上一个"按钮或"下一个"按钮，可以快速查找工作表中其他错误的公式。

图11-30 "错误检查"对话框

# 11.7

## 办公实例：统计员工在职培训成绩

本节将通过制作一个实例——统计员工在职培训成绩，从而巩固本章所学的知识，并应用到实际的工作中。

### 11.7.1 实例描述

本例将通过"平均分"求出相应的等级，即">=80"时为"优"，">=70"时为"良"，">=60"时为"及格"，"<60"时为"不及格"，需要使用函数IF。为了计算员工的总人数，利用COUNT函数计算出指定单元格区域内包括的数值型数据的个数。

在制作过程中主要包括以下内容：

- 使用 IF 函数计算考试成绩等级
- 使用 COUNT 计算总人数和相应等级的人数

### 11.7.2 实例操作指南

实例练习素材：光盘\第11章\原始文件\在职培训成绩一览表.xlsx
最终结果文件：光盘\第11章\结果文件\在职培训成绩一览表.xlsx

本实例的具体操作步骤如下：

**1** 打开文件，单击要计算等级的单元格J4。

**2** 输入=IF(I4>=80,"优",IF(I4>=70,"良",IF(I4>=60,"及格",IF(I4<60,"不及格")))),，如图11-31所示。

| J4 | ▼ | × | ✓ | fx | =IF(I4>=80,"优",IF(I4>=70,"良",IF(I4>=60,"及格",IF(I4<60,"不及格")))) |
|---|---|---|---|---|---|

| | A | B | C | D | E | F | G | H | I | J | K | L |
|---|---|---|---|---|---|---|---|---|---|---|---|---|
| 1 | | | 在职培训成绩一览表 | | | | | | | | | |
| 2 | | | | | | | | | | | | |
| 3 | 员工编号 | 姓名 | Excel应用 | 商务英语 | 市场营销 | 广告学 | 总分 | 平均分 | 等级 | | | |
| 4 | 1001 | 冯秀娟 | 77 | 98 | 90 | 79 | 344 | 86 | 优 | | | |
| 5 | 1002 | 张楠楠 | 81 | 89 | 72 | 80 | 322 | 80.5 | | | | |
| 6 | 1003 | 贾温婕 | 62 | 72 | 75 | 77 | 286 | 71.5 | | | | |
| 7 | 1004 | 张 伟 | 90 | 74 | 88 | 67 | 319 | 79.75 | | | | |
| 8 | 1005 | 李阿才 | 88 | 92 | 67 | 64 | 311 | 77.75 | | | | |
| 9 | 1006 | 卞诚俊 | 67 | 70 | 94 | 79 | 310 | 77.5 | | | | |
| 10 | 1007 | 贾 锐 | 74 | 72 | 73 | 80 | 299 | 74.75 | | | | |
| 11 | 1008 | 司方方 | 92 | 65 | 86 | 77 | 320 | 80 | | | | |
| 12 | 1009 | 胡琪红 | 65 | 68 | 79 | 67 | 279 | 69.75 | | | | |
| 13 | 1010 | 范 玮 | 75 | 71 | 75 | 90 | 311 | 77.75 | | | | |
| 14 | 1011 | 袁晓坤 | 52 | 48 | 59 | 64 | 223 | 55.75 | | | | |
| 15 | 1012 | 王爱民 | 48 | 56 | 58 | 62 | 224 | 56 | | | | |
| 16 | 1013 | 李佳斌 | 57 | 51 | 64 | 60 | 232 | 58 | | | | |
| 17 | 1014 | 卞郎翔 | 85 | 73 | 93 | 87 | 338 | 84.5 | | | | |
| 18 | 1015 | 张毅毅 | 76 | 89 | 90 | 80 | 335 | 83.75 | | | | |
| 19 | 1016 | 吴 峻 | 80 | 92 | 72 | 77 | 321 | 80.25 | | | | |
| 20 | 1017 | 王 芳 | 64 | 90 | 75 | 79 | 308 | 77 | | | | |
| 21 | 1018 | 王洪宽 | 73 | 74 | 67 | 80 | 294 | 73.5 | | | | |

图11-31 输入IF函数

**3** 按回车键。拖动该单元格右下角的填充柄，分别计算出其他员工的成绩等级，如图11-32所示。

图11-32 利用复制公式的方式计算其他员工的成绩等级

**4** 选定单元格A24，单击"公式"选项卡的"其他函数"按钮，选择"统计"→COUNT选项，出现"函数参数"对话框，选择要计算的单元格区域，如图11-33所示。单击"确定"按钮。

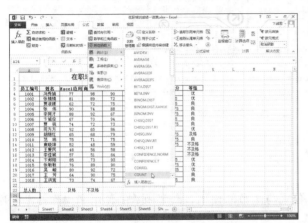

图11-33 "函数参数"对话框

**5** 为了计算"等级"成绩为"优"的人数，可以利用COUNTIF函数。先单击单元格B24，再单击"公式"选项卡的"其他函数"按钮，选择"统计"→"COUNTIF"选项，出现如图11-34所示的"函数参数"对话框，在Range框中输入单元格区域J4:J21，在Criteria框中输入"优"。单击"确定"按钮。

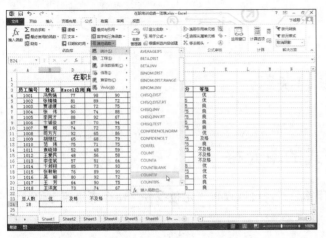

图11-34 "函数参数"对话框

**6** 为了计算"等级"成绩为"良"的人数，可以在单元格C24中直接输入公式"=COUNTIF(J4:J21,"良")"。

**7** 为了计算"等级"成绩为"及格"的人数，可以在单元格D24中直接输入公式"=COUNTIF(J4:J21,"及格")"。

**8** 为了计算"等级"成绩为"不及格"的人数，可以在单元格E24中直接输入公式"=COUNTIF(J4:J21,"不及格")"，最后结果如图11-35所示。

| 员工编号 | 姓名 | Excel应用 | 商务英语 | 市场营销 | 广告学 | 总分 | 平均分 | 等级 |
|---|---|---|---|---|---|---|---|---|
| | | | | **在职培训成绩一览表** | | | | |
| 1001 | 冯秀娟 | 77 | 98 | 90 | 79 | 344 | 86 | 优 |
| 1002 | 张楠楠 | 81 | 89 | 72 | 80 | 322 | 80.5 | 优 |
| 1003 | 贾湖媛 | 62 | 72 | 75 | 77 | 286 | 71.5 | 良 |
| 1004 | 张 伟 | 90 | 74 | 88 | 67 | 319 | 79.75 | 良 |
| 1005 | 李阿才 | 88 | 92 | 67 | 64 | 311 | 77.75 | 良 |
| 1006 | 卞诚俊 | 67 | 70 | 94 | 79 | 310 | 77.5 | 良 |
| 1007 | 贾 锐 | 74 | 72 | 73 | 80 | 299 | 74.75 | 良 |
| 1008 | 司方方 | 92 | 65 | 86 | 77 | 320 | 80 | 优 |
| 1009 | 胡继红 | 65 | 68 | 79 | 67 | 279 | 69.75 | 及格 |
| 1010 | 范 玮 | 75 | 71 | 75 | 90 | 311 | 77.75 | 良 |
| 1011 | 袁晓坤 | 52 | 48 | 59 | 64 | 223 | 55.75 | 不及格 |
| 1012 | 王爱民 | 48 | 56 | 58 | 62 | 224 | 56 | 不及格 |
| 1013 | 李佳斌 | 57 | 51 | 64 | 60 | 232 | 58 | 不及格 |
| 1014 | 卞蜉翔 | 85 | 73 | 93 | 87 | 338 | 84.5 | 优 |
| 1015 | 张敏敏 | 76 | 89 | 90 | 80 | 335 | 83.75 | 优 |
| 1016 | 吴 峻 | 80 | 92 | 72 | 77 | 321 | 80.25 | 优 |
| 1017 | 王 芳 | 64 | 90 | 75 | 79 | 308 | 77 | 良 |
| 1018 | 王洪宽 | 73 | 74 | 67 | 80 | 294 | 73.5 | 良 |
| 总人数 | 优 | 良 | 及格 | 不及格 | | | | |
| 18 | 6 | 8 | 1 | 3 | | | | |

图11-35 计算总人数和相应等级的人数

## 11.7.3 实例总结

本实例复习了本章中所讲的关于单元格引用、公式与函数的使用、嵌套函数的使用和操作，主要用到所学的以下知识点：

- 了解单元格的引用方式
- 输入公式
- 复制公式
- 输入函数

# 11.8
提高办公效率的诀窍

## 窍门1：快速定位所有包含公式的单元格

如果用户需要确定哪些单元格中包含了计算公式，可以通过"定位条件"命令来快速定位包含公式的单元格，具体操作步骤如下：

**1** 打开要查看包含公式的工作表，切换到功能区中的"开始"选项卡，在"编辑"组中单击"查找和选择"按钮，在弹出的菜单中选择"定位条件"命令。

**2** 打开"定位条件"对话框，选中"公式"单选按钮，然后可以根据需要选择包含公式的类型。

**3** 设置好后单击"确定"按钮，即可在当前工作表中自动选中所有包含公式的单元格。

## 窍门2：将公式结果转化成数值

在Excel中，当单击输入了公式的单元格时，将自动在编辑栏中显示相应的公式。如果用户不希望在编辑栏中显示公式，可以将其转换为计算结果，具体操作步骤如下：

**1** 右击要将公式转换为计算结果的单元格，在弹出的菜单中选择"复制"命令复制该数据，然后再次右击该单元格，在弹出的菜单中选择"选择性粘贴"命令。

**2** 打开"选择性粘贴"对话框，在"粘贴"选项组内选中"数值"单选按钮。单击"确定"按钮，当再次选择包含公式的单元格时，在编辑栏中将只显示计算结果，而不显示公式了。

## 窍门3：计算日期对应的中文星期数

有时用户希望求出日期所对应的星期数，以便分析星期对相关数据的影响。在单元格A2:A10中输入日期，然后在单元格B2中输入公式：

=CHOOSE(WEEKDAY(A2,2),"星期一","星期二","星期三","星期四","星期五","星期六","星期日")

按Enter键后，即可得到单元格A2中日期对应的星期数，然后利用公式填充柄，复制公式到单元格B10即可，如图11-36所示。

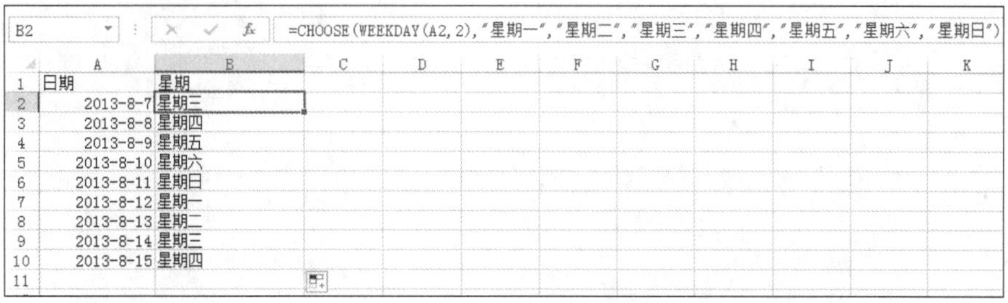

图11-36 计算日期对应的星期数

## 窍门4：将单列竖排表格转换成三行的横排表格

用户希望将单列竖排的姓名列转换成三行的横排表格，此时只需使用INDEX函数就能完成。这个函数能从特定的单元格区域中取出指定单元格编号。

首先准备一张表格，在表格中填入姓名列的人数连续编号，接着在这张表格下方绘制一张座位表，再利用INDEX函数从姓名列中依次序取出姓名。此例的操作重点在于将上方表格的连续编号指定后给INDEX函数的参数。使用这个函数可以省去复制、粘贴数据的麻烦。

**1** 为了指定姓名的排列顺序，首先制作一张3×4的表格，并且从1开始填入连续编号。这里的重点在于：填充与左侧姓名列一样人数的连续编号。填充连续编号后，在下方拖曳出3×4的选择区域，选择区域后，单击"字体"组中的"所有框线"按钮，如图11-37所示。

**2** 接着在座位表的开头单元格C8中输入INDEX函数。此时，为了让姓名列成为固定的参考区域，因此以绝对引用的方式指定范围，而列编号使用上方表格中的连续编号，最后只需复制公式即可，如图11-38所示。

图11-37 制作表格　　　　　　　　　　图11-38 将单列表格改为三列的横排表格

# 12

在面对包含成千上万条数据信息的表格时，经常会显得无所适从。如何快速查找、筛选出所需信息，对特定数据进行比较、汇总等，也是Excel使用中的一大难点。本章将介绍数据排序、数据筛选和分类汇总等方面的内容，包括对行列数据排序、多关键字排序、自定义排序、自动筛选、自定义筛选和高级筛选以及分类汇总的创建与显示，最后通过一个综合实例巩固所学的内容。

## 第 12 章
# 数据分析与管理

教学目标 》》》》》》》》》》》》》》》》》》》》》

通过本章的学习，你能够掌握如下内容：

※ 对数据按照一定的规律进行排序
※ 利用自动筛选功能查找出符合条件的数据
※ 利用高级筛选功能指定更复杂的筛选条件
※ 利用分类汇总获取想要的统计数据

# 12.1
## 对数据进行排序

数据排序可以使工作表中的数据记录按照规定的顺序排列，从而使工作表条理清晰。本节将介绍默认排序顺序、如何按列简单排序、按行简单排序、多关键字复杂排序和自定义排序数据。

## 12.1.1 默认排序顺序

默认排序顺序是Excel 2013系统自带的排序方法。下面介绍升序排序时默认情况下工作表中数据的排序方法。

- 文本：按照首字拼音第一个字母进行排序。
- 数字：按照从最小的负数到最大的正数的顺序进行排序。
- 日期：按照从最早的日期到最晚的日期的顺序进行排序。
- 逻辑：在逻辑值中，按照 FALSE 在前、TRUE 在后的顺序排序。
- 空白单元格：按照升序排序和按照降序排序时都排在最后。

降序排序时，默认情况下工作表中数据的排序方法与升序排序时默认情况下工作表中数据的排序方法相反。

## 12.1.2 按列简单排序

实战练习素材：光盘\素材\第12章\原始文件\按列简单排序.xlsx
最终结果文件：光盘\素材\第12章\结果文件\按列简单排序.xlsx

按列简单排序是指对选定的数据按照所选定数据的第一列数据作为排序关键字进行排序的方法。按列简单排序可以使数据结构更加清晰，便于查找。下面以"学生成绩单"按"总分"升序排序为例，按列简单排序的操作步骤如下：

1 单击工作表F列中任意一个单元格。

2 切换到功能区中的"数据"选项卡，在"排序和筛选"组中单击"升序"按钮，所有数据将按总分由低到高进行排列，如图12-1所示。

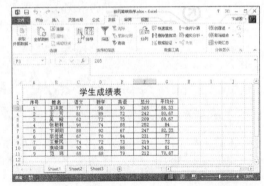 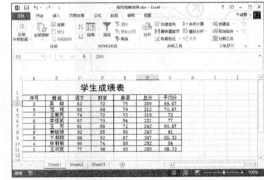

图12-1 单列升序排列

## 12.1.3 按行简单排序

实战练习素材：光盘\素材\第12章\原始文件\按行简单排序.xlsx
最终结果文件：光盘\素材\第12章\结果文件\按行简单排序.xlsx

　　按行简单排序是指对选定的数据按其中的一行作为排序关键字进行排序的方法。按行简单排序可以快速直观地显示数据并更好地理解数据。按行简单排序的具体操作步骤如下：

**1** 打开要进行单行排序的工作表，单击数据区域中的任意一个单元格，然后切换到功能区中的"数据"选项卡，在"排序和筛选"组中单击"排序"按钮，打开"排序"对话框。

**2** 单击"选项"按钮，弹出"排序选项"对话框，在"方向"选项组内选中"按行排序"单选按钮，单击"确定"按钮。

**3** 返回"排序"对话框，单击"主要关键字"列表框右侧的向下箭头，在弹出的下拉列表中选择作为排序关键字的选项，如"行3"。在"次序"列表框中选择"升序"或"降序"选项，然后单击"确定"按钮，如图12-2所示。

图12-2 指定按行排序

## 12.1.4 多关键字复杂排序

实战练习素材：光盘\素材\第12章\原始文件\多关键字复杂排序.xlsx
最终结果文件：光盘\素材\第12章\结果文件\多关键字复杂排序.xlsx

　　多关键字复杂排序是指对选定的数据区域按照两个以上的排序关键字按行或按列进行排序的方法。

按多关键字复杂排序有助于快速直观地显示数据并更好地理解数据。下面以"学生成绩表"的"总分"降序排列，总分相同的按"语文"降序排序为例，分别按多关键字复杂排序的方法进行操作。

**1** 单击数据区域中的任意一个单元格，然后切换到功能区中的"数据"选项卡，在"排序和筛选"组中单击"排序"按钮。

**2** 打开"排序"对话框，在"主要关键字"下拉列表框中选择排序的首要条件，如"总分"，并将"排序依据"设置为"数值"，将"次序"设置为"降序"。

**3** 单击"添加条件"按钮，在"排序"对话框中添加次要条件，将"次要关键字"设置为"语文"，并将"排序依据"设置为"数值"，将"次序"设置为"降序"。

**4** 设置完毕后，单击"确定"按钮，即可看到"总分"降序排列，总分相同时再按"语文"降序排列，如图12-3所示。

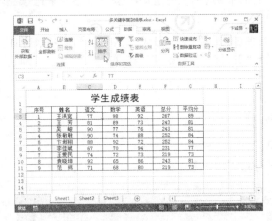

选择关键字

指定排序次序

单击此按钮添加条件

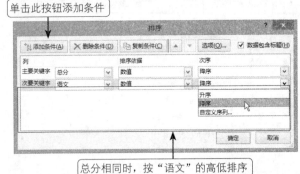

总分相同时，按"语文"的高低排序

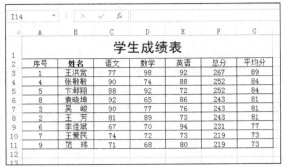

图12-3 多列排序结果

办公专家一点通

在"排序"对话框中，继续单击"添加条件"按钮，可以设置更多的排序条件；单击"删除条件"按钮可以删除选择的条件，单击 ▲ 按钮或 ▼ 按钮可以调整多个条件之间的位置关系。

## 12.1.5 自定义排序

实战练习素材：光盘\素材\第12章\原始文件\自定义排序.xlsx

最终结果文件：光盘\素材\第12章\结果文件\自定义排序.xlsx

自定义排序是指对选定的数据区域按用户定义的顺序进行排序。这里以自定义"甲、乙、丙、丁、……"为例进行排序，具体操作步骤如下：

**1** 选定准备排序的数据区域，切换到功能区中的"数据"选项卡，在"排序和筛选"组中单击"排序"按钮，弹出"排序"对话框。在"主要关键字"下拉列表框中选择"等级"，在"次序"下拉列表中选择"自定义序列"选项。

**2** 出现"自定义序列"对话框，从"自定义序列"下拉列表中选择"甲、乙、丙、丁……"，然后单击"确定"按钮。此时，在"排序"对话框的"次序"下拉列表框中显示"甲、乙、丙、丁……"，表示对"等级"所在的列按自定义"甲、乙、丙、丁……"进行排序。

**3** 单击"确定"按钮即可看到排序后的结果，如图12-4所示。

图12-4 自定义排序

# 12.2
## 数据筛选

数据筛选是指隐藏不准备显示的数据行，显示指定条件的数据行的过程。使用数据筛选可以快速显示选定数据行的数据，从而提高工作效率。Excel提供了多种筛选数据的方法，包括自动筛选、高级筛选和自定义筛选。

### 12.2.1 自动筛选

实战练习素材：光盘\素材\第12章\原始文件\自动筛选.xlsx
最终结果文件：光盘\素材\第12章\结果文件\自动筛选.xlsx

自动筛选是指按单一条件进行的数据筛选，从而显示符合条件的数据行。例如，将筛选出类别为"调味品"的销售数据。具体操作步骤如下：

**1** 单击数据区域的任意一个单元格，切换到功能区中的"数据"选项卡，在"排序和筛选"组中单击"筛选"按钮，在表格中的每个标题右侧将显示一个向下箭头。

**2** 单击"类别"右侧的向下箭头，在弹出的下拉菜单中，要想仅选择"调味品"，可以撤选"全选"复选框，然后选择"调味品"复选框。

**3** 单击"确定"按钮即可显示符合条件的数据，如图12-5所示。

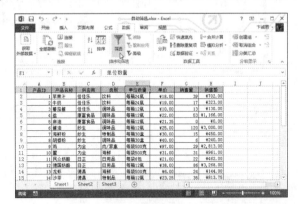

图12-5 显示符合条件的数据

如果要取消对某一列进行的筛选，可以单击该列旁边的向下箭头，从下拉菜单内选中"全选"复选框，然后单击"确定"按钮。

如果要退出自动筛选，可以再次单击"数据"选项卡的"排序和筛选"选项组中的"筛选"按钮。

**办公专家一点通**

在Excel 2013中，可以利用"筛选"下拉列表中的搜索框，在其中键入搜索词，此时相关的项目会立即显示在列表中。

## 12.2.2 自定义筛选

实战练习素材：光盘\素材\第12章\原始文件\自定义筛选.xlsx
最终结果文件：光盘\素材\第12章\结果文件\自定义筛选.xlsx

使用自动筛选时，对于某些特殊的条件，可以使用自定义自动筛选对数据进行筛选。例如，为了筛选出"销售额"在1000~2000之间的记录，可以按照下述步骤进行操作：

**1** 单击包含要筛选的数据列中的向下箭头（例如，单击"销售额"右侧的向下箭头），从下拉菜单中选择"数字筛选"→"介于"选项，出现"自定义自动筛选方式"对话框。

**2** 在"大于或等于"右侧的文本框中输入"1000"。如果要定义两个筛选条件，并且要同时满足，则选中"与"单选按钮；如果只需满足两个条件中的任意一个，则选中"或"单选按钮。本例中，选中"与"单选按钮。

**3** 在"小于或等于"右侧的文本框中输入"2000"。单击"确定"按钮，即可显示符合条件的记录，本例仅显示销售额在1000~2000之间的记录，如图12-6所示。

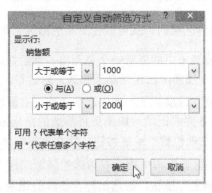

图12-6 显示筛选后的结果

12.2.3 高级筛选

## 12.2.3 高级筛选

高级筛选是指根据条件区域设置筛选条件而进行的筛选。使用高级筛选时需要先在编辑区输入筛选条件再进行高级筛选，从而显示出符合条件的数据行。

### 1. 建立条件区域

在使用高级筛选之前，用户需要建立一个条件区域，用来指定筛选的数据必须满足的条件。在条件区域的首行中包含的字段名必须与数据清单上面的字段名一样，但条件区域内不必包含数据清单中所有的字段名。条件区域的字段名下面至少有一行用来定义搜索条件。

如果用户需要查找含有相似的文本记录，可使用通配符"*"和"?"，如图12-7所示。

| | A | B | C | D | E | F | G | H |
|---|---|---|---|---|---|---|---|---|
| 67 | 66 | 肉松 | 康富食品 | 调味品 | 每箱24瓶 | ¥17.00 | 4 | ¥68.00 |
| 68 | 67 | 矿泉水 | 力锅 | 饮料 | 每箱24瓶 | ¥14.00 | 52 | ¥728.00 |
| 69 | 68 | 绿豆糕 | 康堡 | 点心 | 每箱24包 | ¥12.50 | 6 | ¥75.00 |
| 70 | 69 | 黑奶酪 | 德级 | 日用品 | 每盒24个 | ¥36.00 | 26 | ¥936.00 |
| 71 | 70 | 苏打水 | 正一 | 饮料 | 每箱24瓶 | ¥15.00 | 15 | ¥225.00 |
| 72 | 71 | 意大利奶酪 | 德级 | 日用品 | 每箱2个 | ¥21.50 | 26 | ¥559.00 |
| 73 | 72 | 酸奶酪 | 福满多 | 日用品 | 每箱2个 | ¥34.80 | 14 | ¥487.20 |
| 74 | 73 | 海鳘皮 | 小坊 | 海鲜 | 每袋3公斤 | ¥15.00 | 101 | ¥1,515.00 |
| 75 | 74 | 鸡精 | 为全 | 特制品 | 每盒24个 | ¥10.00 | 4 | ¥40.00 |
| 76 | 75 | 浓缩咖啡 | 义美 | 饮料 | 每箱24瓶 | ¥7.75 | 125 | ¥968.75 |
| 77 | 76 | 柠檬汁 | 利利 | 饮料 | 每箱24瓶 | ¥18.00 | 57 | ¥1,026.00 |
| 78 | 77 | 辣椒粉 | 义美 | 调味品 | 每袋3公斤 | ¥13.00 | 32 | ¥416.00 |
| 79 | | | | | | | | |
| 80 | | | | | | | | |
| 81 | 产品ID | 产品名称 | 供应商 | 类型 | 单位数量 | 单价 | 销售量 | 销售额 |
| 82 | | 白* | ← | | 输入筛选的条件 | | | |
| 83 | | | | | | | | |
| 84 | | | | | | | | |

图12-7 使用通配符作为条件

### 2. 使用高级筛选查找数据

实战练习素材：光盘\素材\第12章\原始文件\高级筛选.xlsx
最终结果文件：光盘\素材\第12章\结果文件\高级筛选.xlsx

建立条件区域后，就可以使用高级筛选来筛选记录。具体操作步骤如下：

**1** 选定数据清单中的任意一个单元格，然后切换到功能区中的"数据"选项卡，在"排序和筛选"组中单击"高级"按钮，出现"高级筛选"对话框。

**2** 在"方式"选项组下，如果选中"在原有区域显示筛选结果"单选按钮，则在工作表的数据清单中只能看到满足条件的记录；如果要将筛选的结果放到其他的位置，而不扰乱原来的数据，则选中"将筛选结果复制到其他位置"单选按钮，并在"复制到"框中指定筛选后的副本放置的起始单元格。

**3** 在"列表区域"框中指定要筛选的区域。在"条件区域"框中指定条件区域。

**4** 单击"确定"按钮。筛选出符合条件的记录。本例仅筛选出两条以"白"开头的产品名称，如图12-8所示。

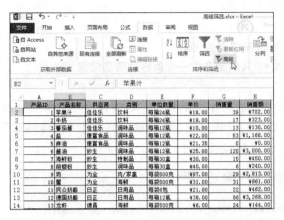

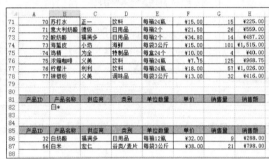

图12-8 显示符合条件的记录

### 3. 筛选同时满足多个条件的数据结果

实战练习素材：光盘\素材\第12章\原始文件\高级筛选.xlsx

最终结果文件：光盘\素材\第12章\结果文件\同时满足多个条件的筛选结果.xlsx

当使用高级筛选时，可以在条件区域的同一行中输入多重条件，条件之间是"与"的关系。为了使一个记录能够匹配该多重条件，全部的条件都必须被满足。如图12-9所示就是一个条件"与"的筛选结果。具体操作只需在"高级筛选"对话框中指定"列表区域"、"条件区域"和"复制到"的正确位置即可。

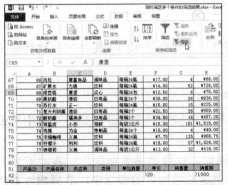

图12-9 筛选单价大于20，并且销售额大于1000的记录

### 4.筛选只满足其中一个条件的数据结果

> 实战练习素材：光盘\素材\第12章\原始文件\高级筛选.xlsx
> 最终结果文件：光盘\素材\第12章\结果文件\只满足其中一个条件的筛选结果.xlsx

如果要建立"或"关系的条件区域，则将条件放在不同的行中。这时，一个记录只要满足条件之一，即可显示出来。如图12-10所示就是一个"或"的筛选结果。具体操作只需在"高级筛选"对话框中指定"列表区域"、"条件区域"和"复制到"的正确位置即可。

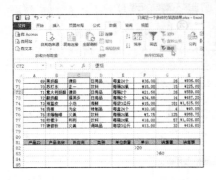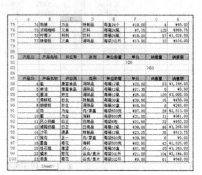

图12-10 筛选单价大于20，或者销售量大于50的记录

# 12.3
## 分类汇总

分类汇总是指根据指定的类别将数据以指定的方式进行统计，这样可以快速将大型表格中的数据进行汇总与分析，以获得想要的统计数据。

## 12.3.1 创建分类汇总

> 实战练习素材：光盘\素材\第12章\原始文件\创建分类汇总.xlsx
> 最终结果文件：光盘\素材\第12章\结果文件\创建分类汇总.xlsx

插入分类汇总之前需要将准备分类汇总的数据区域按关键字排序，从而使相同关键字的行排列在相邻行中，有利于分类汇总的操作。具体操作步骤如下：

**1** 对需要分类汇总的字段进行排序。例如，对"销售地区"进行排序。

**2** 选定数据清单中的任意一个单元格，切换到功能区中的"数据"选项卡，在"分级显示"组中单击"分类汇总"按钮，出现"分类汇总"对话框。

**3** 在"分类字段"列表框中，选择步骤1中进行排序的字段。例如，选择"销售地区"。在"汇总方式"列表框中，选择汇总计算方式。例如，选择"求和"。在"选定汇总项"列表框中，选择想计算的列。例如，选择"销售额"。

**4** 单击"确定"按钮即可得到分类汇总结果，如图12-11所示。

图12-11 创建分类汇总

## 12.3.2 分级显示分类汇总

对数据清单进行分类汇总后，在行标题的左侧出现了一些新的标志，称为分级显示符号，它主要用于显示或隐藏某些明细数据。明细数据就是在进行了分类汇总的数据清单或者工作表分级显示中的分类汇总行或列。

在分级显示视图中，单击行级符号 1，仅显示总和与列标志；单击行级符号 2，仅显示分类汇总与总和，如图12-12所示。

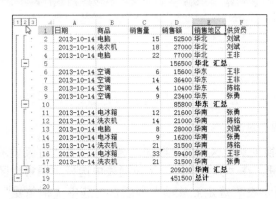 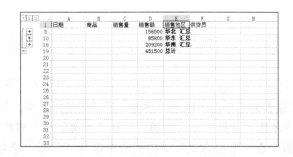

图12-12 显示明细数据

单击"隐藏明细数据"按钮 −，表示将当前级的下一级明细数据隐藏起来；单击"显示明细数据"按钮 +，表示将当前级的下一级明细数据显示出来。如图12-13所示为将"华北"明细隐藏起来的效果。

图12-13 隐藏"华北"的明细

## 12.3.3　嵌套分类汇总

实战练习素材：光盘\素材\第12章\原始文件\嵌套分类汇总.xlsx
最终结果文件：光盘\素材\第12章\结果文件\嵌套分类汇总.xlsx

　　嵌套分类汇总是指对一个模拟运算表格进行多次分类汇总，每次分类汇总的关键字各不相同。在创建嵌套分类汇总前，需要对多次汇总的分类字段排序，由于排序字段不止一个，因此属于多列排序。下面以"销售地区"和"商品"为分类字段进行嵌套分类汇总，具体操作步骤如下：

**1** 切换到功能区中的"数据"选项卡，在"排序和筛选"组中单击"排序"按钮，打开"排序"对话框。将"主要关键字"设置为"销售地区"，将其"次序"设置为"升序"。单击"添加条件"按钮，将添加的"次要关键字"设置为"商品"，将其"次序"设置为"升序"，如图12-14所示。

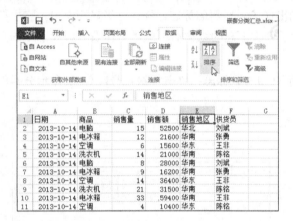

图12-14　"排序"对话框

**2** 设置好后单击"确定"按钮，返回到工作表中。切换到功能区中的"数据"选项卡，在"分级显示"组中单击"分类汇总"按钮，打开"分类汇总"对话框。在"分类字段"下拉列表中选择"销售地区"选项，在"汇总方式"下拉列表中选择"求和"选项，在"选定汇总项"列表框内选中"销售量"和"销售额"复选框。单击"确定"按钮，进行第1次汇总，结果如图12-15所示。

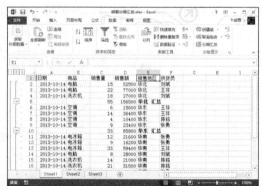

图12-15　第1次分类汇总

**3** 切换到功能区中的"数据"选项卡，在"分级显示"组中单击"分类汇总"按钮，再次打开"分类汇总"对话框，在"分类字段"下拉列表中选择"商品"选项，在"汇总方式"下拉列表中选择"计数"

选项，在"选定汇总项"列表框内选中"供货员"复选框，撤选"替换当前分类汇总"复选框，如图12-16所示。

**4** 单击"确定"按钮进行第2次汇总，如图12-17所示。

图12-16 撤选"替换当前分类汇总"复选框

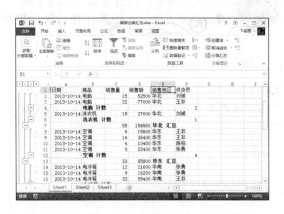

图12-17 两次分类汇总形成嵌套

## 12.3.4 删除分类汇总

如果用户觉得不需要进行分类汇总，则切换到功能区中的"数据"选项卡，在"分级显示"组中单击"分类汇总"按钮，打开"分类汇总"对话框，单击"全部删除"按钮，即可删除分类汇总。

# 12.4
## 办公实例：统计分析员工工资

本节将通过一个具体的实例——统计分析员工工资，来巩固与拓展本章所学的知识，使读者能够快速将知识应用到实际的工作中。

## 12.4.1 实例描述

本实例将统计分析员工的工资，主要涉及到以下内容：

- 按照"工资"降序排序
- 按照"部门"升序排序，按照"工资"降序排序
- 筛选出"高级职员"的相应数据
- 筛选出"部门"为"开发部"，工资低于、等于5000的数据
- 以"性别"为分类依据，统计男女的人数。
- 以"部门"为分类依据，统计各部门的工资总和。

## 12.4.2 实例操作指南

实战练习素材：光盘\素材\第12章\原始文件\统计分析员工工资.xlsx
最终结果文件：光盘\素材\第12章\结果文件\统计分析员工工资.xlsx

本实例的具体操作步骤如下：

**1** 打开原始文件，单击"工资"列中的任意一个单元格，然后切换到功能区中的"数据"选项卡，单击"排序和筛选"组中的"降序"按钮，即可对"工资"进行降序排序，如图12-18所示。

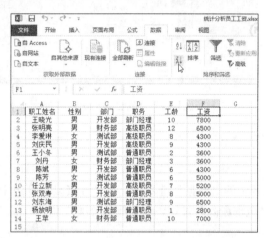

图12-18 对"工资"进行降序排序

**2** 单击"排序和筛选"组中的"排序"按钮，打开如图12-19所示的"排序"对话框。将"主要关键字"设置为"部门"，"次序"设置为"升序"。单击"添加条件"按钮，将"次要关键字"设置为"工资"，"次序"设置为"降序"。

图12-19 "排序"对话框

**3** 单击"确定"按钮，显示如图12-20所示的多列排序后的结果。

| | A | B | C | D | E | F | G |
|---|---|---|---|---|---|---|---|
| 1 | 职工姓名 | 性别 | 部门 | 职务 | 工龄 | 工资 | |
| 2 | 王苹 | 女 | 财务部 | 普通职员 | 10 | 7000 | |
| 3 | 张明亮 | 男 | 财务部 | 高级职员 | 12 | 6500 | |
| 4 | 刘丹 | 女 | 财务部 | 部门经理 | 3 | 3600 | |
| 5 | 刘东海 | 男 | 测试部 | 部门经理 | 9 | 6500 | |
| 6 | 陈芳 | 女 | 测试部 | 普通职员 | 6 | 5000 | |
| 7 | 李爱琳 | 女 | 测试部 | 高级职员 | 8 | 4300 | |
| 8 | 王小冬 | 男 | 测试部 | 普通职员 | 2 | 3600 | |
| 9 | 王晓光 | 男 | 开发部 | 部门经理 | 10 | 7800 | |
| 10 | 任立新 | 男 | 开发部 | 高级职员 | 7 | 5200 | |
| 11 | 张双寿 | 男 | 开发部 | 普通职员 | 8 | 5000 | |
| 12 | 刘庆民 | 男 | 开发部 | 高级职员 | 9 | 4300 | |
| 13 | 陈斌 | 男 | 开发部 | 普通职员 | 6 | 4300 | |
| 14 | 杨放明 | 男 | 开发部 | 普通职员 | 1 | 2800 | |
| 15 | | | | | | | |

图12-20 多列排序后的结果

**4** 单击"排序和筛选"组中的"筛选"按钮，单击标题"职务"右侧的向下箭头，在弹出的下拉列表中选择"高级职员"复选框，单击"确定"按钮，筛选出职务为"高级职员"的数据，如图12-21所示。

图12-21 筛选职务为"高级职员"的数据

**5** 单击"排序和筛选"组中的"筛选"按钮，退出自动筛选功能。在单元格区域C17:D18中输入自定义筛选条件，如图12-22所示。

**6** 单击"排序和筛选"组中的"高级"按钮，打开如图12-23所示的"高级筛选"对话框，在"列表区域"文本框中自动选择了要筛选的数据区域，单击"条件区域"文本框右侧的折叠按钮，然后在工作表中选择条件区域。

图12-22 输入自定义筛选条件

图12-23 "高级筛选"对话框

**7** 单击"确定"按钮，即可得到如图12-24所示的4条符合条件的数据。单击"排序和筛选"组中的"清除"按钮，清除当前的筛选。

**8** 单击"排序和筛选"组中的"排序"按钮，打开如图12-25所示的"排序"对话框，设置两个排序条件。

**9** 单击"确定"按钮，对两列进行排序。单击"分级显示"选项组中的"分类汇总"按钮，打开如图12-26所示的"分类汇总"对话框。在"分类字段"下拉列表中选择"性别"，在"汇总方式"下拉列表框中选择"计数"，在"选定汇总项"列表框中选择"职工姓名"复选框。

图12-24 高级筛选后的结果

图12-25 "排序"对话框

图12-26 "分类汇总"对话框

**10** 单击"确定"按钮，即可统计出男女性别的人数，如图12-27所示。

**11** 再次单击"分类汇总"按钮，打开"分类汇总"对话框，在"分类字段"下拉列表框中选择"部门"，在"汇总方式"下拉列表框中选择"求和"，在"选定汇总项"列表框中选择"工资"，撤选"替换当前分类汇总"复选框，如图12-28所示。

**12** 单击"确定"按钮，即可在原有的分类汇总的基础上进行第二次汇总，如图12-29所示。

图12-27 统计出男女性别的人数

图12-28 指定第二次汇总的相应信息

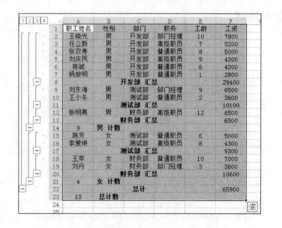

图12-29 分类汇总后的结果

### 12.4.3 实例总结

本实例复习了本章所讲述的关于数据的排序、筛选和分类汇总等方面的基本操作和应用技巧，主要用到所学的以下知识点：

- 对单列快速排序
- 对多列排序
- 数据的自动筛选
- 数据的高级筛选
- 创建分类汇总
- 创建嵌套的分类汇总

# 12.5
## Excel 重要数据的保护

本节将介绍工作表和工作簿安全性的相关设置，包括保护工作表、保护工作簿的结构、检查工作簿的安全性以及工作簿设置密码等内容。

### 12.5.1 保护工作表

Excel 2013增加了强大而灵活的保护功能，以保证工作表或单元格中的数据不会被随意更改。

设置保护工作表的具体操作步骤如下：

**1** 右击工作表标签，在弹出的快捷菜单中选择"保护工作表"命令，出现如图12-30所示的"保护工作表"对话框，选中"保护工作表及锁定的单元格内容"复选框。

**2** 要给工作表设置密码，可以在"取消工作表保护时使用的密码"文本框中输入密码。

**3** 在"允许此工作表的所有用户进行"列表框中选择可以进行的操作，或者撤选禁止操作的复选框。例如，选中"设置单元格格式"复选框，则允许用户设置单元格的格式。

**4** 单击"确定"按钮。此时，在工作表中输入数据时会弹出如图12-31所示的对话框，禁止任何修改操作。

图12-30 "保护工作表"对话框

图12-31 输入数据时弹出对话框

完 全 掌 握

Windows 8+Office 2013办公应用 超级手册

要取消对工作表的保护，可以按照下述步骤进行操作：

**1** 切换到功能区中的"开始"选项卡，在"单元格"组中单击"格式"按钮，在弹出的菜单中选择"撤消工作表保护"命令。

**2** 如果给工作表设置了密码，则会出现如图12-32所示的"撤销工作表保护"对话框，输入正确的密码。单击"确定"按钮。

图12-32 "撤销工作表保护"对话框

## 12.5.2 保护工作簿的结构

如果不希望其他人随意在重要的Excel工作簿中移动、添加或删除其中的工作表，可以对工作簿的结构进行保护。如果对工作簿进行了窗口保护，则将锁死当前工作簿中的工作表窗口，使其无法进行最小化、最大化、还原等操作。

保护工作簿结构和窗口的具体操作步骤如下：

**1** 切换到功能区中的"审阅"选项卡，在"更改"组中单击"保护工作簿"按钮，在弹出的菜单中选择"保护结构和窗口"命令，打开如图12-33所示的"保护结构和窗口"对话框。

**2** 选中"结构"和"窗口"复选框，在"密码（可选）"文本框中输入密码，密码是区分大小写的。单击"确定"按钮，打开"确认密码"对话框，重新输入一次刚才设置的密码。

**3** 单击"确定"按钮，即可设置工作簿的密码。此时右击某个工作表标签，在弹出的菜单中可以看到已经无法插入、删除、重命名、移动和复制以及隐藏工作表了，如图12-34所示。

326

这些命令变灰了，无法选择

图12-33 "保护结构和窗口"对话框

图12-34 保护后的工作表快捷菜单

要取消工作簿的密码保护，可以切换到"审阅"选项卡，在"更改"组中单击"保护工作簿"按钮，在打开的对话框中的输入前面设置的密码，然后单击"确定"按钮即可。

### 12.5.3 检查工作簿的安全性

Excel 2013中提供了一个查看和修改Excel文档隐私的功能逐一检查文档。在将编辑好的Excel文档给别人浏览之前，可以通过"检查文档"功能来检查文档中是否包含某些重要的有关个人隐私的数据。为了安全和保密，用户可以在检查后删除这些数据。具体操作步骤如下：

**1** 单击"文件"选项卡，在弹出的菜单中选择"信息"命令，然后单击"检查问题"按钮，在弹出的菜单中选择"检查文档"命令，打开如图12-35所示的"文档检查器"对话框。

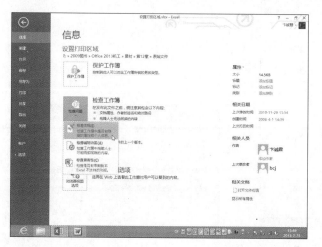

图12-35 "文档检查器"对话框

**2** 选择要进行检查的项目，然后单击"检查"按钮，Excel开始对文档进行检查，将在"文档检查器"对话框中显示检查结果，如图12-36所示。单击要删除项目右侧的"全部删除"按钮，即可将该项隐私内容删除。

图12-36 "文档检查器"对话框

## 12.5.4 为工作簿设置密码

如果工作簿中的内容非常重要，并且不希望被其他人随便打开，则可以为工作簿设置密码。用户可以采用以下两种方法设置工作簿的密码：

- 单击"文件"选项卡，在弹出的菜单中选择"信息"命令，然后单击"保护工作簿"按钮，在弹出的菜单中选择"用密码进行加密"命令，打开如图12-37所示的"加密文档"对话框，输入一个密码，然后单击"确定"按钮。

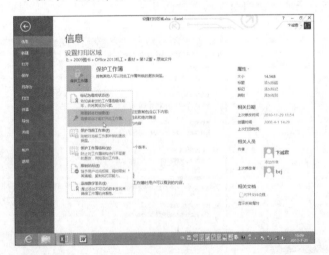

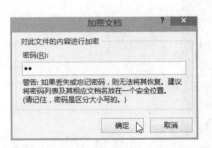

图12-37 "加密文档"对话框

● 单击"文件"选项卡，然后选择"另存为"命令，指定此文件的保存位置，或者单击"浏览"按钮，在打开的"另存为"对话框中单击"工具"按钮，在弹出的菜单中选择"常规选项"命令，然后在出现的"常规选项"对话框中设置打开工作簿时的密码，如图12-38所示。另外，还可以设置是否允许用户编辑表格数据的修改密码。如果设置了这个密码，而用户并未输入正确，则工作簿将以只读方式打开，即无法修改工作表中的数据。

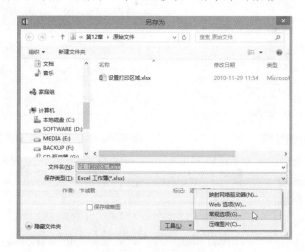

图12-38 "常规选项"对话框

# 12.6
## 提高办公效率的诀窍

## 窍门1：通过 Excel 表进行排序和筛选

为了便于管理与分析一组相关数据，可以将单元格区域转换为Excel表（以前版本称为"Excel列表"）。表是一系列包含相关数据的行和列。

在Excel 2013中，需要将指定的区域创建为Excel表，并且该区域可以包含空行或空列。创建Excel表的操作步骤如下：

**1** 在工作表中，选择要转换为Excel表的空单元格或数据区域，如图12-39所示。

**2** 切换到功能区中的"插入"选项卡，在"表格"组中单击"表格"按钮，打开如图12-40所示的"创建表"对话框。在"表数据的来源"文本框中将自动填充步骤1选择的单元格区域，也可以重新输入一个区域。如果选择的区域包含要显示为表格标题的数据，则需选中"表包含标题"复选框。

图12-39 选择要转换为Excel表的数据区域

图12-40 "创建表"对话框

**3** 单击"确定"按钮，即可创建一个Excel表，如图12-41所示。在创建表的每个标题右侧都有一个下拉按钮，单击该按钮即可在弹出的下拉列表中进行排序和筛选操作。

**4** 单击表中任意一个单元格，切换到功能区中的"设计"选项卡，在"表格样式"组的列表中可以更改表的样式。如果要将表转换为创建前的普通数据区域，那么只需右击表中任意一个单元格，在弹出的快捷菜单中选择"表格"→"转换为区域"命令即可。

## 窍门2：对数据进行合并计算

一个公司可能有很多的销售地区或者分公司，每个分公司具有各自的销售报表和会计报

图12-41 创建Excel表

表，为了对整个公司的情况进行全面的了解，就要将这些分散的数据进行合并，从而得到一份完整的销售统计报表或者会计报表。在Excel中，系统提供了合并计算的功能，可以轻松完成这些汇总工作。

Excel提供了两种合并计算数据的方法，一是通过位置（适用于源区域有相同位置的数据汇总），二是通过分类（适用于源区域没有相同布局的数据汇总）。

### 1. 通过位置合并计算数据

如果所有源区域中的数据按同样的顺序和位置排列，则可以通过位置进行合并计算。例如，如果用户的数据来自同一模板创建的一系列工作表，则通过位置合并计算数据。在本例中，"一分公司"、"二分公司"和"三分公司"分别放在不同的工作表中，要把相关的数据统计到一个工作表中，具体操作步骤如下：

**1** 单击"视图"选项卡上的"新建窗口"按钮，新建一个工作簿窗口，如图12-42所示。

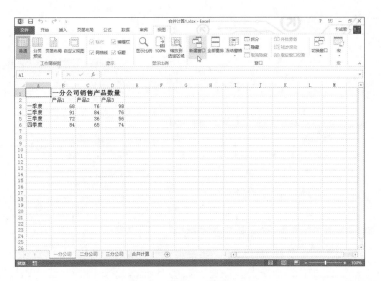

图12-42 单击"新建窗口"按钮

**2** 再单击3次"新建窗口"按钮，共新建4个工作簿窗口。

**3** 切换到功能区中的"视图"选项卡，在"窗口"组中单击"全部重排"按钮，出现如图12-43所示的"重排窗口"对话框。

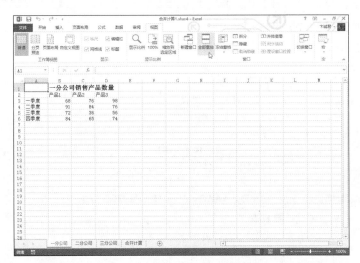

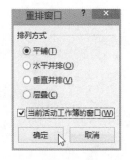

图12-43 "重排窗口"对话框

**4** 选中"平铺"单选按钮，以及"当前活动工作簿的窗口"复选框。单击"确定"按钮，即可同时显示当前的工作簿窗口，分别切换显示不同的工作表。

**5** 单击合并计算数据目标区域左上角的单元格。例如，单击"合并计算"工作表标签，并选定单元格A1。

**6** 切换到功能区中的"数据"选项卡，在"数据工具"组中单击"合并计算"按钮，出现如图12-44所示的"合并计算"对话框。

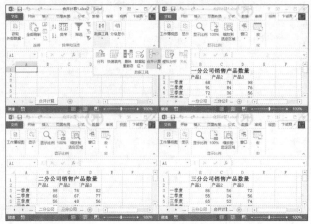

图12-44 "合并计算"对话框

**7** 在"函数"列表框中确定合并汇总计算的方法。例如，选择"求和"。在"引用位置"框中指定要加入合并计算的源区域。例如，单击"引用位置"框右侧的"折叠对话框"按钮，然后在"一分公司"所在的工作表中选定相应的单元格区域。

**8** 再次单击"引用位置"框右侧的"展开对话框"按钮，返回到对话框，可以看到单元格引用出现在"引用位置"框中。单击"添加"按钮，将在"所有引用位置"框中增加一个区域。

**9** 重复步骤7~8的操作，直到选定所有要合并计算的区域。

**10** 单击"确定"按钮。将3个工作表的数据合并到一个工作表中，如图12-45所示。

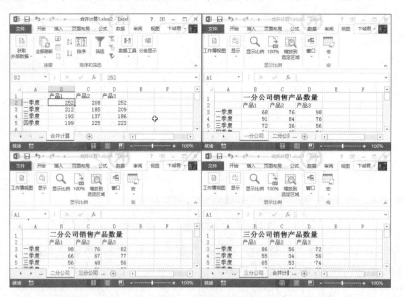

图12-45 合并计算的结果

### 2. 通过分类合并计算数据

当源区域包含相似的数据，却以不同方式排列时，可以通过分类来合并计算数据。例如，以下面的表格为例，在"各部门平均年龄及工资"表中进行平均值合并计算，具体操作步骤如下：

**1** 单击合并计算数据目标区域左上角的单元格，切换到功能区中的"数据"选项卡，单击"数据工具"组中的"合并计算"按钮。

**2** 出现如图12-46所示的"合并计算"对话框，在"函数"下拉列表框中选择"平均值"函数。

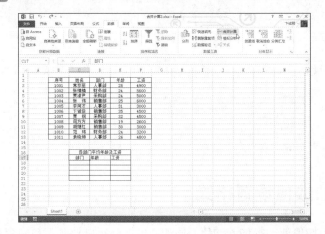

图12-46 "合并计算"对话框

**3** 在"引用位置"框中，选定或输入需要进行合并计算的源区域。在"标签位置"选项组中，选中指示标签在源区域中位置的复选框，例如，选中"首行"和"最左列"复选框。

**4** 单击"确定"按钮。如图12-47所示为按分类进行合并计算的结果。

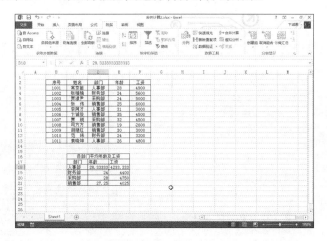

图12-47 按照分类合并计算

## 窍门 3：使用 RANK 函数排序

对某些数值列（如"工龄、工资、名次"等）进行排序时，用户可能不希望打乱表格原有数据的顺序，而只需得到一个排列名次。对于这个问题，可以用RANK函数来实现。具体操作步骤如下：

**1** 选定单元格K4，输入公式：=RANK(H4,$H$4:$H$21)，然后按Enter键得到单元格K4数据的排名。

**2** 再次选定单元格K4，将鼠标移到该单元格右下角的填充柄处，按住鼠标左键向下拖动到最后一条数据为止，就出现排名次序了，如图12-48所示。

| | A | B | C | D | E | F | G | H | I | J | K | L |
|---|---|---|---|---|---|---|---|---|---|---|---|---|
| 1 | | | 在职培训成绩一览表 | | | | | | | | | |
| 2 | | | | | | | | | | | | |
| 3 | 员工编号 | 姓名 | Excel应用 | 商务英语 | 市场营销 | 广告学 | 总分 | 平均分 | 等级 | 名次 | | |
| 4 | 1001 | 冯秀娟 | 77 | 98 | 90 | 79 | 344 | 86 | 优 | 1 | | |
| 5 | 1002 | 张横横 | 81 | 89 | 72 | 80 | 322 | 80.5 | 优 | 4 | | |
| 6 | 1003 | 贾淑媛 | 62 | 72 | 75 | 77 | 286 | 71.5 | 良 | 14 | | |
| 7 | 1004 | 张 伟 | 90 | 74 | 88 | 67 | 319 | 79.75 | 良 | 7 | | |
| 8 | 1005 | 李阿才 | 88 | 92 | 67 | 64 | 311 | 77.75 | 良 | 8 | | |
| 9 | 1006 | 卞诚俊 | 67 | 70 | 94 | 79 | 310 | 77.5 | 良 | 10 | | |
| 10 | 1007 | 贾 锐 | 74 | 72 | 73 | 80 | 299 | 74.75 | 良 | 12 | | |
| 11 | 1008 | 司方方 | 92 | 65 | 86 | 77 | 320 | 80 | 优 | 6 | | |
| 12 | 1009 | 胡继红 | 65 | 68 | 79 | 67 | 279 | 69.75 | 及格 | 15 | | |
| 13 | 1010 | 范 玮 | 75 | 71 | 75 | 90 | 311 | 77.75 | 良 | 9 | | |
| 14 | 1011 | 袁晓坤 | 52 | 48 | 59 | 64 | 223 | 55.75 | 不及格 | 18 | | |
| 15 | 1012 | 王爱民 | 48 | 56 | 58 | 62 | 224 | 56 | 不及格 | 17 | | |
| 16 | 1013 | 李佳斌 | 57 | 51 | 64 | 60 | 232 | 58 | 不及格 | 16 | | |
| 17 | 1014 | 卞郅翔 | 85 | 73 | 93 | 87 | 338 | 84.5 | 优 | 2 | | |
| 18 | 1015 | 张敏敏 | 76 | 89 | 90 | 80 | 335 | 83.75 | 优 | 3 | | |
| 19 | 1016 | 吴 峻 | 80 | 92 | 72 | 77 | 321 | 80.25 | 优 | 5 | | |
| 20 | 1017 | 王 芳 | 64 | 90 | 75 | 79 | 308 | 77 | 良 | 11 | | |
| 21 | 1018 | 王洪宽 | 73 | 74 | 67 | 80 | 294 | 73.5 | 良 | 13 | | |
| 22 | | | | | | | | | | | | |

图12-48 计算排名次序

## 窍门4：对高于或低于平均值的数值设置格式

用户可以在单元格区域中查找高于或低于平均值或标准偏差的值。例如，可以在年度业绩审核中查找业绩高于平均水平的人员，或者在质量评级中查找低于两倍标准偏差的制造材料。具体操作步骤如下：

**1** 选定单元格区域，切换到功能区中的"开始"选项卡，在"样式"组内单击"条件格式"按钮，在弹出的菜单中指向"项目选取规则"命令。在子菜单中选择所需的命令，如"高于平均值"（或"低于平均值"），如图12-49所示。

**2** 打开如图12-50所示的"高于平均值"对话框，从"针对选定区域，设置为"下拉列表框中选择一种格式；或者单击下拉列表框中的"自定义格式"选项，打开"设置单元格格式"对话框，对字体、边框与字体颜色进行设置。

图12-49 选择"高于平均值"命令          图12-50 "高于平均值"对话框

**3** 设置完毕后单击"确定"按钮返回。

## 窍门5：快速删除表格中重复的数据

用户在制作表格时经常不小心输入重复的数据，此时如果要一行一行地找出重复数据，需要花费不少时间。在此介绍如何快速删除重复数据的方法。

首先使用"筛选"功能将表格抽出，然后隐藏所有重复的数据，接着将隐藏重复数据的表格复制到另一张工作表中，如此就能够完成没有重复数据的表格了。

**1** 单击表格中的单元格，切换到"数据"选项卡，单击"排序和筛选"组中的"高级"按钮，打开如图12-51所示的"高级筛选"对话框。

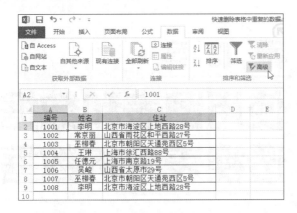

图12-51 "高级筛选"对话框

**2** 单击"列表区域"右侧的按钮，然后在表格中选择要调查有无重复数据的列（在此选择"姓名"与"地址"的B、C两列），然后再次单击右侧按钮返回到"高级筛选"对话框中。

**3** 勾选"选择不重复的记录"复选框，然后单击"确定"按钮，就能够隐藏重复数据的行，如图12-52所示。之后再复制这张表格粘贴到其他的工作表即可。

图12-52 隐藏了重复的数据

为了使数据更加直观，可以将数据以图表的形式展示出来，因为利用图表可以很容易发现数据间的对比或联系。Excel中另一个分析数据的利器就是数据透视表，它具有很强的交互性，它可以把用户输入的数据进行不同的数据搭配，从而获得不同的显示以及统计结果，并且能够将数据透视表转换为数据透视图，以获得图形化方式的操作。本章将讲述在Excel中使用图表和数据透视表分析数据的方法，最后通过一个综合实例巩固所学内容。

# 第 13 章
# 使用图表和数据透视表分析数据

## 教学目标 》》》》》》》》》》》》》》》》》》

通过本章的学习，你能够掌握如下内容：

※ 掌握创建图表的方法

※ 修改图表的内容，并将制作好的图表保存为模板

※ 使用迷你图在单元格中快速创建图表

※ 创建与编辑数据透视表

※ 利用数据透视表创建数据透视图

# 13.1

## 即时创建图表

实战练习素材：光盘\素材\第13章\原始文件\即时创建图表.xlsx
最终结果文件：光盘\素材\第13章\结果文件\即时创建图表.xlsx

Excel 2013新增的"快速分析"工具，只需一次单击即可将数据转换为图表。具体操作步骤如下：

**1** 选择包含要分析数据的单元格区域，单击显示在选定数据右下方的"快速分析"按钮。

**2** 在"快速分析"库中单击"图表"选项卡，单击要使用的图表类型，即可快速创建图表，如图13-1所示。

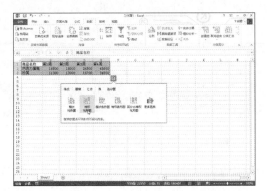
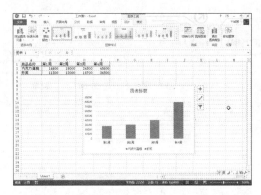

图13-1 即时创建图表

当用户创建图表后，在图表旁新增三个按钮，让用户快速选择和预览对图表元素（例如标题或标签）、图表的外观和样式或显示数据的更改。

# 13.2

## 创建图表的基本方法

实战练习素材：光盘\素材\第13章\原始文件\创建图表.xlsx
最终结果文件：光盘\素材\第13章\结果文件\创建图表.xlsx

图表既可以放在工作表上，也可以放在工作簿的图表工作表上。直接出现在工作表上的图表称为嵌入式图表，图表工作表是工作簿中仅包含图表的特殊工作表。嵌入式图表和图表工作表都与工作表的数据相链接，并随工作表数据的更改而更新。

创建图表的具体操作步骤如下：

**1** 在工作表中选定要创建图表的数据。

**2** 切换到功能区中的"插入"选项卡，在"图表"组中选择要创建的图表类型，这里单击"柱形图"按钮，在菜单中选择需要的图表类型，即可在工作表中创建图表，如图13-2所示。

 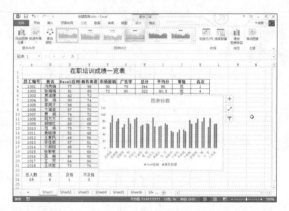

图13-2 创建图表

**办公专家一点通**

**为数据创建合适的图表**

Excel 2013提供了"图表推荐"功能,可以针对选择的数据推荐最合适的图表。用户只需选择数据区域后,单击"插入"选项卡中的"图表"组的"推荐的图表"按钮,在打开的对话框中通过快速预览查看选择的数据在不同图表中的显示方式,然后选择能够展示想呈现的概念的图表,如图13-3所示。

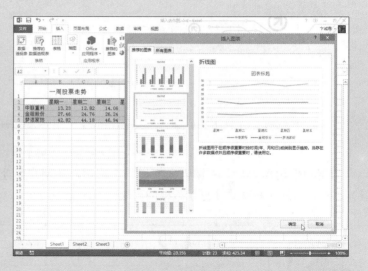

图13-3 推荐的图表

# 13.3
## 图表的基本操作

创建图表并将其选定后,功能区将多出两个选项卡,即"图表工具/设计"和"图表工具/格式"选项卡。通过这两个选项卡中的命令按钮,可以对图表进行各种设置和编辑。

### 13.3.1 选定图表项

对图表中的图表项进行修饰之前,应该单击图表项将其选定。有些成组显示的图表项(如数据系列和图例等）各自可以细分为单独的元素，例如，为了在数据系列中选定一个单独的数据标记，先单击数据系列，再单击其中的数据标记。

　　另外一种选择图表项的方法是：单击图表的任意位置将其激活，然后切换到"格式"选项卡，单击"图表元素"列表框右侧的向下箭头，从弹出的下拉列表中选择要处理的图表项，如图13-4所示。

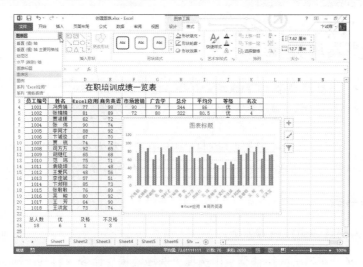

图13-4 选择图表项

## 13.3.2 调整图表大小、位置和移动图表

　　要调整图表的大小，可以直接将鼠标移动到图表的浅蓝色边框的控制点上，当形状变为双向箭头时拖动即可调整图表的大小；也可以在"格式"选项卡的"大小"组中精确设置图表的高度和宽度。

　　移动图表位置分为在当前工作表中移动和在工作表之间移动两种情况。在当前工作表中移动与移动文本框与艺术字等对象的操作是一样的。只要单击图表区并按住鼠标左键进行拖动即可。下面主要介绍一下在工作表之间移动图表的方法，例如要将Sheet1中的图表移动到新建的Sheet2中，具体操作步骤如下：

**1** 右击工作表Sheet1中的图表区，在弹出的快捷菜单中选择"移动图表"命令。

**2** 打开"移动图表"对话框，选中"对象位于"单选按钮，在右侧的下拉列表中选择Sheet2选项。单击"确定"按钮，即可将Sheet1的图表移动到Sheet2中，如图13-5所示。

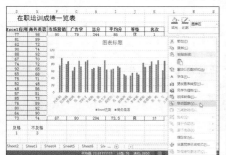

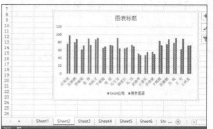

图13-5 将图表从一个工作表移到另一个工作表中

办公专家一点通

还可以单击图表中的图表区，然后切换到功能区中的"设计"选项卡，在"位置"选项组中单击"移动图表"按钮，然后在"移动图表"对话框中进行移动图表的操作。

## 13.3.3 更改图表源数据

实战练习素材：光盘\素材\第13章\原始文件\更改图表源数据.xlsx
最终结果文件：光盘\素材\第13章\结果文件\更改图表源数据.xlsx

在图表创建好后，可以在日后根据需要随时向图表中添加新数据，或从图表中删除现有的数据。本节将介绍重新添加所有数据、添加部分数据、交换图表的行与列、删除图表中的数据等。

### 1. 重新添加所有数据

重新添加所有数据的具体操作步骤如下：

**1** 右击图表中的图表区，在弹出的快捷菜单中选择"选择数据"命令，打开"选择数据源"对话框，单击"图表数据区域"右侧的折叠按钮，如图13-6所示。

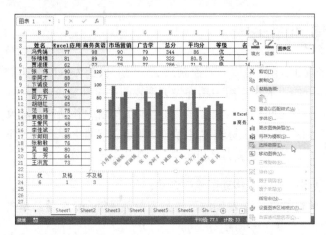

图13-6 "选择数据源"对话框

**2** 返回Excel工作表重新选择数据源区域，在折叠的"选择数据源"对话框中显示重新选择后的单元格区域，如图13-7所示。

**3** 单击展开按钮，返回"选择数据源"对话框，将自动输入新的数据区域，并添加相应的图例和水平轴标签，如图13-8所示。

340

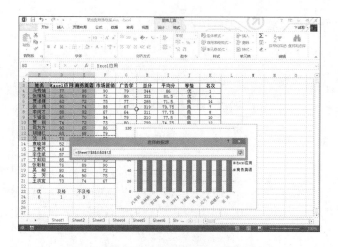

图13-7 重新选择数据源的区域

图13-8 选择数据后的"选择数据源"对话框

**4** 确认无误后单击"确定"按钮，即可在图表中添加新的数据，如图13-9所示。

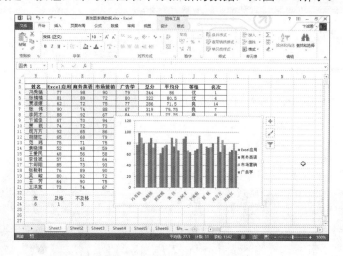

图13-9 在图表中添加了新数据

### 2. 添加部分数据

除了添加所有数据外，还可以根据需要只添加某一列数据到图表中。具体操作步骤如下：

**1** 打开"选择数据源"对话框，单击"添加"按钮，打开"编辑数据系列"对话框，通过单击折叠按钮分别选择好"系列名称"和"系列值"，如图13-10所示。

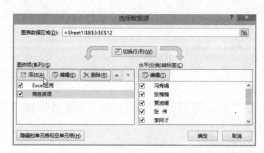
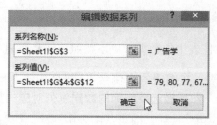

图13-10 "编辑数据系列"对话框

341

**2** 单击"确定"按钮，返回"选择数据源"对话框，可以看到添加的图例项。单击"确定"按钮，即可在图表中添加选择的数据区域，如图13-11所示。

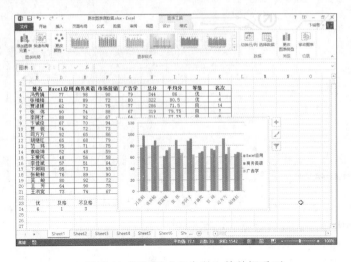

图13-11 添加了"广告学"的数据系列

> **办公专家一点通**
>
> 向图表中添加数据最简单的方法就是复制工作表的数据并粘贴到图表中，首先选择要添加到图表中的单元格区域，然后切换到"开始"选项卡，单击"剪贴板"组中的"复制"按钮。单击图表将其选中，再单击"剪贴板"组中的"粘贴"按钮。

### 3. 交换图表的行与列

创建图表后，如果发现其中的图例与分类轴的位置颠倒了，可以很方便地对其进行调整。打开"选择数据源"对话框，单击"切换行/列"按钮，然后单击"确定"按钮即可，效果如图13-12所示。

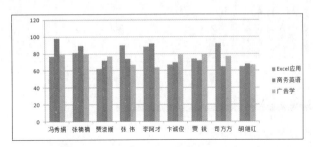 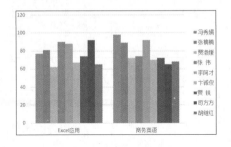

图13-12 交换图表的行与列

> **办公专家一点通**
>
> 也可以选中图表后，切换到功能区中的"设计"选项卡，在"数据"组中单击"切换行/列"按钮，即可快速交换图表的行与列。

### 4. 删除图表中的数据

要删除图表中的数据，可以按照下述步骤进行操作：

**1** 选定图表，在图表的右侧会出现3个按钮，单击"图表筛选器"按钮 ▽ ，在弹出的窗口中单击"数值"选项卡，然后撤选要删除的数据系列对应的复选框。

**2** 单击"应用"按钮，即可从图表中删除，如图13-13所示。

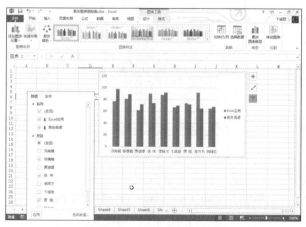

图13-13 删除图表中的数据

另外，当工作表中的某项数据被删除时，图表内相应的数据系列也会消失。

# 13.4

## 修改图表内容

一个图表中包含多个组成部分，默认创建的图表只包含其中的几项，如果希望图表显示更多信息，就有必要添加一些图表布局元素。另外，为了使图表美观，也可以为图表设置样式。

### 13.4.1 添加并修饰图表标题

实战练习素材：光盘\素材\第13章\原始文件\添加图表标题.xlsx
最终结果文件：光盘\素材\第13章\结果文件\添加图表标题.xlsx

如果要为图表添加一个标题并对其进行美化，可以按照下述步骤进行操作：

**1** 单击图表将其选中，单击右侧的"图表元素"按钮，在弹出的窗口内选中"图表标题"复选框，如图13-14所示。还可以单击该复选框右侧的箭头，进一步选择一种放置标题的方式。

**2** 在文本框中输入标题文本，如图13-15所示。

**3** 右击标题文本，在弹出的快捷菜单中选择"设置图表标题格式"命令，打开"设置图表标题格式"窗格，单击"标题选项"选项卡，可以为标题设置填充、边框颜色、边框样式、阴影、三维格式以及对齐方式等，如图13-16所示。

**办公专家一点通** Office 2013

用户还可以选定图表后，单击"设计"选项卡中的"图表布局"组的"添加图表元素"按钮，在弹出的下拉菜单中选择"图表标题"命令，再选择一种放置标题的方式。

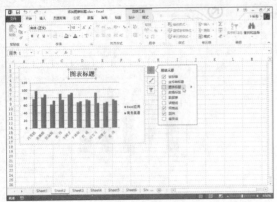

图13-14 选中"图表标题"复选框

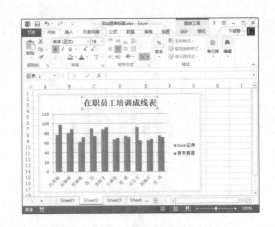

图13-15 添加图表标题

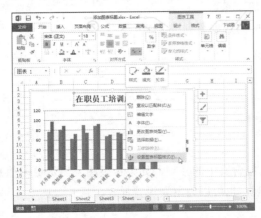

图13-16 设置标题的格式

## 13.4.2 设置坐标轴及标题

用户可以决定是否在图表中显示坐标轴以及显示的方式，而为了使水平和垂直坐标的内容更加明确，还可以为坐标轴添加标题。设置图表坐标轴及标题的具体操作步骤如下：

**1** 单击图表区，然后切换到功能区中的"设计"选项卡，单击"添加图表元素"按钮，在弹出的下拉菜单中单击"坐标轴"选项，然后选择要设置"主要横坐标轴"还是"主要纵坐标轴"。

**2** 要设置坐标轴标题，可以在"添加图表元素"下拉菜单中单击"轴标题"按钮，然后选择要设置"主要横坐标轴标题"还是"主要纵坐标轴标题"。如图13-17所示是将"主要横坐标轴标题"输入为"姓名"，将"主要纵坐标轴标题"输入为"考试成绩"。

**3** 右击图表中的横坐标轴或纵坐标轴，在弹出的快捷菜单中选择"设置坐标轴格式"命令，在打开的"设置坐标轴格式"对话框中对坐标轴进行设置。采用同样的方法，右击横坐标轴标题或纵坐标轴标题，在弹出的快捷菜单中选择"设置坐标轴标题格式"命令，在打开的"设置坐标轴标题格式"窗格中单击相应的选项卡，然后设置坐标轴标题的格式，如图13-18所示。

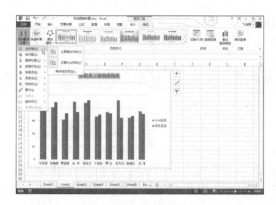

图13-17 设置图表的坐标轴和标题

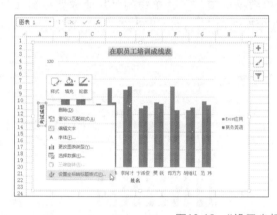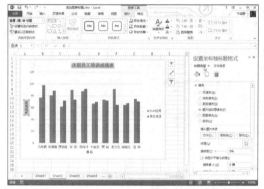

图13-18 "设置坐标轴标题格式"窗格

## 13.4.3 添加图例

图例中的图标代表每个不同的数据系列的标识。如果要添加图例，可以选择图表，然后切换到功能区中的"布局"选项卡，在"标签"选项组中单击"图例"按钮，在弹出的菜单中选择一种放置图例的方式，Excel会根据图例的大小重新调整绘图区的大小，如图13-19所示。

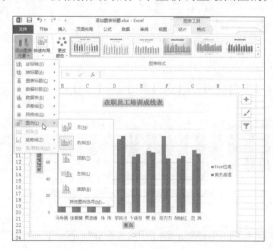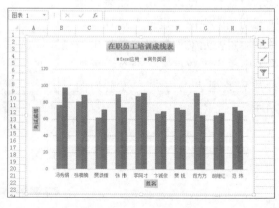

图13-19 添加图例

右击图例，在弹出的快捷菜单中选择"设置图例格式"命令，打开"设置图例格式"窗格，与设置图表标题格式类似，在该窗格中也可以设置图例的位置、填充色、边框颜色、边框样式和阴影效果。

## 13.4.4　添加数据标签

用户可以为图表中的数据系列、单个数据点或者所有数据点添加数据标签，数据标签是显示在数据系列上的数据标记（数值）。添加的标签类型由选定数据点相连的图表类型决定。

如果要添加数据标签，可以单击图表区，然后切换到功能区中的"设计"选项卡，单击"添加图表元素"按钮，在弹出的下拉菜单中选择"数据标签"命令，再选择添加数据标签的位置即可，效果如图13-20所示。

如果要对数据标签的格式进行设置，可以单击"数据标签"子菜单中的"其他数据标签选项"命令，打开"设置数据标签格式"窗格。单击"标签选项"选项卡，可以设置数据标签的显示内容、标签位置、数字的显示格式以及文字对齐方式等，如图13-21所示。

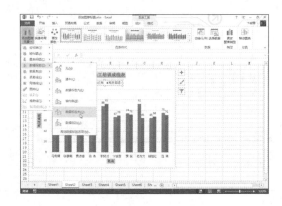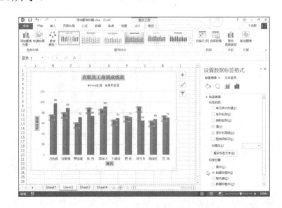

图13-20　添加数据标签　　　　图13-21　设置数据标签格式

## 13.4.5　显示数据表

数据表是显示在图表下方的网格，其中有每个数据系列的值。如果要在图表中显示数据表，可以单击该图表，然后切换到功能区中的"设计"选项卡，单击"添加图表元素"按钮，在弹出的下拉菜单中单击"数据表"命令，再选择一种放置数据表的方式，效果如图13-22所示。

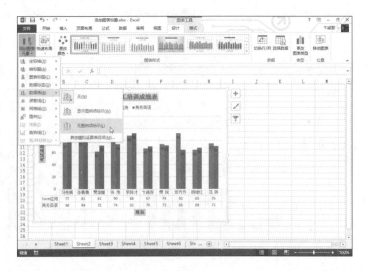

图13-22　显示数据表

## 13.4.6 更改图表类型

实战练习素材：光盘\素材\第13章\原始文件\更改图表类型.xlsx

图表类型的选择是相当重要的，选择一个能最佳表现数据的图表类型，有助于更清晰地反映数据的差异和变化。Excel提供了若干种标准的图表类型和自定义的类型，用户在创建图表时可以选择所需的图表类型。当对创建的图表类型不满意时，可以更改图表的类型，具体操作步骤如下：

**1** 如果是一个嵌入式图表，则单击以将其选定；如果是图表工作表，则单击相应的工作表标签以将其选定。

**2** 切换到功能区中的"设计"选项卡，在"类型"组中单击"更改图表类型"按钮，出现如图13-23所示的"更改图表类型"对话框。

**3** 在"图表类型"列表框中选择所需的图表类型，再从右侧选择所需的子图表类型。

**4** 单击"确定"按钮，结果如图13-24所示。

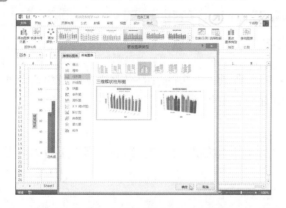

图13-23 "更改图表类型"对话框      图13-24 更改图表类型后的效果

## 13.4.7 设置图表布局和样式

实战练习素材：光盘\素材\第13章\原始文件\设置图表布局和样式.xlsx
最终结果文件：光盘\素材\第13章\结果文件\设置图表布局和样式.xlsx

创建图表后，可以使用Excel提供的布局和样式来快速设置图表外观，这对于不熟悉分步调整图表选项的用户来说是比较方便的。设置图表样式的具体操作步骤如下：

**1** 单击图表中的图表区，然后切换到功能区中的"设计"选项卡，在"图表布局"选项组中单击"快速布局"按钮，在弹出的下拉菜单中选择图表的布局类型，如图13-25所示。

**2** 单击图表中的图表区，然后在"设置"选项卡的"图表样式"组中选择图表的颜色搭配方案，如图13-26所示。选择图表布局和样式后，即可快速得到最终的效果，非常美观。

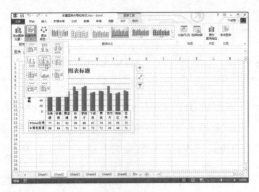

图13-25 设置图表布局

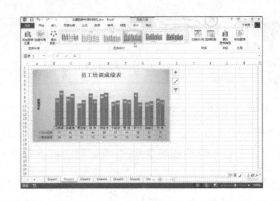

图13-26 设置图表样式

## 13.4.8 设置图表区与绘图区的格式

实战练习素材：光盘\素材\第13章\原始文件\设置图表区与绘图区的格式.xlsx
最终结果文件：光盘\素材\第13章\结果文件\设置图表区与绘图区的格式.xlsx

图表区是放置图表及其他元素（包括标题与图形）的大背景。单击图表的空白位置，当图表最外框四角出现8个句柄时，表示选定了该图表区。绘图区是放置图表主体的背景。

设置图表区和绘图区格式的具体操作步骤如下：

**1** 单击图表，切换到功能区中的"格式"选项卡，在"当前所选内容"组的"图表元素"下拉列表框中选择"图表区"，选择图表的图表区。

**2** 单击"设置所选内容格式"按钮，弹出"设置图表区格式"窗格。

**3** 选择左侧列表框中的"填充"选项，在右侧可以设置填充效果。例如，本例以纹理作为填充色，如图13-27所示。

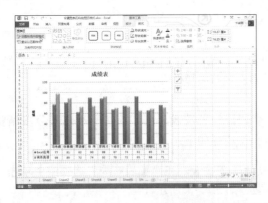

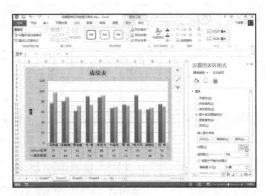

图13-27 设置纹理作为图表区的填充色

**4** 还可以单击进一步设置边框颜色、边框样式或三维格式等，然后单击窗格右上角的"关闭"按钮。

**5** 切换到功能区中的"格式"选项卡，在"当前所选内容"组的"图表元素"列表框中选择"绘图区"，选择图表的绘图区。

**6** 重复步骤2~4的操作，可以设置绘图区的格式，如图13-28所示。

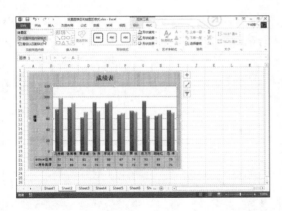
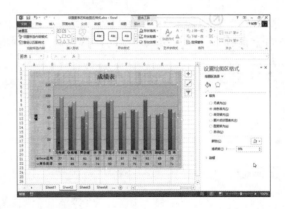

图13-28 设置绘图区的格式

## 13.4.9 添加趋势线

实战练习素材：光盘\素材\第13章\原始文件\添加趋势线.xlsx
最终结果文件：光盘\素材\第13章\结果文件\添加趋势线.xlsx

趋势线应用于预测分析，也称回归分析。利用回归分析，可以在图表中生成趋势线，根据实际数据向前或向后模拟数据的走势。还可以生成移动平均，清除数据的波动，更清晰地显示图案和趋势。

可以在非堆积型二维面积图、条形图、柱形图、折线图、股价图、气泡图和XY（散点）图中为数据系列添加趋势线；但不可以在三维图表、堆积型图表、雷达图、饼图或圆环图中添加趋势线。

下面以创建折线图为例，然后为折线图添加趋势线。具体操作步骤如下：

**1** 选定创建折线图的数据。

**2** 切换到功能区中的"插入"选项卡，在"图表"组中单击"插入折线图"按钮，在弹出的下拉菜单中选择一种子类型，创建如图13-29所示的折线图。

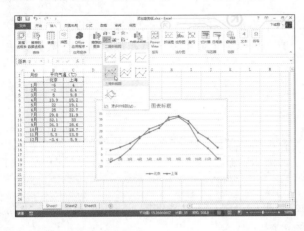
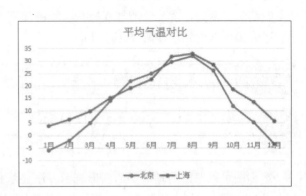

图13-29 创建折线图

**3** 选定图表中需要添加趋势线的数据系列，然后单击鼠标右键，在弹出的快捷菜单中选择"添加趋势线"命令，出现如图13-30所示的"设置趋势线格式"窗格。

349

**4** 选择"趋势线选项"组中的趋势线类型，还可以单击"填充线条"选项卡来设置趋势线的格式，然后单击右上角的"关闭"按钮。此时，得到添加线性趋势线的图表如图13-31所示。

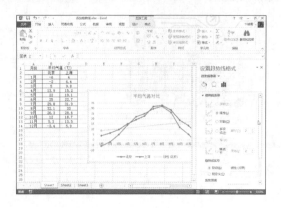

图13-30 "设置趋势线格式"窗格

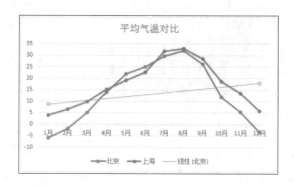

图13-31 添加线性趋势线的图表

**办公专家一点通**

为了预测与观察数据，还可以在图表中添加误差线。误差线表示与数据系列中每个数据标记都相关的潜在错误，或无法确定的程序的图形线。添加误差线的操作与趋势线类似，也需要单击图表区，然后切换到功能区中的"设计"选项卡，单击"添加图表元素"按钮，在弹出的下拉菜单中选择"误差线"命令，再选择误差线的类型。

# 13.5
## 迷你图的使用

迷你图是工作表单元格中的一个微型图表，可以提供数据的直观表示。使用迷你图可以显示数值系列中的趋势（例如，季节性增加或减少、经济周期），或者可以突出显示最大值和最小值。在数据旁边添加迷你图可以达到最佳的对比效果。

### 13.5.1 插入迷你图

实战练习素材：光盘\素材\第13章\原始文件\插入迷你图.xlsx
最终结果文件：光盘\素材\第13章\结果文件\插入迷你图.xlsx

迷你图可以通过清晰简明的图形表示方法显示相邻数据的趋势，而且迷你图只占用少量空间。下面为一周的股票情况插入迷你图，比较一周内每只股票的走势。

**1** 选择要创建迷你图的数据范围，然后切换到"插入"选项卡中，单击"迷你图"组中的一种类型，例如单击"折线图"。

**2** 弹出"创建迷你图"对话框，在"选择放置迷你图的位置"框中指定放置迷你图的单元格，如图

13-32所示。

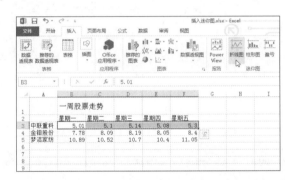

图13-32 "创建迷你图"对话框

**3** 单击"确定"按钮，返回工作表中，此时在单元格G3中自动创建出一个图表，该图表表示"中联重科"一周来的波动情况。

**4** 用同样的方法，为其他两只股票也创建迷你图，如图13-33所示。

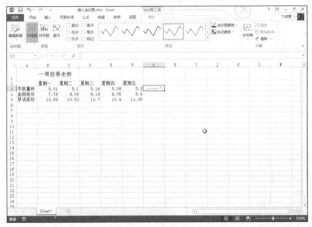

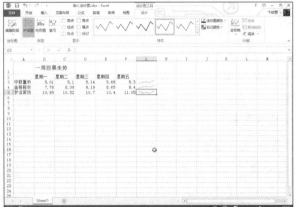

图13-33 创建迷你图

## 13.5.2 更改迷你图类型

 实战练习素材：光盘\素材\第13章\原始文件\更改迷你图类型.xlsx

如同更改图表类型一样，还可以根据自己的需要更改迷你图的图表类型，不过只有三种图表类型。

**1** 选择要更改类型的迷你图所在单元格。

**2** 在"设计"选项卡中，单击"类型"组中的"柱形图"按钮，此时单元格中的迷你图变成了柱形。

**3** 用同样的方法，为其他单元格重新选择图表类型，如图13-34所示。

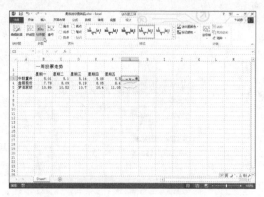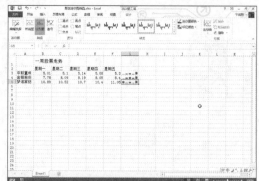

图13-34　更改迷你图的图表类型

## 13.5.3　显示迷你图中不同的点

实战练习素材：光盘\素材\第13章\原始文件\显示迷你图中不同的点.xlsx

在迷你图中可以显示出数据的高点、低点、首点、尾点、负点和标记等，这样能够让用户更容易观察迷你图的一些重要的点。

**1** 选择要更改类型的迷你图所在单元格。

**2** 在"设计"选项卡中，从"显示"组中选择要显示的点，例如，选中"高点"和"低点"复选框，即可显示迷你图中不同的点，如图13-35所示。

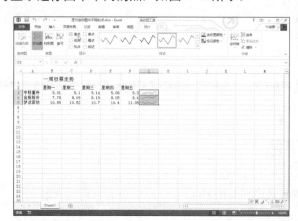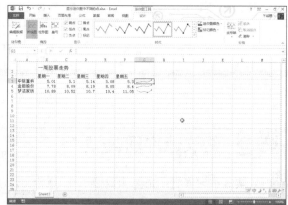

图13-35　显示迷你图中不同的点

## 13.5.4　清除迷你图

用户想删除已经创建的迷你图，若直接选中迷你图所在的单元格后，按下Delete键时发现迷你图并没有删除。

如果要删除某个单元格中的迷你图，可以选中该单元格，然后在"设计"选项卡中，单击"清除"按钮右侧的向下箭头，从弹出的下拉列表中选择"清除所选的迷你图"选项。

# 13.6
## 创建与应用数据透视表

数据透视表是一种对大量数据快速汇总和创建交叉列表的交互式表格，可以转换行和列来查看源数据的不同汇总结果，而且可以显示感兴趣区域的明细数据。数据透视表是一种动态工作表，它提供了一种以不同角度观看数据的简便方法。

本节将介绍数据透视表的相关内容，包括创建数据透视表、编辑数据透视表中的数据、设置数据透视表的显示方式和格式等。

## 13.6.1 了解数据透视表

使用数据透视表可以深入分析数值数据，并且可以解决一些预想不到的数据问题。数据透视表是针对以下用途特别设计的：

- 以多种用户友好方式查询大量的数据。
- 对数值数据进行分类汇总和聚合，按分类和子分类对数据进行汇总，创建自定义计算和公式。
- 展开或折叠要关注结果的数据级别，查看感兴趣区域摘要数据的明细。
- 将行移动到列或将列移动到行，以查看源数据的不同汇总。
- 对最有用与最关注的数据子集进行筛选、排序、分组和有条件地设置格式，使用户能够关注所需的信息。

如果要分析相关的汇总值，尤其是在要合计较大的数字列表并对每个数字进行多种比较时，通常使用数据透视表。

## 13.6.2 创建数据透视表

实战练习素材：光盘\素材\第13章\原始文件\创建数据透视表.xlsx
最终结果文件：光盘\素材\第13章\结果文件\创建数据透视表.xlsx

用户可以对已有的数据进行交叉制表和汇总，然后重新发布并立即计算出结果。创建数据透视表的具体操作步骤如下：

**1** 选择数据区域中的任意一个单元格，切换到功能区中的"插入"选项卡，在"表格"组中单击"数据透视表"按钮。

**2** 打开"创建数据透视表"对话框，选中"选择一个表或区域"单选按钮，并在"表/区域"文本框中自动填入光标所在单元格所属的数据区域。在"选择放置数据透视表的位置"选项组内选中"新工作表"单选按钮，如图13-36所示。

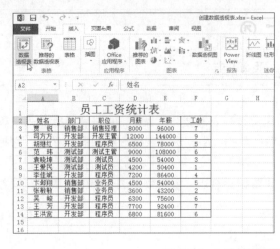

图13-36 "创建数据透视表"对话框

**3** 单击"确定"按钮，即可进入如图13-37所示的数据透视表设计环境。

图13-37 数据透视表设计环境

**4** 从"选择要添加到报表的字段"列表框中，将"部门"拖到下方的"筛选器"框中；将"姓名"拖到"行"框中；将"年薪"拖到"值"框中，如图13-38所示。

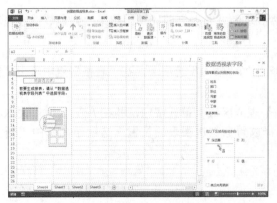

图13-38 显示每个员工的年薪和总计

**5** 用户可以单击"部门"右侧的向下箭头，选择具体显示的产品类别，并显示类别为"开发部"，如图13-39所示，仅显示"开发部"的年薪。

图13-39 仅显示"开发部"的年薪

**办公专家一点通**

在"以下区域间拖动字段"有4个区域，"筛选器"区域中的字段可以控制整个数据透视表的显示情况；"行"区域中的字段显示为数据透视表侧面的行，位置较低的行嵌套在紧靠它上方的行中；"列"区域中的字段显示为数据透视表顶部的列，位置较低的列嵌套在紧靠它上方的列中；"值"区域中的字段显示汇总数值数据。

## 13.6.3 添加和删除数据透视表字段

实战练习素材：光盘\素材\第13章\原始文件\添加和删除数据透视表字段.xlsx
最终结果文件：光盘\素材\第13章\结果文件\添加和删除数据透视表字段.xlsx

创建数据透视表后，也许会发现数据透视表布局不符合要求，这时可以根据需要在数据透视表中添加或删除字段。

### 1. 统计每位员工的每个部门的月薪

如果要在数据透视表中列出每位员工的每个部门的月薪，可以按照下述步骤进行操作：

**1** 单击数据透视表中的任意一个单元格。
**2** 从"选择要添加到报表的字段"中，将"姓名"拖到"行"框中，将"部门"拖到"列"框中。
**3** 从"选择要添加到报表的字段"中撤选"年薪"复选框，将"月薪"拖到"值"框中，如图13-40所示。

图13-40 统计每位员工的每个部门的月薪

### 2. 统计每个职位的月薪和工龄

如果要在数据透视表中列出每个职位的月薪和工龄，可以按照下述步骤进行操作：

**1** 单击数据透视表中的任意一个单元格。

**2** 从"选择要添加到报表的字段"中，将"职位"拖到"行"框中，将"月薪"和"工龄"拖到"值"框中，如图13-41所示。

图13-41 统计每个职位的月薪和工龄

如果要删除某个数据透视表字段，只需在右侧的"数据透视表字段列表"窗格中，撤选相应的复选框即可。

## 13.6.4 改变数据透视表中数据的汇总方式

实战练习素材：光盘\素材\第13章\原始文件\改变数据透视表中数据的汇总方式.xlsx
最终结果文件：光盘\素材\第13章\结果文件\改变数据透视表中数据的汇总方式.xlsx

在创建数据透视表时，默认的汇总方式为求和，可以根据分析数据的要求随时改变汇总方式。例如，要统计每个职位的月薪和工龄的平均值，具体操作步骤如下：

**1** 选择数据透视表中要改变汇总方式的字段，例如，选择"月薪"字段。

**2** 切换到功能区中的"选项"选项卡,在"活动字段"组中单击"字段设置"按钮,打开如图13-42所示的"值字段设置"对话框。

**3** 在"汇总方式"列表框中选择要使用的函数。单击"确定"按钮,即可统计每个职位月薪的平均值。

**4** 用同样的方法,更改工龄的平均值,如图13-43所示。

图13-42 "值字段设置"对话框

图13-43 设置月薪和工龄的平均值

## 13.6.5 查看数据透视表中的明细数据

 实战练习素材:光盘\素材\第13章\原始文件\查看数据透视表中的明细数据.xlsx

在Excel中,用户可以显示或隐藏数据透视表中字段的明细数据。具体操作步骤如下:

**1** 在数据透视表中,通过单击或按钮,可以展开或折叠数据透视表中的数据,如图13-44所示。

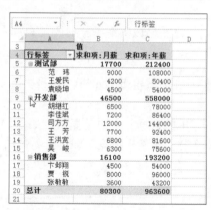 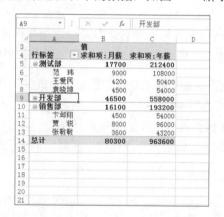

图13-44 显示或隐藏数据透视表

**2** 右击行标签中的字段,在弹出的快捷菜单中选择"展开/折叠"命令,在其子菜单中可选择以下命令查看明细数据。

- 展开:可以查看当前项的明细数据。
- 折叠:可以隐藏当前项的明细数据。
- 展开整个字段:可以查看字段中所有项的明细数据。

- 折叠整个字段：可以隐藏字段中所有项的明细数据。
- 展开到"字段名"：可以查看下一级以外的明细数据。
- 折叠到"字段名"：可以隐藏下一级以外的明细数据。

**3** 右击数据透视表的值字段中的数据，也就是数值区域的单元格，在弹出的快捷菜单中选择"显示详细信息"命令，将在新的工作表中单独显示该单元格所属的一整行明细数据，如图13-45所示。

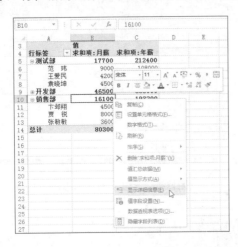
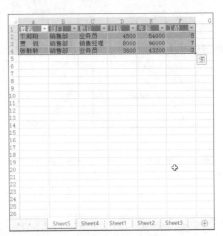

图13-45 查看值字段中数据的详细信息

## 13.6.6 更新数据透视表数据

 实战练习素材：光盘\素材\第13章\原始文件\更新数据透视表数据.xlsx

虽然数据透视表具有非常强的灵活性和数据操控性，但是在修改其源数据时不能自动在数据透视表中直接反映出来，而必须手动对数据透视表进行更新，具体操作步骤如下：

**1** 对创建数据透视表的源数据进行修改，选择工作表Sheet1，然后单击单元格D8，将"王爱民"的月薪改为4600，如图13-46所示。

**2** 切换到数据透视表所在的工作表Sheet4，此时单元格B7中的数据并未自动更新，如图13-47所示。右击数据透视表中的任意一个单元格，在弹出的快捷菜单中选择"刷新"命令，即可更新数据。

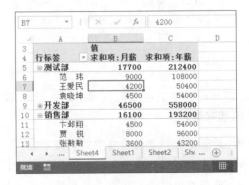

图13-46 修改源数据的数据      图13-47 未更新数据透视表中的数据

## 13.6.7 数据透视表自动套用样式

实战练习素材：光盘\素材\第13章\原始文件\数据透视表自动套用样式.xlsx
最终结果文件：光盘\素材\第13章\结果文件\数据透视表自动套用样式.xlsx

为了使数据透视表更美观，也为了使每行数据更加清晰明了，还可以为数据透视表设置表格样式，具体操作步骤如下：

**1** 选定数据透视表中的任意一个单元格。

**2** 切换到功能区中的"设计"选项卡，在"数据透视表样式"组中单击"其他"按钮，在弹出的菜单中选择一种表格样式，如图13-48所示为选择"数据透视表中等深浅18"的效果。

**3** 如果对默认的数据透视表样式不满意，可以自定义数据透视表的样式。在"数据透视表样式"组中单击"其他"按钮，在弹出的菜单中选择"新建数据透视表样式"命令，打开"新建数据透视表样式"对话框。在该对话框中，用户可以设置自己所需的表格样式，如图13-49所示。

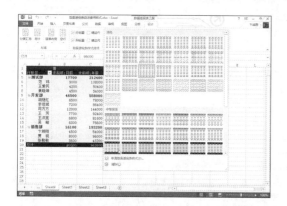

图13-48 套用数据透视表样式的效果

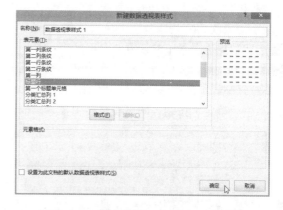

图13-49 "新建数据透视表样式"对话框

**4** 用户还可以切换到功能区中的"设计"选项卡，通过在"数据透视表样式选项"选项组中，选中相应的复选框来设置数据透视表的外观，如"行标题"、"列标题"、"镶边行"和"镶边列"等。

# 13.7

## 利用数据透视表创建图表

数据透视图是以图形形式表示的数据透视表。与图表和数据区域之间的关系相同，各数据透视表之间的字段相互对应。

## 13.7.1 数据透视图概述

在数据透视图中，除具有标准图表的系列、分类、数据标记和坐标轴之外，数据透视图还有一些特殊的元素，如报表筛选字段、值字段、系列字段、项和分类字段等。

- 报表筛选字段用来根据特定项筛选数据的字段。使用报表筛选字段是在不修改系列和分类信息的情况下，汇总并快速集中处理数据子集的捷径。
- 值字段来自基本源数据的字段，提供进行比较或计算的数据。
- 系列字段是数据透视图中为系列方向指定的字段。字段中的项提供单个数据系列。
- 项代表一个列或行字段中的惟一条目，并且出现在报表筛选字段、分类字段和系列字段的下拉列表中。
- 分类字段是分配到数据透视图分类方向上的源数据中的字段。分类字段为那些用来绘图的数据点提供单一分类。

## 13.7.2 创建数据透视图

 实战练习素材：光盘\素材\第13章\原始文件\创建数据透视图.xlsx
最终结果文件：光盘\素材\第13章\结果文件\创建数据透视图.xlsx

如果要创建数据透视图，可以按照下述步骤进行操作：

**1** 选定数据透视表中的任意一个单元格。

**2** 切换到功能区中的"分析"选项卡，在"工具"组中单击"数据透视图"按钮，出现"插入图表"对话框，先从左侧列表框中选择图表类型，然后从右侧列表框中选择子类型。

**3** 单击"确定"按钮，即可在文档中插入图表，如图13-50所示。

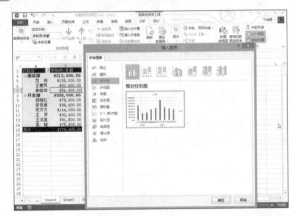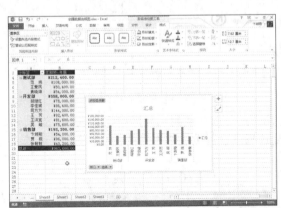

图13-50 创建数据透视图

**4** 为了仅显示"测试部"和"开发部"的数据，在"数据透视图筛选窗格"中，在"部门"下拉列表框内选中"测试部"和"开发部"复选框，如图13-51所示。

**5** 单击"确定"按钮，即可看到数据透视图中筛选出的数据，如图13-52所示。

**6** 切换到功能区中的"设计"选项卡，在"图表样式"组中选择一种图表样式，即可快速改变数据透视图的样式。

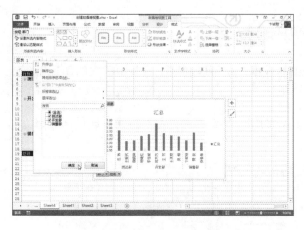

图13-51 指定要显示的数据

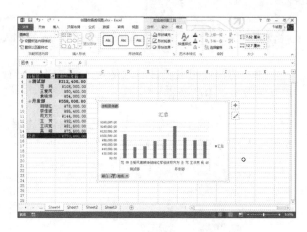

图13-52 筛选后的数据透视图

# 13.8
## 切片器的使用

切片器提供了一种可视性极强的筛选方法来筛选数据透视表中的数据。一旦插入切片器，即可使用按钮对数据进行快速分段和筛选，以仅显示所需的数据。

## 13.8.1 在数据透视表中插入切片器

切片器是易于使用的筛选组件，它包含一组按钮，使用户能够快速地筛选数据透视表中的数据，而无需打开下拉列表以查找要筛选的项目。

**1** 打开已经创建的数据透视表，在"分析"选项卡中，单击"筛选"组中的"插入切片器"按钮，弹出"插入切片器"对话框，选中要进行筛选的字段。

**2** 单击"确定"按钮，即可在数据透视表中自动插入了切片器，如图13-53所示。

图13-53 插入切片器

## 13.8.2 通过切片器查看数据透视表中的数据

插入切片器的主要目的就是为了筛选数据透视表中的数据，就可以利用上一节中插入的切片器来查看数据透视表中的数据。

**1** 打开上一节的工作簿，在切片器中选择要查看的部门，例如，单击"测试部"按钮，即可筛选出"测试部"人员的年薪，如图13-54所示。

图13-54 筛选"测试部"人员的年薪

**2** 用同样的方法，单击"开发部"按钮，即可筛选出"开发部"人员的年薪，如图13-55所示。

**3** 用同样的方法，单击"销售部"按钮，即可筛选出"销售部"人员的年薪，如图13-56所示。

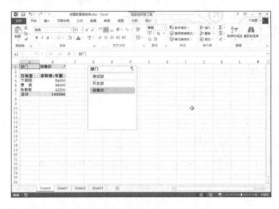

图13-55 筛选"开发部"人员的年薪　　　　　　　图13-56 筛选"销售部"人员的年薪

当用户使用切片器筛选所需的数据后，想显示全部的数据，只需单击"切片器"右上角的"清除筛选器"按钮。

## 13.8.3 美化切片器

当用户在现有的数据透视表中创建切片器时，数据透视表的样式会影响切片器的样式，从而形成统一的外观。

**1** 打开包含切片器的工作簿，单击选定要进行美化的切片器。

**2** 在"选项"选项卡中，单击"切片器样式"组的"其他"按钮，将展开更多的切片器样式库。

**3** 从展开的库中选择喜欢的切片器样式，即可套用新的样式，如图13-57所示。

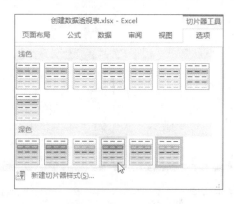

图13-57 套用新的切片器样式

# 13.9
## 办公实例1：使用饼图创建问卷调查结果图

本节将通过一个实例——使用饼图创建问卷调查结果图，来巩固本章所学的知识，使读者快速将知识应用到实际工作中。

### 13.9.1 实例描述

本章介绍了创建图表和编辑图表的方法，而本例将利用问卷调查表来创建饼图，在制作过程中主要涉及到以下内容：

- 创建图表
- 改变图表的类型

### 13.9.2 实例操作指南

实战练习素材：光盘\素材\第13章\原始文件\问卷调查表.xlsx
最终结果文件：光盘\素材\第13章\结果文件\问卷调查结果图.xlsx

本实例的具体操作步骤如下：

**1** 选择准备创建图表的单元格区域，然后切换到功能区中的"插入"选项卡，单击"图表"组中的"饼图"按钮右侧的向下箭头，选择"三维饼图"选项，如图13-58所示。

**2** 此时，即可在工作表中创建一个三维饼图，还可以指向对角线的控制点上，当鼠标指针变为双向箭头时，单击并沿对角线方向拖动鼠标，到达目标位置后释放鼠标，如图13-59所示。

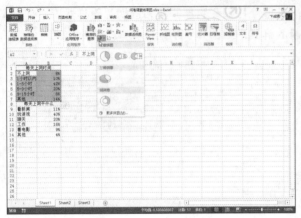

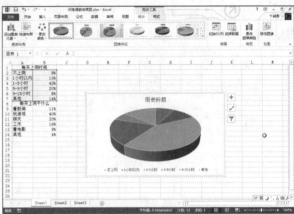

图13-58 选择"三维饼图"　　　　　　　　　　　　图13-59 创建的三维饼图

**3** 选定准备移动的图表，移动图表指针指向该图表的图表区，当鼠标指针变为 形状时，单击并拖动鼠标指针至目标位置，然后释放鼠标，如图13-60所示。

**4** 选定创建的图表，切换到功能区中的"设计"选项卡，在"图表布局"组中单击"数据标签"按钮，在弹出的菜单中选择"最佳匹配"命令，如图13-61所示。

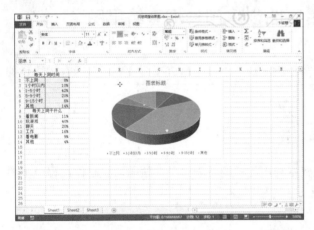

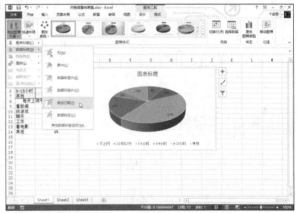

图13-60 移动图表　　　　　　　　　　　　　　图13-61 选择"最佳匹配"命令

**5** 选定准备创建图表的单元格区域，然后切换到功能区中的"插入"选项卡，单击"图表"组中的"饼图"按钮，在弹出的菜单中选择"三维饼图"命令，如图13-62所示。

**6** 选定创建的图表，然后切换到功能区中的"设计"选项卡，单击"快速布局"按钮，在弹出的菜单中选择一种图表布局，如图13-63所示。

**7** 选定创建的图表，切换到功能区中的"设计"选项卡，在"图表布局"组中单击"添加图表元素"按钮，在弹出的菜单中选择"数据标签"按钮，再选择"数据标签外"命令，如图13-64所示。

**8** 利用鼠标调整创建图表的大小和位置。通过上述操作，完成两个类型饼图的创建，如图13-65所示。

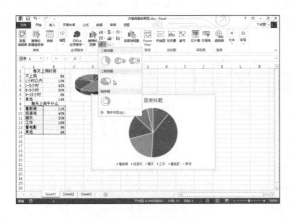

图13-62 选择"三维饼图"命令

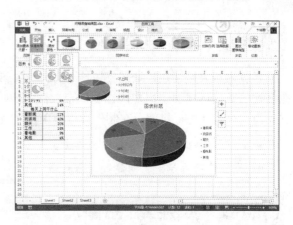

图13-63 调整图表的布局

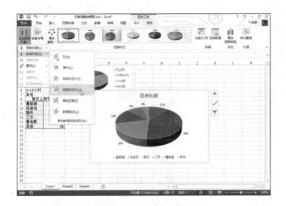

图13-64 选择"数据标签外"命令

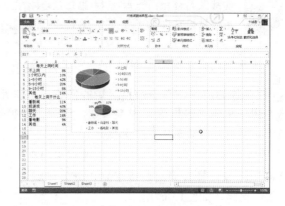

图13-65 创建的图表

## 13.9.3 实例总结

本实例复习了本章所述的关于图表的创建与编辑等方面的知识和操作，主要用到所学的以下知识点：

- 创建图表
- 调整图表的大小和位置
- 为图表添加标签

# 13.10

## 办公实例2：分析公司费用开支

本节将通过制作一个实例——分析公司费用开支，来巩固本章所学的知识，使读者能够真正将知识应用到实际工作中。

## 13.10.1　实例描述

　　数据透视表是运用Excel创建的一种交互式、交叉式报表，用于对多种来源的数据进行汇总和分析；在创建的数据透视图中用户同样可以查看需要的数据内容，并可对其进行设置。下面以制作公司费用开支表为例再对其进行讲解。在制作过程中主要涉及到以下内容：

- 为公司费用开支表创建数据透视表
- 为公司费用开支表创建数据透视图

## 13.10.2　实例操作指南

　　实战练习素材：光盘\素材\第13章\原始文件\费用开支表.xlsx
　　最终结果文件：光盘\素材\第13章\结果文件\费用开支表.xlsx

　　本实例的具体操作步骤如下：

**1** 打开原始文件，单击数据区域的任意一个单元格，然后切换到功能区中的"插入"选项卡，在"表格"组中单击"数据透视表"按钮，选择"数据透视表"命令，打开如图13-66所示的"创建数据透视表"对话框，自动选中数据区域。

**2** 单击"确定"按钮，创建数据透视表原型。在"数据透视表字段"窗格中，将"费用"拖动到"筛选器"区域，将"部门"拖动到"列"区域，将"员工姓名"拖动到"行"区域，将"余额"拖动到"值"区域，如图13-67所示。

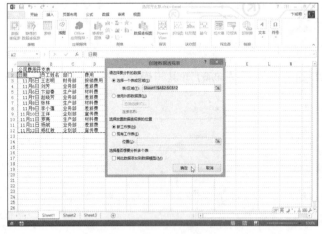

图13-66　"创建数据透视表"对话框　　　　　图13-67　"数据透视表字段"窗格

**3** 设置后的数据透视表如图13-68所示。切换到功能区中的"设计"选项卡，在"数据透视表样式"组中选择一种样式，如图13-69所示。

图13-68 设置后的数据透视表

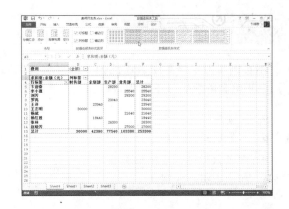

图13-69 设置数据透视表的样式

**4** 单击"费用"下拉按钮，在弹出的列表中单击"差旅费"选项，如图13-70所示。单击"确定"按钮，即可显示有关"差旅费"的数据，如图13-71所示。

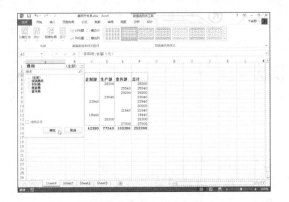

图13-70 单击"差旅费"选项

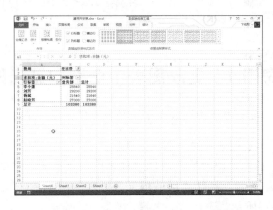

图13-71 显示"差旅费"的相关数据

**5** 单击数据区域中的任意一个单元格，然后切换到功能区中的"插入"选项卡，在"图表"组中单击"数据透视图"按钮，选择"数据透视图"命令，打开"创建数据透视图"对话框，单击"确定"按钮，将在新工作表中创建数据透视图。将"数据透视表字段列表"窗格中的"费用"拖动到"筛选器"，将"部门"拖动到"图例系列"，将"员工姓名"拖动到"轴类别"，将"余额"拖动到"值"，如图13-72所示。

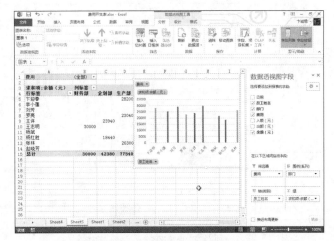

图13-72 创建的数据透视图

**13.10.3** 实例总结

本实例复习了该章中讲述的关于数据透视表的创建、编辑以及数据透视图的创建等方面的知识和操作，主要用到所学的以下知识点：

- 创建数据透视表
- 在数据透视表中手动添加字段
- 筛选数据透视表中的数据
- 创建数据透视图

# 13.11
## 提高办公效果的诀窍

## 窍门1：更改图表中个别数据点的形状

如果要更改图表中个别数据点的形状，可以按照下述步骤进行操作：

**1** 选定图表中的个别数据点。

**2** 单击"格式"→"形状样式"→"形状填充"按钮右侧的向下箭头，从下拉菜单中选择要填充的内容。例如，选择"形状填充"下拉菜单中的"纹理"命令，从其级联菜单中选择"纸袋"命令，如图13-73所示。

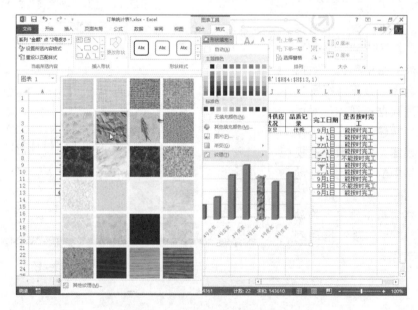

图13-73 更改个别数据点的形状

## 窍门2：将图表转换为图片

有时需要将制作好的图表转换为图片来使用，可以按照如下步骤进行操作：

**1** 单击选定需要转换为图片的图表。

**2** 切换到功能区中的"开始"选项卡，然后单击"剪贴板"组中的"复制"按钮右侧的向下箭头，在弹出的菜单中选择"复制为图片"命令，此时会弹出如图13-74所示的"复制图片"对话框。

**3** 选中"如屏幕所示"和"图片"两个单选按钮，然后单击"确定"按钮即可将该图表复制为图片。

**4** 选择一个合适的位置，执行"粘贴"命令，即可将该图表粘贴为图片。

图13-74 "复制图片"对话框

## 窍门3：设置自己喜欢的数据透视表样式

在选择数据透视表样式时，如果对系统给定的数据透视表样式都不满意，用户可以自己设计一种符号要求的数据透视表样式。具体操作步骤如下：

**1** 选定数据透视表中的一个单元格。

**2** 切换到"设计"选项卡，然后单击"数据透视表样式"组中的列表框右下角的向下箭头，在弹出的菜单下方单击"新建数据透视表快速样式"命令，打开如图13-75所示的"新建数据透视表样式"对话框。

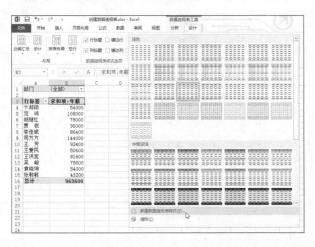

图13-75 设置数据透视表的样式

**3** 在"新建数据透视表样式"对话框中，用户可以根据自己的意愿和需要对数据透视表的名称、表元素与格式等进行自定义设置，设置完成后单击"确定"按钮即可。

## 窍门 4：将位数过多的刻度改以"千"为单位

使用Excel制作图表之后，会自动以表格中的数据设置数值坐标轴的刻度，因此有时会出现100000这种位数过多的刻度，而不易于阅读。用户可以将数值坐标轴的刻度改为"百"或者"千"单位，以免画面看起来太复杂。

**1** 如果要更改数值坐标轴的刻度单位，可以在数值坐标轴的刻度上单击右键，在弹出的快捷菜单中选择"设置坐标轴格式"命令，弹出"设置坐标轴格式"窗格。

**2** 单击"坐标轴选项"选项卡，然后在"显示单位"下拉列表框中选择适当的单位（此例为千），如图13-76所示。

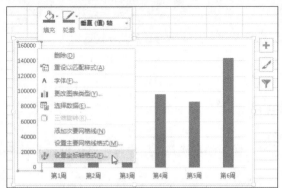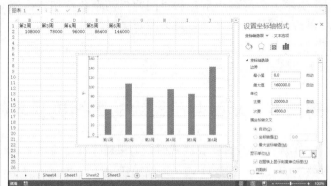

图13-76 改变坐标轴的刻度单位

# 14

# 第 14 章
# PowerPoint 2013 的基本操作

PowerPoint是专门用来制作演示文稿的软件，很受广大用户的欢迎。利用PowerPoint不但可以创建演示文稿，还可以制作广告宣传和产品演示的电子版幻灯片。在办公自动化日益普及的今天，PowerPoint还能够为人们提供一个更高效、更专业的平台。本章将介绍PowerPoint的基础知识，这是PowerPoint入门内容，初学者以及使用过PowerPoint以前版本的用户，可以浏览本章的内容，掌握PowerPoint的新功能和新界面。

## 教学目标 》》》》》》》》》》》》》》》》》》》》

通过本章的学习，你能够掌握如下内容：

※ 了解PowerPoint制作演示文稿的基本原则与技巧

※ 掌握PowerPoint几种视图方式的特点

※ 创建演示文稿及在幻灯片中输入文本

※ 熟悉处理幻灯片的一些技巧

※ 快速设置幻灯片中文本的格式

# 14.1
## 初识 PowerPoint 2013

本节将介绍一些关于PowerPoint 2013的入门知识，包括PowerPoint 2013的文档格式、演示文稿和幻灯片之间的区别与联系等。

## 14.1.1　PowerPoint 2013 文档的格式

文件格式即文件的存储方式，用于决定文件存储时所能保留的文件信息及文件特征。PowerPoint 2013与以往版本中的文档格式有了很大的变化。PowerPoint 2013将以XML格式保存，其新的文件扩展名是在以前文件扩展名后添加"x"或"m"。"x"表示不含宏的XML文件，而"m"表示含有宏的XML文件，如表14-1所示。

表14-1　PowerPoint 2013文件类型与其对应的扩展名

| PowerPoint 2013文件类型 | 扩展名 |
| --- | --- |
| PowerPoint 2013演示文稿 | .pptx |
| PowerPoint 2013启用宏的演示文稿 | .pptm |
| PowerPoint 2013模板 | .potx |
| PowerPoint 2013启用宏的模板 | .potm |

## 14.1.2　演示文稿与幻灯片之间的区别与联系

演示文稿和幻灯片之间的关系就像一本书和书中的每一页之间的关系。一本书由不同的页数组成，各种文字和图片都书写、打印到每一页上；演示文稿由幻灯片组成，所有数据包括数字、符号、图片以及图表等都输入到幻灯片中。使用PowerPoint 2013可以创建很多个演示文稿，而在演示文稿中又可以根据需要新建很多幻灯片。

# 14.2
## PowerPoint 制作演示文稿的基本原则与技巧

使用PowerPoint制作演示文稿的一些基本原则与技巧如下。

**1** 选择适当的模板与背景：用于演示的幻灯片设计精巧、美观固然重要，但不能喧宾夺主，要重点突出演示内容。PowerPoint软件为使用者提供了大量的适用模板，可以根据自己需要展示主题的特点进行选择，一般用于教学的幻灯片应选择简洁的模板，用于产品展示的幻灯片可以选择设计活泼的模板。背景与主体色彩对比要鲜明，如果幻灯片是在投影屏幕上放映，制作时宜选择比较淡的背景，主体颜色应深一些；如果在电视、电脑屏幕上放映，背景颜色应深一些，主体颜色应淡一些。一般在投影屏幕上放映的以经典的白色文字衬以深蓝色背景，可以避免视觉疲劳。

**2** 文字的恰当处理：一张幻灯片中放置的文字信息不宜过多，制作时应该尽量精简，不要将说明书或教材上的文字全部照搬到幻灯片上。一般来说，幻灯片上的文字只是标题和提纲，一些必要的补充说明资料，可以添加幻灯片备注显示。

- 字体选择。如果连贯的文字较多，以选用宋体为佳；至于标题，可以选择不同的字体（不要超过4种为宜），并且最好少用或不用草书、行书、艺术字体和偏僻字体，因为这些字体看起来比较吃力，或者导致异地放映时出现不正常现象，影响演示效果。
- 字号大小。关于字号的大小要根据演示会场或教室的大小和投放比例而定。字号太小（20号以下），坐在后排的学生会看不清；字号过大，前排的观众看着晃眼。一般来说，标题选用32～36号字为宜，加粗、加阴影效果更好，其他内容可以根据空间情况在22～30号字之间选择，并注意保持同级内容字号的一致性。
- 字体颜色。在考虑字体颜色时，可以将标题或需要突出的文字改用不同颜色加以显示，但同一张幻灯片的文字颜色不要超过3种，要注意整个画面的协调，不要将画面弄得五颜六色，让人看了眼花缭乱，分散注意力。

**3** 图片处理：在幻灯片中剪辑一张好的图片可以减少大篇幅的文字说明，而且制作图文并茂的幻灯片，会获得事半功倍的演示效果。但从众多途径获得图片资料，能够直接利用的一般不多，往往要将图片经过适当的处理后才能使用。

- 图片格式转换。利用图片处理软件（如 Photoshop 等）将不同格式的图片均转换成 jpg 格式，图片像素大小控制在 600 点以内（容量大小可小于 130KB），这样可以减少文件占用过多的磁盘空间。
- 图片的编辑。利用 PowerPoint 中的"图片工具"的"格式"选项卡，对插入幻灯片中的图片进行简要的编辑：① 裁剪图片，根据图片要表达的中心内容，裁剪图片四周多余图案；② 图片亮度和对比度调节，由于数字投影仪投射出的图片效果要比电脑屏幕上显示的亮，因此，幻灯片的图片应尽量降低亮度和对比度；③ 图片大小及位置调整，一般情况下，图片不宜过大，以占到整个幻灯片画面的 1/5～1/4 为宜，最大也不要超过画面的 1/3。

另外，尽量不要插入与内容无关的图片，有些制作者为了"美化"幻灯片，经常插入一些与演示内容不相关的图片或剪辑画。这样，不仅起不到美化的作用，反而会分散观众的注意力，影响演示效果。

- 动画设置：PowerPoint 为用户提供了丰富的动画设置内容。适当的动画效果对演示内容能够起到承上启下、因势利导，激发观众兴趣的作用。设置动画时，为避免分散观众注意力，尽量不使用动感过强的动画效果，并注意排好幻灯片播放的顺序与时间。
- 演示文稿的打包：为了保证制作的演示文稿能够在不同的电脑上顺利播放，较好的方法就是利用 PowerPoint 的打包命令，打包时注意要把制作幻灯片时用到的字体、动画和影音文件一起打包。如果在没有安装 PowerPoint 的电脑上播放，还要将 PowerPoint 播放器一起打包。

# 14.3

## PowerPoint 2013 窗口简介

启动PowerPoint 2013后，进入如图
14-1所示的开始屏幕，PowerPoint提供了
许多种方式来使用模板、主题、最近的
演示文稿、较旧的演示文稿或空白演示
文稿来启动下一个演示文稿，而不是直
接打开空白演示文稿。

如果要从空白演示文稿开始，单击
"空白演示文稿"图标，打开如图14-2所
示的PowerPoint 2013窗口。

图14-1 PowerPoint 2013的开始屏幕

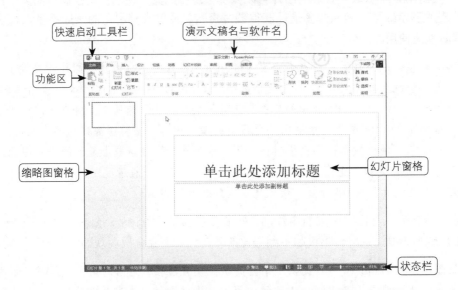

图14-2 PowerPoint 2013窗口

# 14.4

## PowerPoint 的视图方式

视图是指在使用PowerPoint制作演示文稿时窗口的显示方式。PowerPoint为用户提供了多种不同的
视图方式，每种视图都将用户的处理焦点集中在演示文稿的某个要素上。

## 14.4.1 普通视图

当启动PowerPoint并创建一个新演示文稿时，通常会直接进入到普通视图中，可以在其中输入、编辑和格式化文字，也是最适合用来编辑幻灯片的模式。

如果要从其他视图切换到普通视图中，可以切换到功能区中的"视图"选项卡，在"演示文稿视图"组中单击"普通视图"按钮，如图14-3所示。用户还可以拖动窗格之间的分隔条，调整窗格的大小。

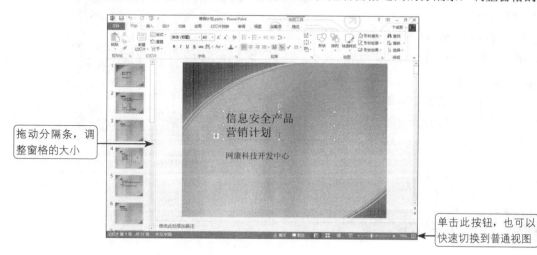

拖动分隔条，调整窗格的大小

单击此按钮，也可以快速切换到普通视图

图14-3 普通视图

在普通视图的左窗格中，系统将以缩略图的形式显示演示文稿的幻灯片，易于展示演示文稿的总体效果。用户可以利用这些缩略图来复制、删除幻灯片，或者调整幻灯片的前后顺序。

在右侧的幻灯片窗格中直接处理幻灯片。虚线边框标识占位符，可以在其中输入文本或插入图片、图表和其他对象。

## 14.4.2 大纲视图

在PowerPoint 2013之前的版本中，会在普通视图的左窗格中显示"幻灯片"和"大纲"两个选项卡。而PowerPoint 2013单独提供了"大纲视图"，单击"视图"选项卡中的"演示文稿视图"组的"大纲视图"按钮，即可切换到大纲视图，如图14-4所示。

在大纲视图中，可以直接在左侧窗格中输入和查看演示文稿要介绍的一系列主题，更易于把握整个演示文稿的设计思路。当用户在左侧窗格中输入或编辑文字时，在右侧的幻灯片窗格中看到幻灯片的变化。

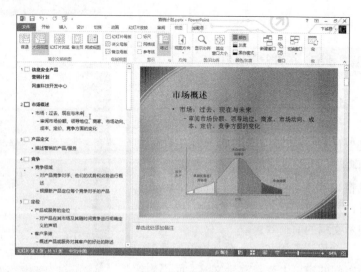

图14-4 大纲视图

375

### 14.4.3 幻灯片浏览视图

切换到功能区中的"视图"选项卡，在"演示文稿视图"组中单击"幻灯片浏览"按钮，即可切换到幻灯片浏览视图，如图14-5所示。

在幻灯片浏览视图中，将多张幻灯片同时显示在窗口中，能够看到整个演示文稿的外观。在该视图中可以对演示文稿进行编辑，包括改变幻灯片的背景设计、调整幻灯片的顺序、添加或删除幻灯片、复制幻灯片，设置幻灯片的放映效果等。

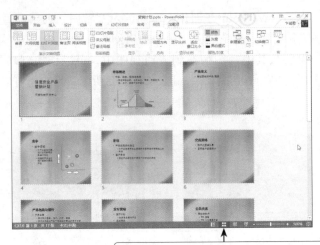

单击此按钮，也可以切换到幻灯片浏览视图

图14-5 幻灯片浏览视图

### 14.4.4 备注页视图

切换到功能区中的"视图"选项卡，在"演示文稿视图"组中单击"备注页"按钮，即可切换到备注页视图，如图14-6所示。一个典型的备注页视图会看到在幻灯片图像的下方带有备注页方框。用户可以将想要说明，但不想放入幻灯片的内容在备注框中输入，作为提醒自己的摘要。

图14-6 备注页视图

### 14.4.5 阅读视图

切换到功能区中的"视图"选项卡，在"演示文稿视图"组中单击"阅读视图"按钮，即可切换到阅读视图，如图14-7所示。阅读视图可将整张幻灯片显示成窗口大小，并在窗口下方显示浏览工具，方便切换上、下张幻灯片，或者预览演示文稿的动画效果。

如果你希望在一个设有简单控件以方便审阅的窗口中查看演示文稿，而不想使用全屏的幻灯片放映视图，则可以在自己

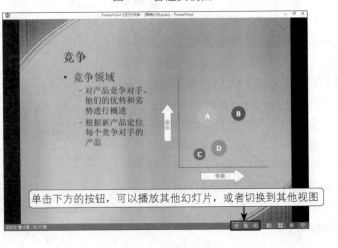

单击下方的按钮，可以播放其他幻灯片，或者切换到其他视图

图14-7 阅读视图

的计算机上使用阅读视图。如果要更改演示文稿的视图方式，可以随时从阅读视图切换到其他的视图。

**调整显示比例**

通常PowerPoint会为各种视图以及窗格提供一个显示比例，不过可以根据编辑需要，自行调整显示比例。例如，要查看细节的数据最好将显示比例放大；要查看整体外观，则可将显示比例缩小。PowerPoint状态栏的右侧"缩放滑杆"与"显示比例"工具，可让用户控制各种视图模式的放大与缩小倍数。还可以单击最右侧的🔲按钮，让画面按照窗口或窗格大小，自动调整为完整显示的比例。

# 14.5
## 演示文稿制作基本流程

要制作演示文稿，包括创建新的演示文稿、编辑幻灯片内容、美化演示文稿、保存文件、放映演示文稿等，让用户对制作流程有完整的认识。

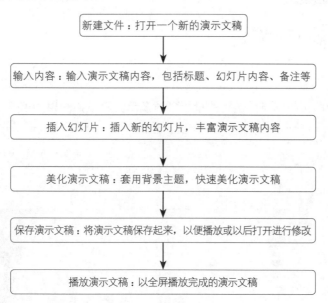

大致了解演示文稿制作的流程之后，下面介绍如何创建演示文稿。

# 14.6
## 创建演示文稿

在对演示文稿进行编辑之前，首先应创建一个演示文稿。演示文稿是PowerPoint中的文件，它由一系列幻灯片组成。幻灯片可以包括醒目的标题、详细的说明文字、生动的图片以及多媒体组件等元素。

前面在启动PowerPoint 2013时，就介绍了新建空白演示文稿的方法。下面介绍利用模板创建带有专业设计的演示文稿的方法。

模板决定了演示文稿的基本结构，同时决定了其配色方案，应用模板可以使演示文稿具有统一的风格。构建演示文稿非常注重其华丽性和专业性，因为这样才能充分感染用户。PowerPoint只是提供在演示文稿设计时所需的工具。真正好的演示文稿设计，必须要有好的美术概念。不过，如果用户没有什么美术基础，也不必太沮丧，因为PowerPoint可以用模板来构建缤纷靓丽的具有专业水平的演示文稿。具体操作步骤如下：

**1** 单击"文件"选项卡，在弹出的菜单中选择"新建"命令，在弹出的窗口中会显示可使用的模板和主题，如图14-8所示。

**2** 单击要使用的模板和主题，例如，单击"平面"，弹出如图14-9所示的窗口，让用户选择不同的配色。

图14-8 选择要使用的模板

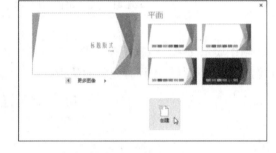

图14-9 选择模板的配色方案

**3** 单击"创建"按钮，即可根据当前选定的模板创建演示文稿，如图14-10所示。

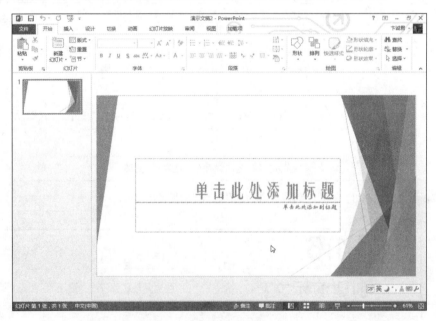

图14-10 利用模板创建演示文稿

# 14.7
## 输入文本

多数人都认为演示文稿非常注重视觉效果，当然这很重要，可是演示文稿最重要的核心是正文文本。演示文稿的目标是沟通交流，而且用户之间最主要的沟通交流工具是语言文字。PowerPoint能够很容易地输入文本、编辑文本，而且制作出特殊的效果，从而为文本赋予生命力。

## 14.7.1 在占位符中输入文本

当打开一个空演示文稿时，系统会自动插入一张标题幻灯片。在该幻灯片中，共有两个虚线框，这两个虚线框称为占位符，占位符中显示"单击此处添加标题"和"单击此处添加副标题"的字样。

要为幻灯片添加标题，请单击标题占位符，此时插入点出现在占位符中，即可输入标题的内容。

要为幻灯片添加副标题，请单击副标题占位符，然后输入副标题的内容，如图14-11所示。

图14-11 在占位符中添加文本

在占位符中输入文本时，经常会发生最右侧的文本结束位置不合理的情况，有些人喜欢按Enter键进行换段，其实还可以按Shift+Enter键进行分行。

## 14.7.2 使用文本框输入文本

要在占位符之外的其他位置输入文本，可以在幻灯片中插入文本框。文本框是一种可移动、可调大小的图形容器。使用文本框可以在一张幻灯片中放置数个文字块或使文字按与幻灯片中其他文字不同的方向排列。

如果要添加不自动换行的文本，可以按照下述步骤进行操作：

**1** 切换到功能区中的"插入"选项卡，在"文本"组中单击"文本框"按钮，在弹出的菜单中选择"横排文本框"命令。

**2** 单击要添加文本的位置，即可开始输入文本。输入文本的过程中，文本框的宽度会自动增大，但是文本并不自动换行，如图14-12所示。

图14-12 利用文本框添加文本

**3** 输入完毕后，单击文本框之外的任意位置即可。

　　要添加自动换行的文本，请切换到功能区中的"插入"选项卡，在"文本"组中单击"文本框"按钮，在弹出的菜单中选择"横排文本框"命令，将鼠标指针移到要添加文本框的位置，按住鼠标左键拖动来限制文本框的大小，然后在文本框中输入文本，当输入到文本框的右边界时会自动换行。

# 14.8
## 创建演示文稿的大纲

　　除了可以在当前的幻灯片中输入文本外，还可以在左侧的大纲窗格中输入演示文稿的内容。演示文稿的大纲由一系列标题构成，标题下又有子标题，子标题下还有层次小标题，不同层次的文本有不同程度的右缩进。利用大纲能够让用户更容易组织演示文稿的内容。

### 14.8.1 输入演示文稿的大纲内容

　　如果要输入演示文稿的大纲内容，可以按照下述步骤进行操作：

**1** 单击"视图"选项卡中的"演示文稿视图"组的"大纲视图"按钮，切换到大纲视图。

**2** 在左侧大纲窗格中输入第一张幻灯片的标题，然后按Enter键。这时会在大纲窗格中创建一张幻灯片，同时让用户输入第二张幻灯片的标题，如图14-13所示。

**3** 要输入第一张幻灯片的副标题，可以右击该行，在弹出的快捷菜单中选择"降级"命令（见图14-14），然后输入第一张幻灯片的副标题。

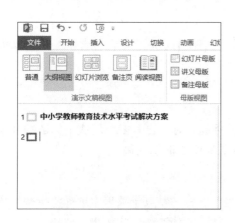

图14-13 输入幻灯片的标题

图14-14 选择"降级"命令

**4** 为了创建第二张幻灯片,请在输入副标题之后,按Ctrl+Enter组合键,然后输入第二张幻灯片的标题。

**5** 输入第二张幻灯片的标题后,按Enter键。

**6** 要输入第二张幻灯片的正文,请右击该行,在弹出的快捷菜单中选择"降级"命令,即可创建第一级项目符号。

**7** 为幻灯片输入一系列有项目符号的项目,并在每个项目后按Enter键。通过单击"升级"命令或者"降级"命令来创建各种缩进层次。

**8** 在最后一个项目符号后按Ctrl+Enter组合键,即可创建下一张幻灯片。如图14-15所示就是在大纲下创建演示文稿的示例。

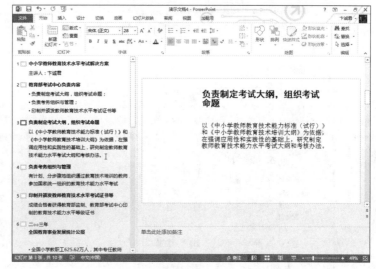

图14-15 在大纲下创建演示文稿

## 14.8.2 在大纲下编辑文本

在大纲视图中创建了演示文稿的大纲,应该检查一下各幻灯片的标题和层次小标题是否有误,内容是否充实。如果发现有不妥之处,则在大纲视图中编辑它们。

### 1. 更改大纲的段落次序

在大纲视图中，单击幻灯片图标或者段落项目黑点，即可选定幻灯片或者段落，然后右击该段，在弹出的快捷菜单中选择"上移"命令或者"下移"命令，可以改变大纲的段落次序。

### 2. 更改大纲的层次结构

在大纲视图中选定要改变层次的段落后，右击该段，在弹出的快捷菜单中选择"升级"命令或者"降级"命令，可以改变大纲的层次结构。

### 3. 折叠与展开大纲

演示文稿中的幻灯片比较多时，可以仅查看幻灯片的标题。对于含有多个层次小标题的演示文稿，先隐藏层次小标题，然后改变幻灯片标题的次序，更容易重新组织演示文稿。

折叠与展开大纲的具体操作步骤如下：

**1** 右击要操作的幻灯片，在弹出的快捷菜单中单击"折叠"命令，从其子菜单中选择"折叠"命令，如图14-16所示。该幻灯片的所有正文被隐藏起来，仅显示该幻灯片的标题，如图14-17所示。

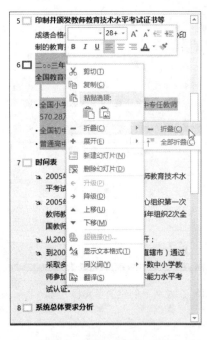

图14-16 选择"折叠"命令

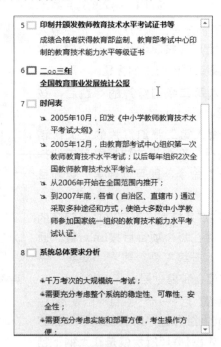

图14-17 折叠幻灯片的正文

**2** 右击该幻灯片，在弹出的快捷菜单中选择"展开"→"展开"命令，会显示该幻灯片的标题和正文。

**3** 要将所有幻灯片的正文全部隐藏起来，右击"大纲"选项卡内的空白位置，在弹出的快捷菜单中选择"折叠"→"全部折叠"命令。

**4** 要将所有幻灯片的正文全部显示出来，右击"大纲"选项卡内的空白位置，在弹出的快捷菜单中选择"展开"→"全部展开"命令。

# 14.9
## 处理幻灯片

一般来说，一个演示文稿中会包含多张幻灯片，对这些幻灯片进行更好的管理已成为维护演示文稿的重要任务。在制作演示文稿的过程中，可以插入、删除与复制幻灯片等。

## 14.9.1 选定幻灯片

对幻灯片进行处理之前，必须先选定幻灯片。既可以选定单张幻灯片，也可以选定多张幻灯片。

为了在普通视图中选定单张幻灯片，可以单击左侧窗格中的幻灯片缩略图。

为了在幻灯片浏览视图中选定多张连续的幻灯片，应先单击第一张幻灯片的缩略图，使该幻灯片的周围出现边框，然后按下Shift键并单击最后一张幻灯片的缩略图。

为了在幻灯片浏览视图中选定多张不连续的幻灯片，先单击第一张幻灯片的缩略图，然后按下Ctrl键，再分别单击要选定的幻灯片缩略图，如图14-18所示。

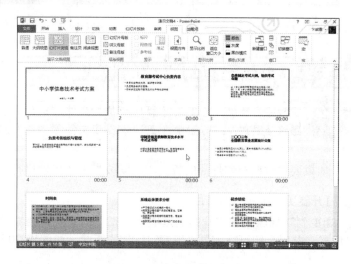

图14-18 选定多张幻灯片

## 14.9.2 插入幻灯片

 实战练习素材：光盘\素材\第14章\原始文件\插入幻灯片.pptx
最终结果文件：光盘\素材\第14章\结果文件\插入幻灯片.pptx

如果要在幻灯片浏览视图中插入一张幻灯片，可以按照下述步骤进行操作：

**1** 切换到功能区中的"视图"选项卡，在"演示文稿视图"组中单击"幻灯片浏览"按钮，切换到幻灯片浏览视图中。

**2** 单击要插入新幻灯片的位置。

**3** 切换到功能区中的"开始"选项卡，在"幻灯片"组中单击"新建幻灯片"按钮，从弹出的菜单中选择一种版式，即可插入一张新幻灯片，过程如图14-19所示。

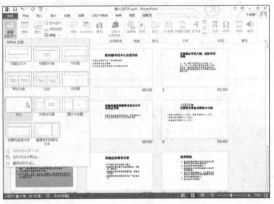 

图14-19 插入幻灯片

### 14.9.3 更改已有幻灯片的版式

实战练习素材：光盘\素材\第14章\原始文件\更改已有幻灯片的版式.pptx
最终结果文件：光盘\素材\第14章\结果文件\更改已有幻灯片的版式.pptx

如果要更改已有幻灯片的版式，可以按照下述步骤进行操作：

**1** 打开要更改版式的幻灯片。

**2** 切换到功能区中的"开始"选项卡，在"幻灯片"组中单击"版式"按钮，在弹出的菜单中选择一种版式。此时，即可快速更改当前幻灯片的版式，如图14-20所示。

 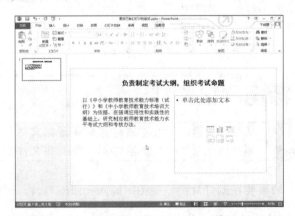

图14-20 应用了新的版式

### 14.9.4 删除幻灯片

用户可以将演示文稿中没有用的幻灯片删除，以便于对演示文稿的管理。删除幻灯片有以下几种方法：

- 在普通视图左侧窗格中，右击要删除的幻灯片缩略图，然后在弹出的快捷菜单中选择"删除幻灯片"命令将幻灯片删除。

● 在幻灯片浏览视图中，选择要删除的幻灯片，按 Delete 键。

## 14.9.5 调整幻灯片的顺序

实战练习素材：光盘\素材\第14章\原始文件\调整幻灯片的顺序.pptx
最终结果文件：光盘\素材\第14章\结果文件\调整幻灯片的顺序.pptx

如果要在幻灯片浏览视图中调整幻灯片的顺序，可以按照下述步骤进行操作：

**1** 在幻灯片浏览视图中，选定要移动的幻灯片。

**2** 按住鼠标左键拖动，拖动相应的位置后会自动腾出空间来容纳此幻灯片。

**3** 释放鼠标左键，选定的幻灯片会出现在相应的位置，如图14-21所示。

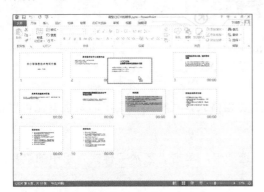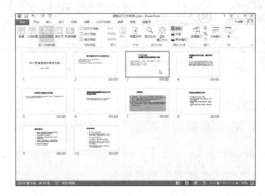

图14-21 移动幻灯片

另外，还可以使用"剪切"和"粘贴"按钮来调整幻灯片的顺序，具体操作步骤如下：

**1** 在幻灯片浏览视图中，选定要移动的幻灯片。

**2** 切换到功能区中的"开始"选项卡，在"剪贴板"组中单击"剪切"按钮，将选定的幻灯片删除并存放到剪贴板中。

**3** 在要插入幻灯片的两个幻灯片之间的位置单击，在该位置出现一个竖线插入点。

**4** 切换到功能区中的"开始"选项卡，在"剪贴板"组中单击"粘贴"按钮，将剪贴板中的幻灯片粘贴到新的位置。

## 14.9.6 复制幻灯片

制作演示文稿的过程中，可能有几张幻灯片的版式和背景等都是相同的，只是其中的部分文本不同而已。这时可以复制幻灯片，然后对复制后的幻灯片进行修改即可。

如果要在幻灯片浏览视图中复制幻灯片，可以按照下述步骤进行操作：

**1** 在幻灯片浏览视图中，选定要复制的幻灯片。

**2** 按住Ctrl键，然后按住鼠标左键拖动选定的幻灯片。

**3** 在拖动过程中，选定的幻灯片所移到的位置会自动腾出空间。

**4** 释放鼠标左键，再松开Ctrl键，选定的幻灯片将被复制到目的位置。

# 14.10
## 设置幻灯片中的文字格式

幻灯片内容一般由一定数量的文本对象和图形对象组成，文本对象又是幻灯片的基本组成部分，PowerPoint提供了强大的格式化功能，允许用户对文本进行格式化。

对于幻灯片中普通文字的格式化方法，与Word、Excel相同，都是选定文字后，利用"开始"选项卡中的"字体"组的工具来设置字体、字号、文字颜色和字符间距等。下面主要介绍一些特殊的文字格式技巧。

## 14.10.1 套用"艺术字样式"突出标题

实战练习素材：光盘\素材\第14章\原始文件\突出标题.pptx
最终结果文件：光盘\素材\第14章\结果文件\突出标题.pptx

如果想突出幻灯片的标题，通常会放大字号或应用加粗格式，其实还有更多的文字变化可以设置，只要应用"艺术字样式"就行了。

**1** 选定标题所在的占位符，切换到"绘图工具/格式"选项卡，单击"艺术字样式"组中的"其他"按钮，弹出"艺术字样式"下拉列表。

**2** 将鼠标指针移到要应用的样式上，可以通过幻灯片预览效果，如图14-22所示。

图14-22 为标题应用艺术字样式

**3** 单击想要的艺术字样式就会应用了。接下来为第3张幻灯片也应用相同的样式。

如果要应用其他样式，只需重新选定标题占位符，再单击艺术字样式重新应用。取消应用时，同样单击"艺术字样式"组中的"其他"按钮，单击"清除艺术字"命令。

## 14.10.2 统一替换幻灯片中使用的字体

实战练习素材：光盘\素材\第14章\原始文件\统一替换幻灯片中使用的字体.pptx
最终结果文件：光盘\素材\第14章\结果文件\统一替换幻灯片中使用的字体.pptx

本演示文稿中的项目列表应用了"宋体"，但是觉得"楷体"比较稳定、好看。如果想要将演示文稿中所有的"宋体"替换为"楷体"，可以试试"替换字体"功能，一次将字体替换好。

**1** 单击"开始"选项卡的"编辑"组中的"替换"按钮右侧向下箭头，在弹出的下拉列表中选择"替换字体"命令，打开如图14-23所示的"替换字体"对话框。

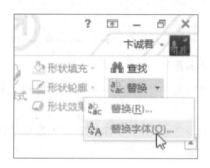
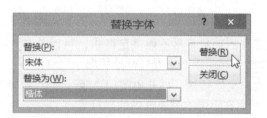

图14-23 "替换字体"对话框

**2** 关闭对话框，会发现演示文稿中的"宋体"已经替换为"楷体"，如图14-24所示。

图14-24 替换演示文稿中的字体

## 14.10.3 使用项目符号让文字更具条理性

实战练习素材：光盘\素材\第14章\原始文件\使用项目符号让文字更具条理性.pptx
最终结果文件：光盘\素材\第14章\结果文件\使用项目符号让文字更具条理性.pptx

添加项目符号的列表有助于把一系列重要的条目或论点与文档中其余的文本区分开来。PowerPoint允许为文本添加不同的项目符号。

默认情况下，在输入正文时，PowerPoint会插入一个圆点作为项目符号。如果要更改项目符号，可以按照下述步骤进行操作：

**1** 选定幻灯片的正文。

**2** 切换到功能区中的"开始"选项卡,在"段落"组中单击"项目符号"按钮右侧的向下箭头,在弹出的下拉列表中选择所需的项目符号,如图14-25所示。

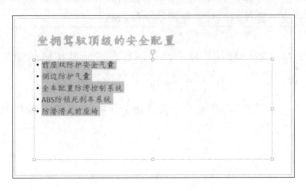

图14-25 更改幻灯片的项目符号

**3** 如果预定义的项目符号不能满足要求,可以单击"项目符号"下拉列表中的"项目符号和编号"选项,打开如图14-26所示的"项目符号和编号"对话框。

**4** 单击"自定义"按钮,打开如图14-27所示的"符号"对话框,在"字体"下拉列表框中选择所需符号的字体,然后在下方的列表框中选择符号。

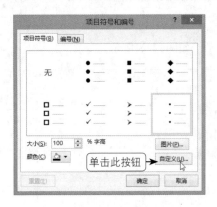
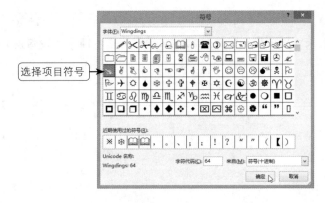

图14-26 "项目符号和编号"对话框　　　　　图14-27 "符号"对话框

**5** 单击"确定"按钮,返回"项目符号和编号"对话框。

**6** 要设置项目符号的大小,请在"大小"数值框中输入百分比。

**7** 要为项目符号选择一种颜色,请从"颜色"下拉列表框中选择所需的颜色。

**8** 单击"确定"按钮。如图14-28所示就是更改项目符号的示例。

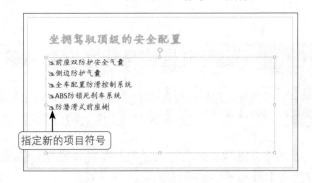

图14-28 为选定文本添加自定义的项目符号

## 14.10.4 使用编号列表排列文字先后顺序

实战练习素材：光盘\素材\第14章\原始文件\使用编号列表.pptx
最终结果文件：光盘\素材\第14章\结果文件\使用编号列表.pptx

编号列表是按照编号的顺序排列，例如，将操作步骤按先后顺序依次编号，可以使用与创建项目符号列表类似的方法创建编号列表。

如果要使用PowerPoint提供的预设编号，可以按照下述步骤进行操作：

**1** 选定要添加编号的段落。

**2** 切换到功能区中的"开始"选项卡，在"段落"组中单击"编号"按钮右侧的向下箭头，在弹出的菜单中选择一种预设编号，如图14-29所示。

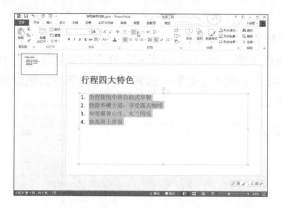

图14-29 选择预设的编号

> 如果要改变编号的大小与颜色，则选定要更改编号的段落，切换到功能区中的"开始"选项卡，在"段落"组中单击"编号"按钮右侧的向下箭头，在弹出的菜单中选择"项目符号和编号"命令，出现"项目符号和编号"对话框，单击"编号"选项卡，在"大小"文本框中输入新的数值，可以改变编号的大小；单击"颜色"列表框右侧的向下箭头，从下拉列表中选择该编号的颜色。

## 14.10.5 让文字较多的文章易于阅读

实战练习素材：光盘\素材\第14章\原始文件\文字为主.pptx
最终结果文件：光盘\素材\第14章\结果文件\文字为主.pptx

对于文字较多的文章，可以通过字号的大小以及双栏的版式进行处理。具体操作步骤如下：

**1** 打开原始文件。

**2** 为了使小标题提升一级，选择小标题后，利用"开始"选项卡内"段落"组的"降低列表级别"按钮；选择要设置大小的小标题，然后利用"开始"选项卡中的"字号"下拉列表框进行设置；为了使小标题与正文分隔，可以利用"段落"对话框中的"段前"文本框进行设置；还可以更改列表条目的项目符号，如图14-30所示。

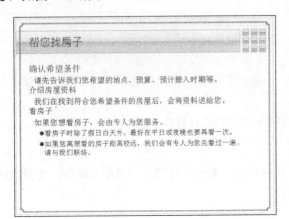
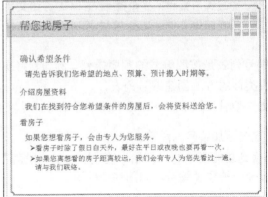

图14-30 设置小标题格式以利于阅读

如果文章太长版式容纳不下，可以应用版式为两栏文字，如图14-31所示。只需切换到功能区中的"开始"选项卡，在"幻灯片"组中单击"版式"按钮，在弹出的菜单中选择"两栏内容"，然后将多余的文字"剪切"、"粘贴"，移动到右侧的内容框中。

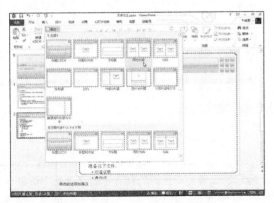
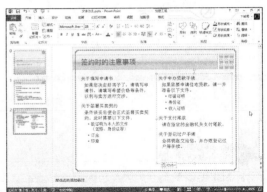

图14-31 切换一栏为两栏文字

## 14.10.6 利用符号制作修饰框

 实战练习素材：光盘\素材\第14章\结果文件\制作修饰框.pptx

添加修饰框可以使幻灯片更加美观。自己不用实际绘图，只要使用符号字体就可轻松制作修饰框。具体操作步骤如下：

**1** 在要输入修饰框的位置先制作文本框，然后切换到功能区中的"插入"选项卡，在"文本"组中单击"符号"按钮，打开"符号"对话框。

**2** 在"字体"下拉列表框中选择Wingdings，选择要输入的符号，单击"插入"按钮，就会输入所选的符号。

**3** 重复插入该符号，并修整符号大小与颜色。

**4** 将插入符号的文本框再复制一份，并放到标题的下方，结果如图14-32所示。

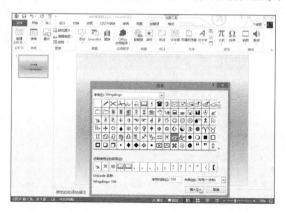

图14-32 利用符号制作修饰框

# 14.11

## 办公实例：财务报告演示文稿的制作

不论用户是公司的财务总监、财务经理、财务主管或者财务分析人员，可能都需要经常向其他部门的同事、老板或董事会汇报公司的财务状况，说明公司取得的成绩或现在尚存在的问题等，本节将通过一个实例——制作财务报告演示文稿，来巩固与拓展本章所学的知识。

## 14.11.1 实例描述

本实例将介绍一般性财务报告演示文稿的制作，在制作过程中主要涉及到以下内容：

- 在 Word 文档中设置大纲样式
- 在 PowerPoint 中导入 Word 大纲
- 设置幻灯片的字体格式
- 设置幻灯片的段落格式
- 设置正文内容的段落样式

## 14.11.2 实例操作指南

实战练习素材：光盘\素材\第14章\原始文件\Word大纲.docx
实战练习素材：光盘\素材\第14章\原始文件\制作财务报告.pptx
最终结果文件：光盘\素材\第14章\结果文件\制作财务报告.pptx

本实例的具体操作步骤如下：

**1** 在Word中输入要创建为幻灯片的内容，如图14-33所示。

**2** 切换到大纲视图下，对不同的段落应用不同的级别。先把想设置成幻灯片标题的段落设为1级，想要列表式的段落设为"2级"或"3级"，如图14-34所示。

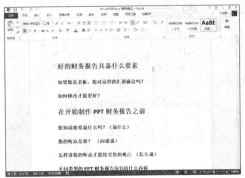

图14-33 输入要创建为幻灯片的内容

图14-34 应用大纲样式

**3** 保存文档并关闭Word。在PowerPoint中，切换到功能区中的"开始"选项卡，单击"新建幻灯片"按钮，在弹出的菜单中选择"幻灯片（从大纲）"命令，如图14-35所示。

**4** 打开如图14-36所示的"插入大纲"对话框，选择要插入的Word文档。

图14-35 选择"幻灯片（从大纲）"命令

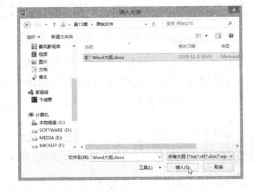

图14-36 "插入大纲"对话框

**5** 单击"插入"按钮，即可在当前演示文稿中插入新增加的幻灯片，如图14-37所示。单击左侧"幻灯片"任务窗格中的其他幻灯片，可以在右侧显示该幻灯片的内容，如图14-38所示。

图14-37 插入新增加的幻灯片

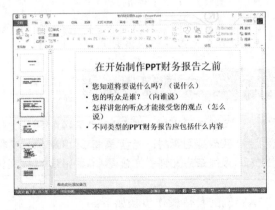

图14-38 查看其他的幻灯片

**6** 如果发现幻灯片中正文的层级不正确，可以将其选定，如图14-39所示。按Tab键，即可将选定的段落降为下一级，如图14-40所示。按Shift+Tab组合键可以让段落返回上一级。

图14-39 选定要降级的段落

图14-40 将选定的段落降一级

**7** 正文段落之间的间隔是可以调节的，先选定要设置的段落，然后切换到功能区中的"开始"选项卡，在"段落"组中单击"行距"按钮，弹出如图14-41所示的下拉菜单。

**8** 从"行距"下拉菜单中选择"行距选项"命令，打开如图14-42所示的"段落"对话框，在"段前"和"段后"文本框中可以输入段落与段落之间的距离。在"行距"下拉列表框中可以选择"多倍行距"，然后在右侧的"设置值"文本框中输入具体的数值。最后单击"确定"按钮。

图14-41 选择"行距选项"命令

图14-42 "段落"对话框

**9** 选定幻灯片中的正文，然后将其字体设置为"楷体"，如图14-43所示。

**10** 选定要改变项目符号的段落，然后单击"段落"组中的"项目符号"按钮，在弹出的菜单中选择一种项目符号，如图14-44所示。

图14-43 改变正文的字体

图14-44 更改正文的项目符号

11 制作完毕后，单击"保存"按钮，完成整个演示文稿的制作。

### 14.11.3 实例总结

本实例复习了本章中所讲的关于演示文稿中设置文本格式与段落格式的知识和操作方法，主要用到所学的以下知识点：

- 在演示文稿中导入 Word 文档
- 设置字体格式
- 设置段落格式
- 设置项目符号样式

## 14.12
### 提高办公效率的诀窍

### 窍门 1：向幻灯片中添加日期与时间

编辑幻灯片时，如果需要插入当前日期、时间，不必手动输入即可快速插入，而且还可以选择不同的格式。具体操作步骤如下：

1 将插入点定位到幻灯片中需要插入日期或时间的位置。

2 切换到功能区中的"插入"选项卡，在"文本"组中单击"日期和时间"按钮，出现如图14-45所示的"日期和时间"对话框。

图14-45 "日期和时间"对话框

3 根据需要选择一种日期/时间格式，单击"确定"按钮。

### 窍门 2：在幻灯片中制作上、下标文字效果

在编辑一些简单的数学或化学公式时，如果需要输入平方或立方等内容，该怎么办呢？方法很简单，通过设置上标或下标文字的方式就可以实现。具体操作步骤如下：

**1** 选定要改为上标或下标的文字。

**2** 切换到功能区中的"开始"选项卡，单击"字体"组右下角的"字体"按钮，打开"字体"对话框。

**3** 选中"上标"或"下标"复选框，同时设置偏移百分比，如图14-46所示。

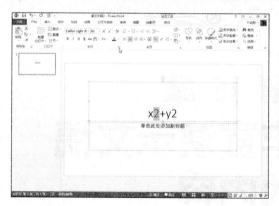 

图14-46 设置上标或下标文字

**4** 单击"确定"按钮。

## 窍门3：输入文本过多，执行自动调整功能

如果用户在占位符中输入的内容过多以致占位符无法容纳时，占位符的大小不会改变，相反会改变文本的大小。用户还可以单击左下角弹出的"自动调整选项"按钮 来决定如何处理文本，如图14-47所示。

在"自动调整选项"下拉列表中选择处理文本的方式。

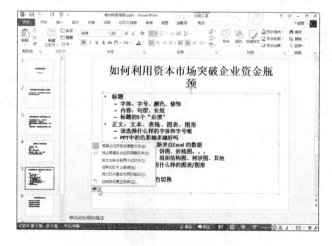

图14-47 利用"自动调整选项"处理文本

- 根据占位符自动调整文本：调节文本大小，自动适应占位符，该选项是默认值。

- 停止根据此占位符调整文本：只在当前占位符内停止根据占位符的大小调节文本。

- 将文本拆分到两个幻灯片：生成新的幻灯片，自动将部分文本移到下一张幻灯片中。

- 在新幻灯片上继续：生成新的幻灯片，正文标题内呈现可以输入文本的状态。

- 将幻灯片更改为两列版式：将当前占位符中的正文排版为两列格式。

- 控制自动更正选项：弹出"自动更正"对话框，打开"键入时自动套用格式"选项卡，可以选中或撤选输入文本时是否应用某些格式。

# 15

前面已经介绍了如何在幻灯片中加入所要表达的文本，但是让人觉得太平淡了。如果在幻灯片中加入漂亮的图片、图表和表格等对象，就会使演示文稿更加生动有趣和富有吸引力。本章将介绍向幻灯片中插入各种对象的技巧，包括插入表格、插入图表、插入剪贴画、插入图片、制作相册集、插入SmartArt图表、插入声音文件以及绘制图形，最后通过一个综合实例巩固所学内容。

# 第 15 章
# 丰富演示文稿的内容

## 教学目标 >>>>>>>>>>>>>>>>>>>>>>>

通过本章的学习，你能够掌握如下内容：

※ 在幻灯片中插入表格
※ 在幻灯片中使用图表
※ 在幻灯片中插入Flash动画

# 15.1
## 插入对象的方法

在PowerPoint 2013中新建幻灯片时，只要选择含有内容的版式，就会在内容占位符上出现内容类型选择按钮。单击其中的一个按钮，即可在该占位符中添加相应的内容对象，如图15-1所示。

图15-1 利用占位符插入对象

# 15.2
## 插入表格

如果需要在演示文稿中添加有规律的数据，可以使用表格来完成。PowerPoint中的表格操作远比Word简单得多。本节将介绍在演示文稿中插入表格的方法。

## 15.2.1 向幻灯片中插入表格

 最终结果文件：光盘\素材\第15章\结果文件\插入表格.pptx

如果要向幻灯片中插入表格，可以按照下述步骤进行操作：

**1** 单击内容版式中的"插入表格"按钮，出现如图15-2所示的"插入表格"对话框。
**2** 在"列数"文本框中输入需要的列数，在"行数"文本框中输入需要的行数。
**3** 单击"确定"按钮，将表格插入到幻灯片中，如图15-3所示。

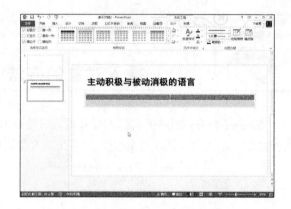

图15-2 "插入表格"对话框　　　　　　　　　图15-3 创建的表格

办公专家一点通

要向已有的幻灯片中插入表格，请选择"插入"选项卡上的"表格"按钮，在出现的示意表格中拖动选择表格的行数与列数。

### 1. 向表格中输入文本

创建表格后，插入点位于表格左上角的第一个单元格中，此时可以在插入点位置输入文本，如图15-4所示。当一个单元格内的文本输入完毕后，按Tab键进入到下一个单元格中，也可以直接用鼠标单击下一个单元格。如果希望回到上一个单元格中，则按Shift+Tab组合键。

如果输入的文本较长，则会在当前单元格的宽度范围内自动换行，此时自动增加该行的行高。

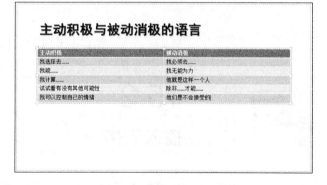

图15-4 向表格中输入文本

### 2. 选定表格中的项目

在对表格进行操作之前，需要了解如何选定表格中的项目。

- 要选定一行，可以单击该行中的任意单元格，然后切换到功能区中的"布局"选项卡，在"表"组中单击"选择"按钮，在弹出的菜单中选择"选择行"命令。
- 要选定一列，可以单击该列中的任意单元格，然后切换到功能区中的"布局"选项卡，在"表"组中单击"选择"按钮，在弹出的菜单中选择"选择列"命令。
- 要选定整个表格，可以单击表格中的任意单元格，然后切换到功能区中的"布局"选项卡，在"表"组中单击"选择"按钮，在弹出的菜单中选择"选择表格"命令。
- 要选定一个或多个单元格，可以用拖动鼠标经过这些单元格的方法来选定它们。

## 15.2.2 修改表格的结构

对于已经创建的表格，用户仍然能够修改表格的行数和列数等结构。

### 1. 插入新行或新列

如果要插入新行，可以按照下述步骤进行操作：

**1** 将插入点置于表格中希望插入新行的位置。
**2** 切换到功能区中的"布局"选项卡，在"行和列"组中单击"在上方插入"按钮或者"在下方插入"按钮，如图15-5所示。

图15-5 插入新行命令

如果要插入新列，可以按照下述步骤进行操作：

**1** 将插入点置于表格中希望插入新列的位置。
**2** 切换到功能区中的"布局"选项卡，在"行和列"组中单击"在左侧插入"按钮或者"在右侧插入"按钮。

### 2. 合并与拆分单元格

如果要将多个单元格合并为一个单元格，可以按照下述步骤进行操作：

**1** 选定要合并的多个单元格。
**2** 切换到功能区中的"布局"选项卡，在"合并"组中单击"合并单元格"按钮。

要将一个大的单元格拆分成多个小的单元格，首先单击要拆分的单元格，然后切换到功能区中的"布局"选项卡，在"合并"组中单击"拆分单元格"按钮。

## 15.2.3 设置表格格式

在表格幻灯片中，插入和编辑表格之后，还需要对表格进行格式化，以增强幻灯片的感染力，给观众留下深刻的印象。

### 1. 利用表格样式快速设置表格格式

用户可以利用PowerPoint 2013提供的表格样式快速设置表格的格式，具体操作步骤如下：

**1** 选定要设置格式的表格。
**2** 切换到功能区中的"设计"选项卡，在"表格样式"组中选择一种样式，如图15-6所示。用户可以单击右侧的按钮，滚动显示其他的样式。

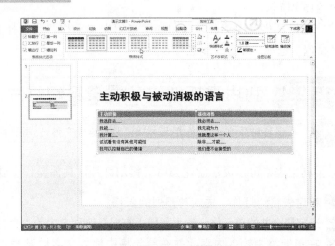

图15-6 快速设置表格格式

### 2. 添加表格边框

如果要为表格添加边框，可以按照下述步骤进行操作：

**1** 选定要添加边框的表格。

**2** 利用"设计"选项卡的"绘图边框"组中的"笔样式"、"笔划粗细"与"笔颜色"，分别设置线条的样式、粗细与颜色。

**3** 单击"设计"选项卡中"边框"按钮右侧的向下箭头，从下拉列表中选择为表格的哪条边添加边框，如图15-7所示。

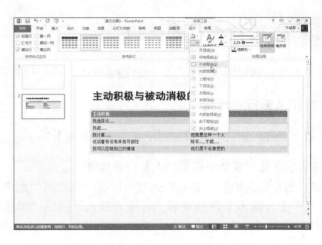

图15-7 添加表格边框

### 3. 填充表格颜色

如果要获取好的演示效果，可以为表格填充颜色，具体操作步骤如下：

**1** 要改变一个单元格的填充颜色，可以将插入点置于该单元格中；要改变多个单元格的填充颜色，可以选定这些单元格或者整个表格。

**2** 单击"设计"选项卡中"填充颜色"按钮右侧的向下箭头，出现"填充颜色"列表。

**3** 单击"填充颜色"列表中提供的颜色方块，即可为选定的单元格填充此颜色，如图15-8所示。

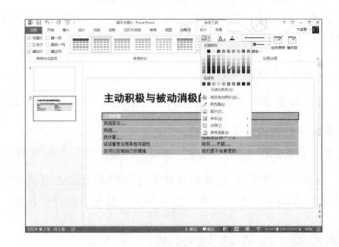

图15-8 填充表格颜色

如果希望以图片、渐变和纹理来填充单元格，请选择"填充颜色"列表中的"图片"、"渐变"和"纹理"选项，并进一步进行设置。

## 15.2.4 利用表格创建公司资料幻灯片

 最终结果文件：光盘\素材\第15章\结果文件\公司资料幻灯片.pptx

利用表格可以灵活创建公司资料幻灯片，具体操作步骤如下：

**1** 新建表格幻灯片，插入7行3列的表格。

**2** 选定要合并的单元格，然后利用"布局"选项卡中的"合并"组的"合并单元格"按钮，将单元格合并。

**3** 在单元格中输入内容，并在单元格中输入文字以及插入图片。插入图片时，只需将光标置于单元格中，切换到功能区中的"插入"选项卡，在"插图"组中单击"图片"按钮，然后选择要输入的图片。

**4** 为表格和单元格分别设置填充色，以便与演示文稿的主体相协调。如图15-9所示就是为表格和单元格设置了不同的填充色效果。

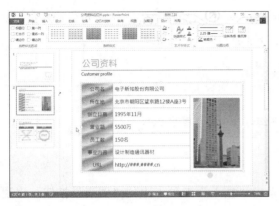
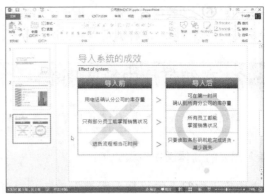

图15-9 利用表格创建公司资料表

## 15.2.5 制作列举各家竞争产品的表格

最终结果文件：光盘\素材\第15章\结果文件\竞争产品表格.pptx

表格是最适合用来比较商品的规格、价格等各种包含数字的内容。将要比较的重点放在列的标题中，在各行输入简洁有力的内容，这会比用文章说明更让人容易理解。具体操作步骤如下：

**1** 新建表格幻灯片，插入5行4列的表格。

**2** 在单元格中输入文本，然后将表格和单元格的颜色进行设置，以便与演示文稿的主体相协调。如图15-10所示就是为表格和单元格设置了不同的填充色效果。

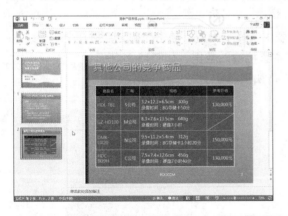
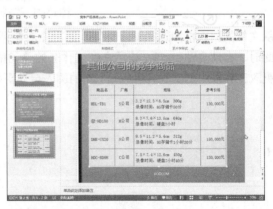

图15-10 制作列举各家竞争产品的表格

# 15.3
## 使用图表

图表是一种以图形显示的方式表达数据的方法。用图表来表示数据，可以使数据更容易理解。与Excel创建图表的方式有些不同，在PowerPoint的默认情况下，当创建好图表后，需要在关联的Excel数据表中输入图表所需的数据。当然，如果事先为图表准备了Excel格式的数据表，则也可以打开这个数据表并选择所需的数据区域，这样就可以将已有的数据区域添加到PowerPoint图表中。

## 15.3.1 在幻灯片中插入图表

 最终结果文件：光盘\素材\第15章\结果文件\在幻灯片中插入图表.pptx

插入图表的具体操作步骤如下：

**1** 单击内容占位符上的"插入图表"按钮，或者单击"插入"选项卡上的"图表"按钮，出现如图15-11所示的"插入图表"对话框。

图15-11 "插入图表"对话框

**2** 从左侧的列表框中选择图表类型，然后在右侧列表中选择子类型，单击"确定"按钮。

**3** 此时，自动启动Excel，让用户在工作表的单元格中直接输入数据，如图15-12所示。

**4** 更改工作表中的数据，PowerPoint的图表自动更新，如图15-13所示。

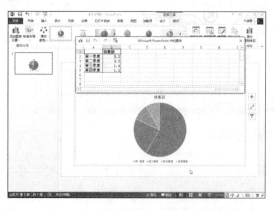
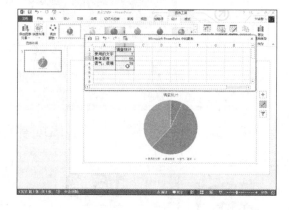

图15-12 同时显示PowerPoint与Excel

图15-13 自动更新图表

**5** 输入数据后，可以单击Excel窗口右上角的"关闭"按钮。

**6** 用户可以利用"设计"选项卡中的"图表布局"工具与"图表样式"工具快速设置图表的格式，如图15-14所示。

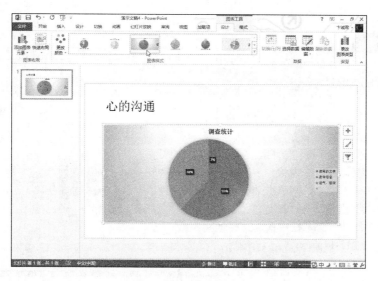

图15-14 更改图表样式

## 15.3.2 图解销售趋势的柱形图

 最终结果文件：光盘\素材\第15章\结果文件\图解销售趋势的柱形图.pptx

柱形图是用视觉的方式呈现多个项目之间数值的多少。在幻灯片中，可以绘制有立体视觉效果的立体柱形图来增强美感。具体操作步骤如下：

**1** 新建一张幻灯片，其版式为"标题和内容"，单击占位符中的"插入图表"按钮，打开"插入图表"对话框，选择合适的图表类型。

**2** 根据需要修改图表的数据，结果如图15-15所示。

**3** 还可以更改图表的类型，例如，改为三维堆积柱形图，如图15-16所示。

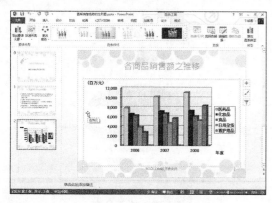

图15-15 创建的柱形图

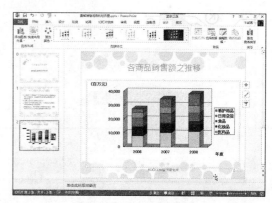

图15-16 修改图表类型

如果要改变三维立体柱形图的角度，可以选择图表，切换到功能区中的"格式"选项卡，在"当前所选内容"组中选择"背景墙"，然后单击"设置所选内容格式"按钮，打开"设置背景墙格式"窗格，单击"效果"选项卡，再单击"三维旋转"选项，在"X旋转"和"Y旋转"文本框中输入数值，如图15-17所示。

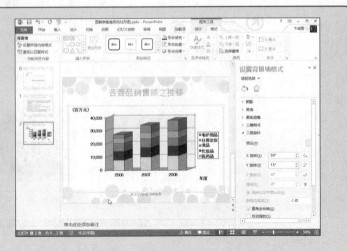

图15-17 设置三维立体柱形图的角度

## 15.3.3 剖析占有率的圆形图

最终结果文件：光盘\素材\第15章\结果文件\剖析占有率的圆形图.pptx

想要以视觉的方式呈现自己公司的产品在市场上的占有率时，可以使用圆形图。在演示文稿的幻灯片中，可以让需要注意的项目移到圆形图的正面，或者将它分离。具体操作步骤如下：

**1** 新建一个图表幻灯片，创建一个三维饼图，如图15-18所示。

**2** 还可以根据需要，对饼图进行修饰。例如，要将圆形图的一部分进行分离，可以选择该部分，然后拖曳光标，将其分离，如图15-19所示。

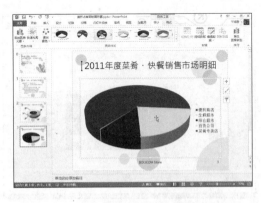

图15-18 创建三维饼图

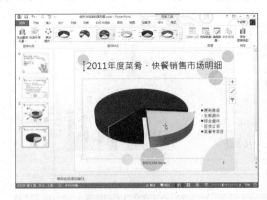

图15-19 饼图分离

**3** 如果要更改数据标签显示的内容，可以选择图表，然后切换到功能区中的"设计"选项卡，在"图表布局"组中单击"添加图表元素"按钮，在弹出的菜单中选择"数据标签"命令，在其子菜单中选择"其他数据标签选项"命令，打开"设置数据标签格式"窗格，选中"类别名称"、"值"、"百分比"、"显示引导线"复选框，如图15-20所示。

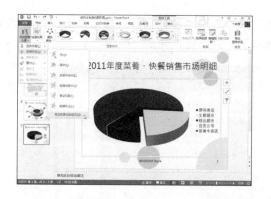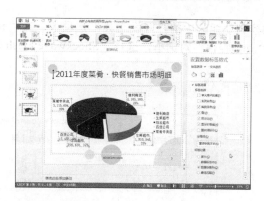

图15-20 "设置数据标签格式"窗格

**4** 要将强调的项目移到前面,可以双击该扇区,打开"设置数据点格式"窗格,单击"系列选项"选项卡,然后在"第一扇区起始角度"文本框中输入数值,如图15-21所示。

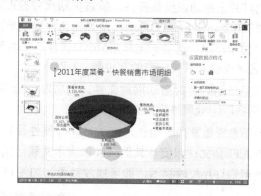

图15-21 设置旋转角度

# 15.4
## 插入 Flash 动画

 **实战练习素材**:光盘\素材\第15章\原始文件\联欢会开幕庆典.pptx;七彩礼花开放.swf
**最终结果文件**:光盘\素材\第15章\结果文件\联欢会开幕庆典.pptx

Flash动画具有小巧灵活的优点,用户可以在PowerPoint演示文稿中插入扩展名为.swf的Flash动画文件,以增强演示文稿的动画功能。

如果用户拥有一个动画图形,则可以通过使用名为Shockwave Flash Object的ActiveX控件和Macromedia Flash Player,在PowerPoint演示文稿中播放该文件。

插入Flash动画的具体操作步骤如下:

**1** 在普通视图中,显示要播放动画的幻灯片。
**2** 单击"文件"选项卡,然后从弹出的菜单中单击"选项"命令,出现"PowerPoint选项"对话框。
**3** 单击左侧"自定义功能区"选项,在右侧的列表框内选中"开发工具"复选框,然后单击"确定"按钮。

**4** 切换到功能区中的"开发工具"选项卡，在"控件"组中单击"其他控件"按钮，出现如图15-22所示的"其他控件"对话框，选择"Shockwave Flash Object"，并单击"确定"按钮。

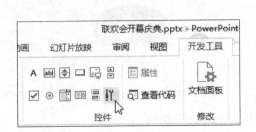
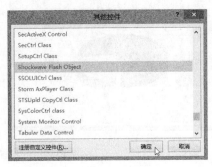

图15-22 "其他控件"对话框

**5** 在幻灯片上拖动以绘制控件，通过拖动尺寸控点调整控件大小。

**6** 右击Shockwave Flash Object，从弹出的快捷菜单中选择"属性表"命令，出现"属性"对话框。

**7** 在"按字母序"选项卡上单击Movie属性，在右侧的框中键入要播放的Flash文件的完整驱动器路径以及文件名，或键入其统一资源定位器（URL）。

**8** 要在显示幻灯片时自动播放文件，则将Playing属性设置为True。如果Flash文件内置有"开始/倒带"控件，则将Playing属性设置为False。

**9** 如果不希望重复播放动画，则请将Loop属性设置为False，否则设置为True。

**10** 要嵌入Flash文件以便与其他人共享演示文稿，请将EmbedMovie属性设置为True，否则设置为Flash。

**11** 切换到幻灯片放映视图，即可播放动画，如图15-23所示。

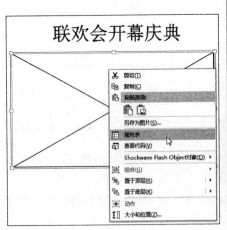

图15-23 播放Flash动画

# 15.5

## 办公实例：制作立体效果的产品说明方案

前面已经介绍了绘制形状与插入图表的应用，本节将制作立体效果的产品说明方案，来巩固与拓展本章所学的知识。

### 15.5.1 实例描述

本实例将制作产品说明方案，在制作过程中主要涉及到以下内容：

- 绘制立体圆角矩形图
- 绘制立体圆球图
- 绘制立体柱形图
- 绘制立方体与立体圆柱图

### 15.5.2 绘制立体圆角矩形图

 最终结果文件：光盘\素材\第15章\结果文件\产品说明方案.pptx

本节将利用圆角矩形绘制出立体圆角的菜单按钮。具体操作步骤如下：

**1** 新建工作簿，并在标题幻灯片中输入相应的内容，如图15-24所示。

**2** 插入一张幻灯片。然后切换到"插入"选项卡，在"插图"组中单击"形状"按钮，从弹出的菜单中选择"圆角矩形"。按住鼠标左键拖曳，绘制一个合适的圆角矩形对象，接着拖曳黄色句柄调整圆角的角度，如图15-25所示。

图15-24 新建标题幻灯片

图15-25 绘制圆角矩形

**3** 右击该圆角矩形，从弹出的快捷菜单中选择"设置形状格式"命令，在出现的"设置形状格式"窗格中指定圆角矩形的填充颜色、线条宽度与颜色等，如图15-26所示。

**4** 切换到功能区中的"格式"选项卡，然后单击"形状样式"组中的"形状效果"按钮，从其下拉菜单中选择"阴影"命令，再选择一种阴影样式，如图15-27所示。

图15-26 设置填充颜色等

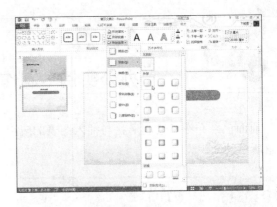

图15-27 选择阴影样式

**5** 右击圆角矩形，从弹出的快捷菜单中选择"编辑文本"命令，为菜单添加文本，如图15-28所示。

**6** 完成第一个立体圆角矩形的设计后，利用复制的方式完成其他5个按钮的设计，并输入合适的文字，即可完成该幻灯片的制作，如图15-29所示。

图15-28 添加文本

图15-29 创建的幻灯片

## 15.3.3 绘制立体圆球图

绘制立体圆球图的具体操作步骤如下：

**1** 新建幻灯片，切换到功能区中的"插入"选项卡，在"插图"组中单击"形状"按钮，从弹出的下拉列表中选择"同心圆"。按住鼠标左键拖曳，绘制一个合适的同心圆对象，如图15-30所示。

**2** 拖曳黄色句柄调整同心圆的厚度；拖曳绿色句柄调整同心圆的角度；拖曳白色句柄调整同心圆的大小，结果如图15-31所示。

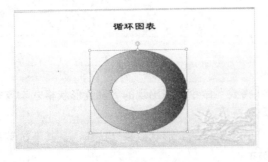

图15-30 绘制同心圆

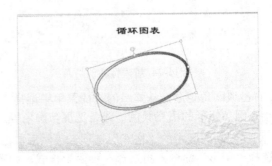

图15-31 调整同心圆

**3** 右击同心圆，在弹出的快捷菜单中选择"设置形状格式"命令，出现"设置形状格式"对话框，可以设置一种渐变填充效果。设置完毕后，单击"关闭"按钮。

**4** 切换到功能区中的"插入"选项卡，在"插图"组中单击"形状"按钮，在弹出的下拉列表中选择"椭圆"，然后按住Shift键绘制正圆。

**5** 右击正圆，从弹出的快捷菜单中选择"设置形状格式"命令，出现"设置形状格式"窗格，可以设置一种渐变填充效果，如图15-32所示。在"类型"下拉列表框中选择"射线"，在"方向"下拉列表框中选择"中心辐射"。

**6** 切换到功能区中的"格式"选项卡，单击"形状样式"组中的"形状效果"按钮，从弹出的下拉列表中一种透视效果，如图15-33所示。

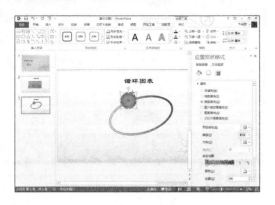

图15-32 设置正圆的渐变填充效果

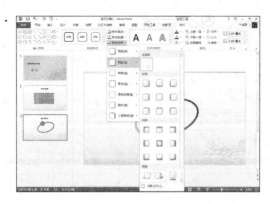

图15-33 为球形设置阴影效果

**7** 利用复制的方法生成多个制作好的立体圆球，放在同心圆环的轨道上，并设计不同的颜色。

**8** 单击"插入"选项卡的"插图"组中的"形状"按钮，从下拉列表中选择"文本框"，在幻灯片的适当位置添加文本，如图15-34所示。

**9** 切换到功能区中的"插入"选项卡，单击"插图"组中的"形状"按钮，从其下拉列表中选择"直线"和"箭头"，绘制一条直线与带箭头的线条，如图15-35所示。

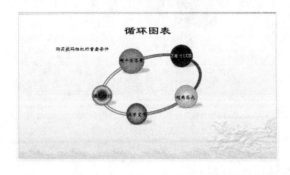

图15-34 添加文本

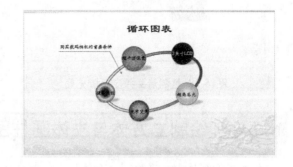

图15-35 绘制直线与箭头

### 15.5.4　绘制立体箭头图

在本张幻灯片中，将利用"燕尾形"箭头图案绘制立体箭头图。具体操作步骤如下：

**1** 新建幻灯片，切换到功能区中的"开始"选项卡，从"绘图"组中单击"形状"按钮，从下拉列表中选择"燕尾形"，如图15-36所示。然后拖曳鼠标，绘制一个合适的箭头形状。拖曳箭头形状的黄色句柄，调整箭头的形状。

**2** 右击绘制的箭头，从弹出的快捷菜单中选择"设置形状格式"命令，出现"设置形状格式"对话框，在其中设置渐变效果和线条颜色。

**3** 切换到功能区中的"格式"选项卡，单击"形状样式"组中的"形状效果"按钮，从弹出的下拉列表中一种透视效果，如图15-37所示。

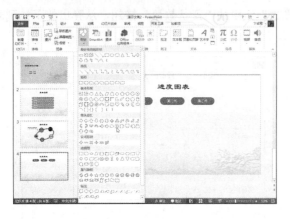
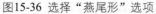

图15-36 选择"燕尾形"选项

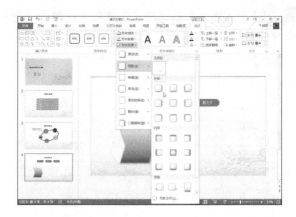

图15-37 为箭头形状设置阴影效果

**4** 利用复制的方法生成多个制作好的箭头，并为不同的箭头应用不同的填充颜色，如图15-38所示。

**5** 右击箭头，在弹出的快捷菜单中选择"编辑文字"命令，即可在箭头中添加文本，如图15-39所示。

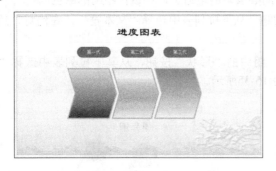

图15-38 复制箭头并应用填充颜色

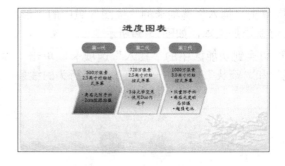

图15-39 为箭头添加文本

## 15.5.5 绘制立方体与立体圆柱图

在本张幻灯片中，将绘制立方体与立体圆柱图。具体操作步骤如下：

**1** 新建幻灯片，切换到功能区中的"开始"选项卡，单击"绘图"组中的"形状"按钮，从下拉列表中选择"立方体"。按住鼠标左键拖曳，绘制一个立方体。拖曳立方体的黄色句柄，调整立方体的厚度；拖曳立方体的绿色句柄，旋转立方体的角度，如图15-40所示。

**2** 右击立方体，在弹出的快捷菜单中选择"设置形状格式"命令，出现"设置形状格式"对话框，设置立方体的填充颜色。

**3** 切换到功能区中的"插入"选项卡，在"插图"组中单击"形状"按钮，从弹出的下拉列表中选择"圆柱形"。然后在幻灯片中拖曳绘制圆柱形，

**4** 切换到功能区中的"格式"选项卡，在"排列"组中单击"旋转"按钮，从其下拉列表中选择"向右旋转90°"选项，如图15-41所示。

图15-40 绘制立方体并调整

图15-41 旋转圆柱图

**5** 右击绘制的图形，在弹出的快捷菜单中选择"设置形状格式"命令，出现"设置形状格式"窗格，在其中设置渐变效果和线条颜色。利用复制的方法生成多个制作好的立方体和圆柱形，并修改立方体的填充效果，如图15-42所示。

**6** 利用绘制圆角矩形以及绘制文本框功能，为图形添加适当的文本，如图15-43所示。

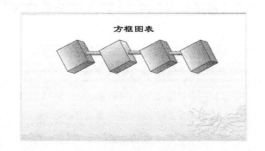

图15-42 复制图形

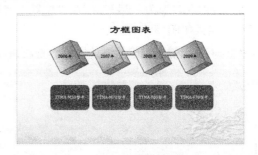

图15-43 制作的幻灯片

## 15.5.6 绘制立体圆形图

在本张幻灯片中，将制作立体的圆形图。具体操作步骤如下：

**1** 新建幻灯片，单击"开始"选项卡的"绘图"组中的"形状"按钮，绘制两个大的圆形，如图15-44所示。

**2** 将两个圆形重叠摆放，接着选定下方的圆形，然后切换到"格式"选项卡，单击"大小"组右下角的"大小和位置"按钮，出现"设置形状格式"窗格。在"形状"选项卡中设置"水平"为"4.1"，"垂直"为"5.8"，如图15-45所示。

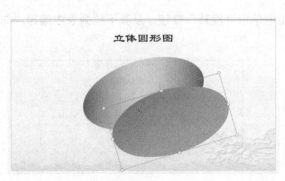

图15-44 绘制圆形

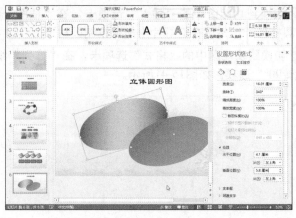

图15-45 设置圆形的位置

**3** 选定上方的圆形，设置其位置"水平"为"4.2"，"垂直"为"5.3"。

**4** 单击"开始"选项卡的"绘图"组中的"形状"按钮，从弹出的下拉列表中选择"饼形"。在幻灯片拖曳绘制一个饼图。

**5** 选定绘制的饼图，利用"格式"选项卡中的"形状填充"按钮，设置饼图的填充颜色。单击"大小"组右下角的"大小和位置"按钮，在打开的"大小和位置"窗格中设置"高度"为"8.1"、"宽度"为"15.5"、"旋转"为"343"；在"位置"选项卡中，设置"水平位置"为"4.2"、"垂直位置"为"5.3"，结果如图15-46所示。

**6** 按Ctrl+C组合键复制已绘制的饼图。拖动饼图的黄色句柄，调整饼图的形状，如图15-47所示。

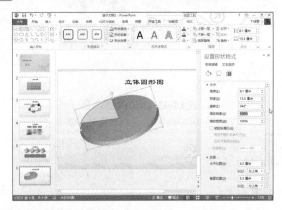

图15-46 设置饼图的大小和位置

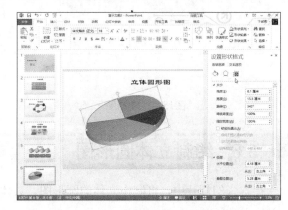

图15-47 调整饼图的形状

**7** 按Ctrl+V组合键粘贴刚复制的饼图，然后重复上述步骤，调整其填充颜色和形状，如图15-48所示。

**8** 重复步骤7的操作，完成其他饼图的制作，如图15-49所示。

图15-48 调整另一饼图的填充颜色和形状

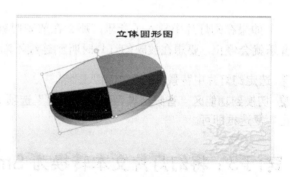

图15-49 完成其他饼图的制作

**9** 制作两个小椭圆，放置在大圆的中央，形成一个立体挖空的效果，如图15-50所示。

**10** 单击"插入"选项卡中的"文本框"按钮，在饼图的适当位置添加文本，如图15-51所示。

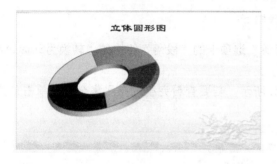

图15-50 利用两个小椭圆形成立体挖空效果

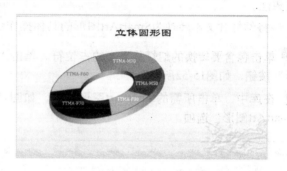

图15-51 完成幻灯片的制作

## 15.5.7 实例总结

本实例介绍了绘制图形的一些特殊功能，如制作立体的图形等，使用户制作的幻灯片与众不同。用户可以举一反三，制作销售策划提案、购物指南等。

# 15.6
## 提高办公效率的诀窍

## 窍门1：将绘制的图形保存为图片格式

如果要将绘制的图形保存为图片格式，可以右击绘制的图形，从弹出的快捷菜单中选择"另存为图片"命令，出现"另存为图片"对话框，指定保存位置、输入文件名以及选择保存类型后，单击"保存"按钮即可。

## 窍门2：设置连续背景音乐效果

如果在幻灯片中导入了音乐，那么在放映时就可以听到动听的音乐，而当幻灯片切换到下一张时，音乐就会停止，要想在放映幻灯片时听到连续不断的音乐，可以按照下述步骤进行设置：

**1** 选定幻灯片中背景音乐的小喇叭图标。

**2** 切换到功能区"音频工具"中的"选项"选项卡，然后选中"音频选项"组内的"循环播放，直到停止"复选框即可。

## 窍门3：将幻灯片文本转换为 SmartArt 图形

将文本转换为SmartArt图形是一种将现有幻灯片转换为专业设计插图的快速方法。例如，通过一次单击，可以将一张幻灯片转换为SmartArt图形。用户可以从许多内置布局中进行选择，以有效传达消息或想法。

将幻灯片文本转换为SmartArt图形的具体操作步骤如下：

**1** 单击包含要转换的幻灯片文本的占位符。单击"开始"选项卡的"段落"组中的"转换为SmartArt图形"按钮，如图15-52所示。

**2** 在库中，单击所需的SmartArt图形布局，如图15-53所示。若要查看完整的布局集合，请单击"其他SmartArt图形"选项。

图15-52 单击"转换为SmartArt图形"按钮

图15-53 选择SmartArt图形布局

# 16

## 第 16 章
## 演示文稿高级美化方法

制作一个完美的演示文稿，除了需要有杰出的创意和优秀的素材之外，提供专业效果的演示文稿外观同样非常重要。一个好的演示文稿，应该具有一致的外观风格，这样才能产生良好的效果。PowerPoint的一大特色就是可以使演示文稿中的幻灯片具有一致的外观。本章将介绍母版的使用、主题的使用、幻灯片背景的设置等，使用户更容易控制演示文稿的外观，最后通过一个综合实例巩固所学内容。

### 教学目标 》》》》》》》》》》》》》》》》》》

通过本章的学习，你能够掌握如下内容：

※ 使用母版制作风格统一的演示文稿
※ 快速设计母版的格式，将其应用到演示文稿的其他幻灯片中
※ 通过主题快速美化演示文稿
※ 快速设计幻灯片的背景

# 16.1

## 制作风格统一的演示文稿——母版的操作

所谓幻灯片母版，实际上就是一张特殊的幻灯片，它可以被看作是一个用于构建幻灯片的框架。在演示文稿中，所有的幻灯片都基于该幻灯片母版而创建。如果更改了幻灯片母版，则会影响所有基于母版而创建的演示文稿幻灯片。

PowerPoint 2013中自带了一个幻灯片母版，该母版中包括11个版式。母版与版式的关系是：一张幻灯片中可以包括多个母版，而每个母版又可以拥有多个不同的版式。本节将介绍母版的基本操作，包括添加幻灯片母版与版式、复制母版或版式、重命名母版或版式、保留母版以及删除母版或版式等操作。

## 16.1.1 使用幻灯片母版

要进入母版视图，请切换到功能区中的"视图"选项卡，在"母版视图"组中单击"幻灯片母版"按钮，如图16-1所示为幻灯片母版视图。

图16-1 幻灯片母版视图

在幻灯片母版视图中，包括几个虚线框标注的区域，分别是标题区、对象区、日期区、页脚区和数字区，也就是前面所说的占位符。用户可以编辑这些占位符，如设置文字的格式，以便在幻灯片中输入文字时采用默认的格式。

## 16.1.2 一次更改所有的标题格式

幻灯片母版通常含有一个标题占位符，其余部分根据选择版式的不同，可以是文本占位符、图表占位符或者图片占位符。

在标题区中单击"单击此处编辑母版标题样式"字样，即可激活标题区，选定其中的提示文字，并且改变其格式。例如，将标题文本格式改为华文行楷、带下划线格式、添加文字阴影，如图16-2所示。

单击"幻灯片母版"选项卡上的"关闭母版视图"按钮，返回到普通视图中，会发现每张幻灯片的标题格式均发生改变，如图16-3所示。为了查看整体的效果，可以切换到幻灯片浏览视图中浏览。

图16-2 设置标题的文本格式

图16-3 改变所有幻灯片标题的格式

## 16.1.3 为全部幻灯片贴上 Logo 标志

实战练习素材：光盘\素材\第16章\原始文件\成功人士七种习惯（母版）.pptx
最终结果文件：光盘\素材\第16章\结果文件\成功人士七种习惯（母版）.pptx

用户可以在母版中加入任何对象（如图片、图形等），使每张幻灯片中都自动出现该对象。例如，如果在母版中插入一幅图片，则每张幻灯片中都会显示该图片。

为了使每张幻灯片中都出现某个Logo标志，可以向母版中插入该Logo。例如，需要插入一幅图片，可以按照下述步骤进行操作：

**1** 在幻灯片母版中，切换到功能区中的"插入"选项卡，在"插图"选项组中单击"图片"按钮，打开如图16-4所示的"插入图片"对话框。

**2** 选择所需的图片，单击"插入"按钮，然后对图片的大小和位置进行调整。

**3** 单击"幻灯片母版"选项卡上的"关闭母版视图"按钮，切换到幻灯片浏览视图，发现每张幻灯片中均出现插入的Logo图片，如图16-5所示。

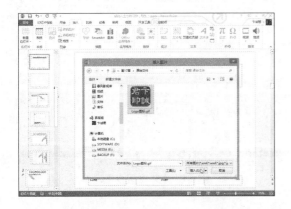

图16-4 "插入图片"对话框

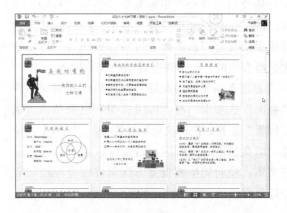

图16-5 每张幻灯片中的相应位置均出现Logo图片

## 16.1.4　一次更改所有文字格式

实战练习素材：光盘\素材\第16章\原始文件\一次更改所有文字格式.pptx
最终结果文件：光盘\素材\第16章\结果文件\一次更改所有文字格式.pptx

　　要一次更改所有文字格式时，可以进行编辑母版文字。母版文字分为第一层到第五层，可以根据层次设置文字格式。另外，在幻灯片内想要更改所有文字格式的层次时，请使用"降低列表级别"按钮与"增加列表级别"按钮。

　　一次更改所有文字格式的具体操作步骤如下：

**1** 在幻灯片母版中，切换到"两栏内容"版式，选择第一层文字，然后改变字体和颜色，如图16-6所示。

**2** 单击"幻灯片母版"选项卡上的"关闭母版视图"按钮，切换到幻灯片视图，发现幻灯片中第一层文字的字体和颜色都已改变，如图16-7所示。

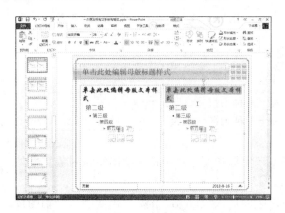

图16-6　更改第一层文字的字体和颜色

图16-7　一次更改所有文字格式

## 16.1.5　使用讲义母版

　　讲义母版的操作与幻灯片母版相似，只是进行格式化的是讲义，而不是幻灯片。

　　讲义可以使观众更容易理解演示文稿中的内容。讲义包括幻灯片图像（如果一些观众希望获得演讲的文字资料，以便日后详细研究，讲义形式是很有用的）和演讲者提供的其他额外信息。

　　要进入讲义母版视图，请切换到功能区中的"视图"选项卡，在"母版视图"组中单击"讲义母版"按钮。在讲义母版视图中，包括4个占位符，即页眉区、页脚区、日期区以及页码区。这些文本占位符的格式设置方法与前面介绍的设置幻灯片母版的方法相同，如图16-8所示。

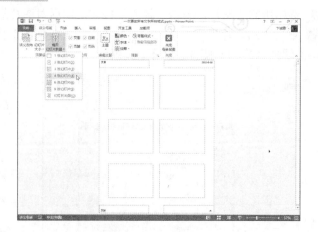

图16-8　讲义母版视图

在讲义母版视图中，可以看到页面上包括许多虚线边框，这些边框表示的是每页所包含的幻灯片缩图的数目。用户可以使用"讲义母版"选项卡上的"每页幻灯片数量"按钮改变每页幻灯片的数目。显示要打印的幻灯片数目后，可以拖动虚线边框来调整幻灯片的打印位置。

为了使打印的讲义更加美观，可以在讲义母版的空白位置插入图片或者其他对象。

## 16.1.6 使用备注母版

备注实际上可以当作讲义，尤其对某个幻灯片需要提供补充信息时。使用备注对演讲者创建演讲注意事项也是很有用的。

如果用户要为幻灯片添加备注，可以在普通视图中选择幻灯片，然后单击状态栏中的"备注"按钮，在打开的"备注"窗格中直接输入备注信息。

要进入备注母版视图，请单击"视图"选项卡上的"母版视图"组的"备注母版"按钮，如图16-9所示。备注母版的上方是幻灯片缩略图，可以改变幻灯片缩图的大小和位置，也可以改变其边框的线型和颜色。幻灯片缩略图的下方是报告人注释部分，用于输入对相应幻灯片的附加说明，其余的空白处可以添加背景对象。

图16-9 通过改变"备注母版"可以自定义备注页

# 16.2
## 通过主题美化演示文稿

主题包括一组主题颜色、一组主题字体（包括标题字体和正文字体）和一组主题效果（包括线条和填充效果）。通过应用主题，用户可以快速而轻松地设置整个文档的格式，赋予它专业和时尚的外观。本节将介绍主题的使用方法。

## 16.2.1 应用默认的主题

实战练习素材：光盘\素材\第16章\原始文件\成功人士七种习惯（应用主题）.pptx

如果要快速为幻灯片应用一种主题，可以按照下述步骤进行操作：

**1** 打开要应用主题的演示文稿。

**2** 切换到功能区中的"设计"选项卡，在"主题"组中单击想要的文档主题，或单击右侧的"其他"按钮以查看所有可用的主题，如图16-10所示。

图16-10 要应用的主题

**3** 如果某个主题还有许多变体（如不同的配色方案和字体系列），可以从"变体"组中选择一种不同的效果。

## 16.2.2 自定义主题

如果默认的主题不符合需求，还可以自定义主题。具体操作步骤如下：

**1** 切换到功能区中的"设计"选项卡，单击"变体"组右下角的"其他"按钮，在弹出的下拉菜单中单击"颜色"命令，从其子菜单中选择"自定义颜色"命令，出现如图16-11所示的"新建主题颜色"对话框。

图16-11 "新建主题颜色"对话框

**2** 在"主题颜色"区下，单击要更改的主题颜色元素对应的按钮，然后选择所需的颜色。

**3** 为将要更改的所有主题颜色元素重复步骤2的操作。

**4** 在"名称"文本框中为新的主题颜色输入一个适当的名称，然后单击"保存"按钮。

**5** 切换到功能区中的"设计"选项卡，单击"变体"组右下角的"其他"按钮，在弹出的下拉菜单中单击"字体"命令，从其子菜单中选择"自定义字体"命令，出现如图16-12所示的"新建主题字体"对话框，指定字体并命名后单击"保存"按钮。

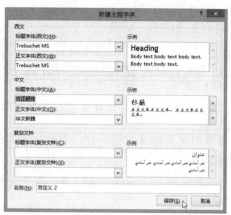

图16-12 "新建主题字体"对话框

**6** 切换到功能区中的"设计"选项卡，单击"变体"组右下角的"其他"按钮，在弹出的下拉菜单中单击"效果"命令，从其子菜单中选择一种主题效果（用于指定线条与填充效果）。

**7** 设置完毕后，单击"设计"选项卡的"主题"组右下角的"其他"按钮，从下拉菜单中选择"保存当前主题"命令，在出现的对话框中输入文件名并单击"保存"按钮，如图16-13所示。保存自定义主题后，可以在主题菜单中看到创建的主题。

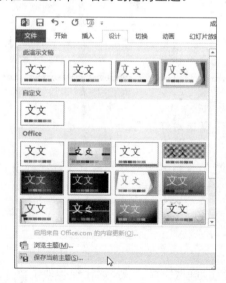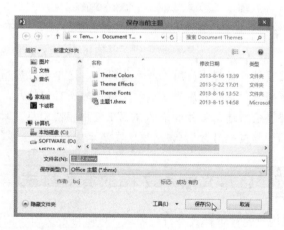

图16-13 "保存当前主题"对话框

# 16.3
## 设置幻灯片背景

在PowerPoint 2013中，向演示文稿中添加背景是添加一种背景样式。背景样式是来自当前主题中，主题颜色和背景亮度组合的背景填充变体。当更改文档主题时，背景样式会随之更新以反映新的主题颜色和背景。如果希望只更改演示文稿的背景，则应选择其他背景样式。更改文档主题时，更改的不只是背景，同时会更改颜色、标题和正文字体、线条和填充样式以及主题效果的集合。

## 16.3.1 向演示文稿中添加背景样式

向演示文稿中添加背景样式的具体操作步骤如下：

**1** 单击要添加背景样式的幻灯片。要选择多个幻灯片，请单击第一个幻灯片，然后在按住Ctrl键的同时单击其他幻灯片。

**2** 切换到功能区中的"设计"选项卡，在"背景"组中单击"背景样式"按钮的向下箭头，弹出"背景样式"菜单。

**3** 右击所需的背景样式，然后从弹出的快捷菜单中执行下列操作之一，如图16-14所示。

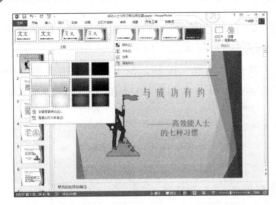 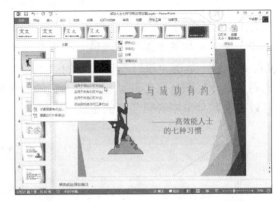

图16-14 为幻灯片应用背景

- 要将该背景样式应用于所选幻灯片，请单击"应用于所选幻灯片"。
- 要将该背景样式应用于演示文稿中的所有幻灯片，请单击"应用于所有幻灯片"。
- 要替换所选幻灯片和演示文稿中使用相同幻灯片母版的任何其他幻灯片的背景样式，请单击"应用于相应幻灯片"。该选项仅在演示文稿中包含多个幻灯片母版时可用。

## 16.3.2 自定义演示文稿的背景样式

如果内置的背景样式不符合需求，可以自定义演示文稿的背景样式。具体操作步骤如下：

**1** 单击要添加背景样式的幻灯片。要选择多个幻灯片，请单击第一个幻灯片，然后在按住Ctrl键的同时单击其他幻灯片。

**2** 切换到功能区中的"设计"选项卡，单击"自定义"组中的"设置背景格式"按钮，出现如图16-15所示的"设置背景格式"窗格。

**3** 在"填充"选项卡中，可以指定以"纯色填充"、"渐变填充"和"图片或纹理填充"等，并可以进一步设置相关的选项。

**4** 设置完毕后，单击"全部应用"按钮。

图16-15 "设置背景格式"窗格

办公专家一点通

**使用取色器以匹配幻灯片上的颜色**

PowerPoint 2013新的取色器功能可以从幻灯片的任何地方选取颜色（如一幅图片中）。只需双击要匹配颜色的形状或其他对象，然后单击任一颜色选项，例如位于"格式"选项卡的"形状样式"组中的"形状填充"按钮右侧的向下箭头，从下拉列表中选择"取色器"选项。接下来使用取色器，单击要匹配的颜色并将其应用到所选形状或对象中，如图16-16所示。

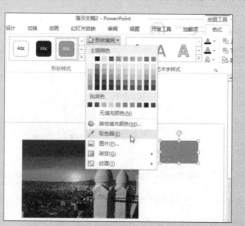

图16-16 利用取色器为对象取色

# 16.4

## 办公实例：制作精美的"合同流程"演示文稿

本节将通过一个实例——制作精美的"合同流程"演示文稿，来巩固本章所学的知识，使读者能够真正将知识应用到实际的工作中。

### 16.4.1 实例描述

本实例将设计"合同流程"演示文稿,在制作过程中主要涉及到以下内容:

- 为"合同流程"设置一组新的母版
- 为母版添加 Logo 标志
- 设置母版的格式

### 16.4.2 实例操作指南

 最终结果文件:光盘\素材\第16章\结果文件\合同流程.pptx

本实例的具体操作步骤如下:

**1** 启动PowerPoint 2013并默认新建一个演示文稿,切换到功能区中的"视图"选项卡,在"母版视图"选项组中单击"幻灯片母版"按钮,进入幻灯片母版视图,如图16-17所示。

**2** 为母版标题绘制一个漂亮的双线外框,并为幻灯片设置渐变填充效果,单击"全部应用"按钮,将会应用到其他幻灯片中,如图16-18所示。

图16-17 进入幻灯片母版

图16-18 为母版设置边框与添加渐变填充效果

**3** 为母版的标题栏部分绘制一个矩形,并为矩形框添加边框和底纹,如图16-19所示。

**4** 右击刚绘制的文本框,在弹出的快捷菜单中选择"置于底层"→"置于底层"命令,如图16-20所示。

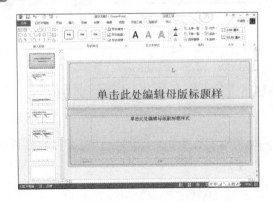

图16-19 为矩形框添加边框和底纹

图16-20 添加"置于底层"命令

**5** 插入文本框，然后利用"插入"选项卡中的"符号"按钮，在文本框中插入特殊符号，并进行复制，制作成一条比较个性的边框，如图16-21所示。

**6** 复制该边框，放到标题栏的下边。这样，完成标题母版的制作，如图16-22所示。

图16-21 绘制一条个性的边框

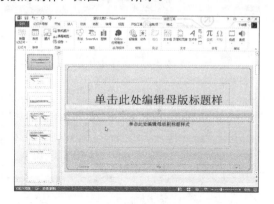

图16-22 完成标题母版的制作

**7** 单击左侧窗格中的"标题和内容"母版缩略图，单击"插入"选项卡上的"联机图片"按钮，打开如图16-23所示的窗口，在"Office.com剪贴画"文本框中输入关键字，然后单击"搜索"按钮。单击要插入的Logo图片，将其插入到母版中，如图16-24所示。这样，所有的幻灯片中都会出现该Logo标志。

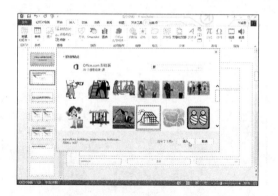

图16-23 "剪贴画"任务窗格

图16-24 在母版中插入Logo标志

**8** 母版文字分为第一级～第五级，可以根据层级分别设置文字格式，如图16-25所示。设置完毕后，单击"幻灯片母版"选项卡中的"关闭母版视图"按钮。

**9** 在标题的占位符中输入所需的内容，如图16-26所示。

图16-25 设置母版格式

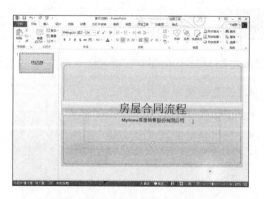

图16-26 创建标题幻灯片内容

**10** 新建正文幻灯片，然后在其中输入正文内容，可以看到其中的正文会自动套用相应的模板格式，并且每个正文幻灯片中显示添加的Logo标志，如图16-27所示。

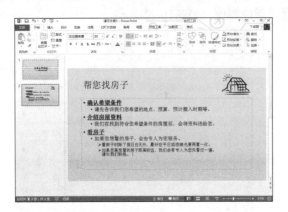

图16-27 新建的正文幻灯片

**11** 当输入的内容太多，超过文本框的范围时，会在左下角显示一个"自动调整选项"按钮。单击该按钮，弹出如图16-28所示的列表。

**12** 从"自动调整选项"列表中选择"将幻灯片更改为两列格式"单选按钮，即可将当前版式改为两列并排，如图16-29所示。

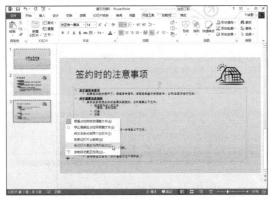
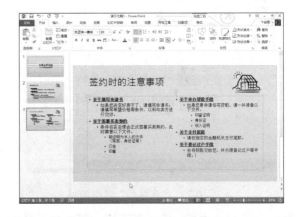

图16-28 "自动调整选项"列表 　　　　　图16-29 自动调整版式

**13** 单击快速启动工具栏上的"保存"按钮，将创建的演示文稿保存起来。

## 16.4.3 实例总结

本实例复习了本章中所讲的关于设置母版与模板的知识和操作方法，主要用到以下知识点：

- 设置母版的版式
- 在母版中添加图片与修改格式
- 利用母版创建演示文稿

# 16.5
## 提高办公效率的诀窍

## 窍门1：制作光芒四射的背景效果

光芒四射的背景效果是很壮观的，常用于一些动画特效中，一般需要使用专业的软件才能制作出来。其实，使用PowerPoint 2013也可以制作出光芒四射的效果，将其作为幻灯片背景会非常壮观。具体操作步骤如下：

**1** 右击幻灯片空白处，在弹出的快键菜单中选择"设置背景格式"命令，打开"设置背景格式"窗格。

**2** 单击左侧窗格中的"填充"选项，然后在右侧窗格内选中"渐变填充"单选按钮。

**3** 在"预设渐变"下拉列表中选择"顶部聚光灯-着色2"选项，如图16-30所示。

**4** 在"类型"下拉列表框中选择"射线"选项。

**5** 在"方向"下拉列表框中选择"中心辐射"选项，如图16-31所示。

图16-30 选择一种预设渐变效果

图16-31 选择"中心辐射"选项

**6** 在"颜色"下拉列表中选择黄色。拖动"渐变光圈"区中"结束位置"右侧的滑块，一般调整到60%~70%之间最好。到此，光芒四射的背景就制作好了，如图16-32所示。

图16-32 制作光芒四射的背景效果

## 窍门2：为幻灯片添加编号

演示文稿的每一张幻灯片都有一个默认编号，只是默认状态下没有显示出来，那么如何才能让幻灯片的编号显示出来呢？具体操作步骤如下：

**1** 单击"插入"选项卡的"文本"组中的"插入幻灯片编号"按钮，打开"页眉和页脚"对话框。

**2** 切换到"幻灯片"选项卡，选中"幻灯片编号"复选框，如图16-33所示。

图16-33 选中"幻灯片编号"复选框

**3** 单击"应用"按钮，将会在当前幻灯片上显示出其幻灯片编号；单击"全部应用"按钮，将会在演示文稿中的所有幻灯片上显示出幻灯片编号。

# 17

## 第 17 章
## 制作动感活力的演示文稿

对幻灯片设置动画，可以让原本静止的演示文稿更加生动。PowerPoint 2013提供的动画效果非常生动有趣，并且操作起来非常简便。通过本章的学习，用户应该掌握在PowerPoint 2013中如何应用动画效果，包括使用动画方案、自定义动画和添加切换效果等，从而制作出生动形象的演示文稿，最后通过一个综合实例巩固所学内容。

### 教学目标 〉〉〉〉〉〉〉〉〉〉〉〉〉〉〉〉〉〉〉〉

通过本章的学习，你能够掌握如下内容：

※ 快速为幻灯片添加动画效果
※ 使用自定义动画功能让演示文稿更具活力
※ 灵活设置幻灯片与幻灯片之间的切换效果
※ 使用按钮为幻灯片创建交互动作

## 17.1
### 快速创建基本的动画

实战练习素材：光盘\素材\第17章\原始文件\快速创建动画.pptx
最终结果文件：光盘\素材\第17章\结果文件\快速创建动画.pptx

PowerPoint 2013提供了"标准动画"功能，可以快速创建基本的动画。具体操作步骤如下：

**1** 在普通视图中，单击要制作成动画的文本或对象。

**2** 切换到功能区中的"动画"选项卡，从"动画"组的"动画"列表中选择所需的动画效果，如图17-1所示。

对象前的数字，表示此动画在该页的播放次序

图17-1 选择预设的动画

## 17.2
### 使用自定义动画

如果用户对标准方案不太满意，还可以为幻灯片的文本和对象自定义动画。PowerPoint中动画效果的应用可以通过"自定义动画"任务窗格完成，操作过程更加简单，可供选择的动画样式更加多样化。

### 17.2.1 自定义动画

实战练习素材：光盘\素材\第17章\原始文件\自定义动画.pptx
最终结果文件：光盘\素材\第17章\结果文件\自定义动画.pptx

如果要为幻灯片中的文本和其他对象设置动画效果，可以按照下述步骤进行操作：

**1** 在普通视图中，显示包含要设置动画效果的文本或者对象的幻灯片。

**2** 切换到"动画"选项卡，单击"高级动画"组中的"添加效果"按钮，弹出"添加效果"下拉菜单。例如，为了给幻灯片的标题设置进入的动画效果，可以选择"进入"选项中的一种动画效果，如图17-2所示。

**3** 如果"进入"选项中列出的动画效果不能满足用户的要求，则单击"更多进入效果"命令，如图17-3所示。

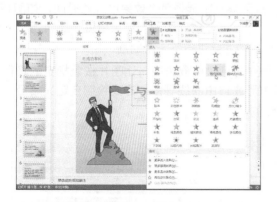

图17-2 选择"进入"的动画效果

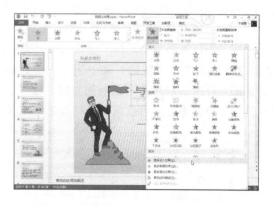

图17-3 选择"更多进入效果"命令

**4** 打开如图17-4所示的"添加进入效果"对话框。选中"预览效果"复选框，可以立即预览选择的动画效果。如图17-5所示是预览过程中的效果。

图17-4 "添加进入效果"对话框

正在以向内溶解动画进入

图17-5 预览效果

**5** 动画设置完毕后，单击"确定"按钮。

**办公专家一点通**

"添加效果"菜单包括"进入"、"强调"、"退出"和"动作路径"4个选项。"进入"选项用于设置在幻灯片放映时文本以及对象进入放映界面时的动画效果；"强调"选项用于演示过程中对需要强调的部分设置的动画效果；"退出"选项用于设置在幻灯片放映时相关内容退出时的动画效果；"动作路径"选项用于指定相关内容放映时动画所通过的运动轨迹。

## 17.2.2 为对象添加另一种动画效果

用户为幻灯片中的对象添加一种动画效果后，还可以再添加另一种动画效果。具体操作步骤如下：

**1** 选定刚添加动画效果的对象。

**2** 切换到"动画"选项卡，在"计时"组的"开始"下拉列表框中选择每个效果的开始时间，如图17-6所示。例如，设置第二个效果的开始时间为"上一动画之后"，即前一个动画结束后就开始执行。如果从"开始"下拉列表框中选择"单击时"，则必须单击鼠标，才会进行下一个动画。

**3** 除了"进入"、"强调"和"退出"等效果之外，用户还可以设置路径，让图片按照指定的路径移动。如图17-7所示，用户可以利用直线、曲线、任意多边形或自由曲线等多种方式绘制自定义路径。如果是使用任意多边形，可以采用鼠标双击结束多边形的绘制。

图17-6 设置路径

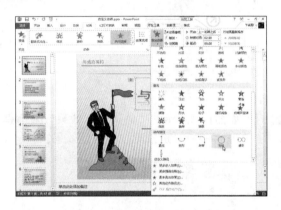

图17-7 自定义动画路径

**4** 如果用户不想自定义路径，也可以单击图中的"其他动作路径"命令，出现如图17-8所示的"添加动作路径"对话框，从数十种已经设置好的路径中挑选。

**5** 设置完毕后，单击"确定"按钮。此时，为同一对象添加了两种动画效果，如图17-9所示。对象前显示的数字，表示此动画在该页的播放次序。

图17-8 使用内置的动作路径

图17-9 为同一对象添加了两种动画效果

## 17.2.3 删除动画效果

删除自定义动画效果的方法很简单，可以通过下面两种方法来完成：

- 选择要删除动画的对象，然后在"动画"选项卡的"动画"组中，选择"无"选项。
- 在"动画"选项卡的"高级动画"组中，单击"动画窗格"按钮，打开动画窗格，在列表区域中右击要删除的动画，然后单击弹出菜单中的"删除"命令。

# 17.3

## 设置幻灯片的切换效果

实战练习素材：光盘\素材\第17章\原始文件\设置幻灯片的切换效果.pptx
最终结果文件：光盘\素材\第17章\结果文件\设置幻灯片的切换效果.pptx

所谓幻灯片切换效果，就是指两张连续的幻灯片之间的过渡效果，也就是从前一张幻灯片转到下一张幻灯片之间要呈现出什么样貌。用户可以设置幻灯片的切换效果，使幻灯片以多种不同的方式出现在屏幕上，并且可以在切换时添加声音。

设置幻灯片切换效果的操作步骤如下：

1 在普通视图左侧的"幻灯片"选项卡中，单击某个幻灯片缩略图。

2 切换到功能区中的"切换"选项卡，在"切换到此幻灯片"组中单击一个幻灯片切换效果，如图17-10所示。如果要查看更多的切换效果，可以单击"快速样式"列表右侧的"其他"按钮。

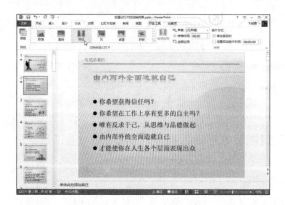 

图17-10 选择幻灯片切换效果

**3** 要设置幻灯片切换效果的速度，请在"持续时间"文本框中输入幻灯片切换的速度值，如图17-11所示。

**4** 在"声音"下拉列表框中选择幻灯片换页时的声音，如图17-12所示。如果选中"播放下一段声音之前一直循环"选项，则会在进行幻灯片放映时连续播放声音，直到出现下一个声音。

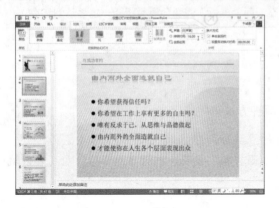　　

图17-11　指定幻灯片切换效果的速度　　　　　　　图17-12　设置幻灯片切换时播放的声音

**5** 在"换片方式"组中，可以设置幻灯片切换的换页方式。如果选择"单击鼠标时"，可以在幻灯片放映过程中单击鼠标来切换到下一页；如果为每张幻灯片设置了播放时长，可以选中"设置自动换片时间"，这样能够自动播放切换幻灯片。

**6** 如果单击"全部应用"按钮，则会将切换效果应用于整个演示文稿。

# 17.4
## 设置按钮的交互动作

通过绘图工具在幻灯片中绘制一个图形按钮，然后为其设置动作，就可以让它工作。动作按钮通常用来在幻灯片中起一个指示、引导或控制播放的作用。

### 17.4.1　在幻灯片上放置动作按钮

PowerPoint的标准"动作按钮"包括"自定义"、"第一张"、"帮助"、"信息"、"后退或前一项"、"前进或下一项"、"开始"、"结束"、"上一张"、"文档"、"声音"和"影片"等。尽管这些按钮都有自己的名称，用户仍然可以将它们应用于其他功能。

如果要创建动作按钮，可以按照下述步骤进行操作：

**1** 在普通视图中，显示要插入动作按钮的幻灯片。

**2** 切换到功能区中的"插入"选项卡，单击"插图"组中的"形状"按钮，出现如图17-13所示的下拉列表。

**3** 从"形状"下拉列表中选择"动作按钮"组内的一个按钮。

**4** 要插入一个预定义大小的动作按钮，请单击幻灯片；要插入一个自定义大小的动作按钮，请按住鼠标左键在幻灯片中拖动。

**5** 将动作按钮插入到幻灯片中后，会出现如图17-14所示的"动作设置"对话框，选择该按钮将要执行的动作。

**6** 设置完毕后，单击"确定"按钮。

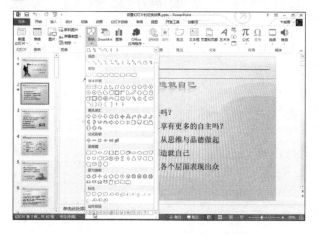

图17-13 "形状"下拉列表

图17-14 "动作设置"对话框

## 17.4.2 为空白动作按钮添加文本

当用户从"插入"选项卡的"形状"组中选择"自定义"作为动作按钮时，需要向空动作按钮中添加文本。具体操作步骤如下：

**1** 选定插入到幻灯片中的空动作按钮。

**2** 右击该按钮，从弹出的快捷菜单中选择"编辑文字"命令，如图17-15所示。此时，插入点位于按钮所在的框中，输入按钮文本，如图17-16所示。

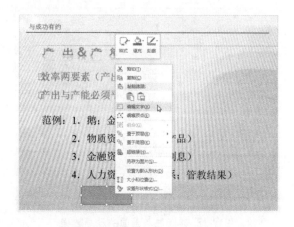

图17-15 选择"编辑文字"命令

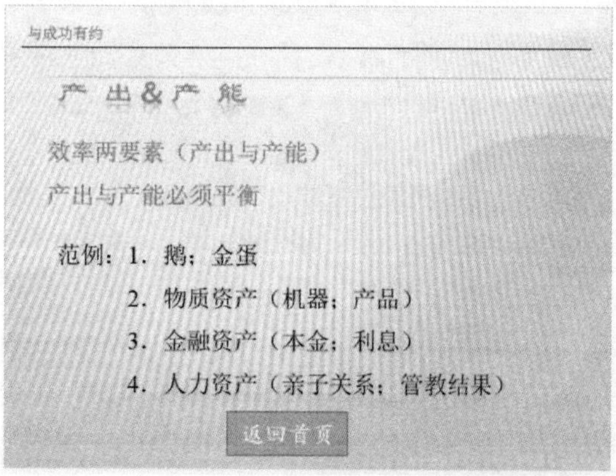

图17-16 输入按钮文本

**3** 用户可以利用"开始"选项卡中的工具，设置按钮文本的字体。

# 17.5
## 办公实例：制作"工作进度"动画演示文稿

为幻灯片的文字、图表、图片设置动画，可以在报告时更吸引观众的注意。本节通过制作"工作进度"动画演示文稿，来巩固本章所学的知识。

## 17.5.1 实例描述

本实例将制作"工作进度"动画演示文稿，在制作过程中主要涉及以下内容：

- 为幻灯片对象添加动画效果
- 修改动画效果
- 设置幻灯片切换效果

## 17.5.2 实例操作指南

> 实战练习素材：光盘\素材\第17章\原始文件\工作进度.pptx
> 最终结果文件：光盘\素材\第17章\结果文件\工作进度.pptx

本实例的具体操作步骤如下：

**1** 选定文字的正文区，切换到"动画"选项卡，单击"动画"组中的"其他"按钮，如图17-17所示。

**2** 单击"添加效果"按钮，从下拉列表中选择"进入"→"形状"，如图17-18所示。

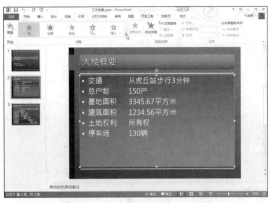

图17-17 选择要添加动画的对象

图17-18 选择进入画面的动画效果

**3** 利用"效果选项"更改飞入的方向；利用"持续时间"更改显示速度，如图17-19所示。

**4** 选择要更改的段落，然后单击要更改的动画，从下拉列表中选择相应的选项，如图17-20所示。

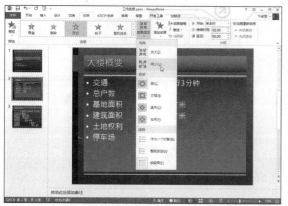

图17-19 修改方向与速度

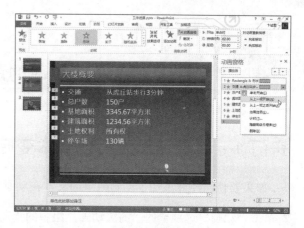

图17-20 修改动画效果

**5** 在幻灯片浏览窗格中选定第一张幻灯片缩略图，切换到功能区中的"切换"选项卡，在"切换到此幻灯片"组中单击"其他"按钮，选择"擦除"选项，如图17-21所示。

**6** 在"计时"组中单击"全部应用"按钮，如图17-22所示。

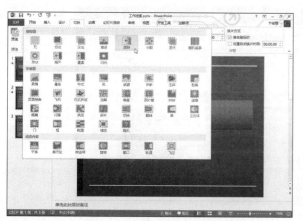

图17-21 选择幻灯片切换效果

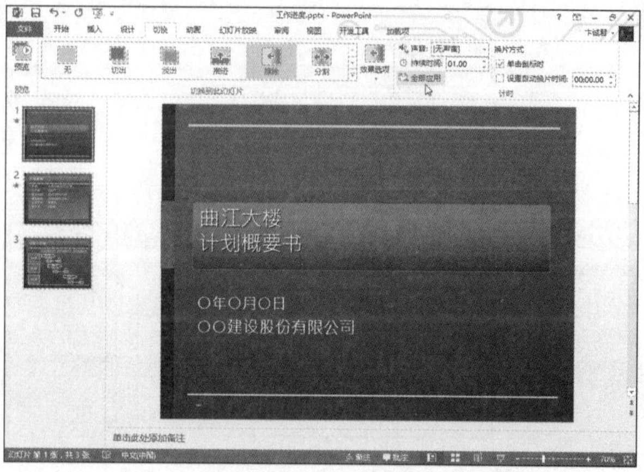

![图17-22]

图17-22 单击"全部应用"按钮

**7** 完成后保存演示文稿，然后按F5键从第一张幻灯片开始播放。

## 17.5.3 实例总结

本实例复习了本章讲述的关于在演示文稿中添加动画效果的知识和操作方法，主要用到以下知识点：

- 设置幻灯片中对象的动画效果
- 设置幻灯片之间的切换效果

# 17.6
## 提高办公效率的诀窍

### 窍门1：动画显示之后使文本变暗

如果要使已经被添加了动画效果的文本在动画显示之后变得暗淡，可以进行如下操作：

**1** 单击"动画"选项卡的"高级动画"组中的"动画窗格"按钮，弹出动画窗格。

**2** 在"自定义动画"任务窗格中，单击自定义动画列表中所需的项目，再单击右侧的向下箭头，从弹出的下拉列表中选择"效果选项"选项。

**3** 在弹出的对话框中单击"效果"选项卡，并从"增强"选项组的"动画播放后"下拉列表框中单击所需的变暗效果颜色，如图17-23所示。

图17-23 设置动画播放后的颜色

**4** 设置完毕后，单击"确定"按钮。

### 窍门2：按照字母或者逐字显示文本动画

如果要使文本按照字母或者逐字显示动画，可以进行如下操作：

**1** 单击"动画"选项卡的"高级动画"组中的"动画窗格"按钮，弹出动画窗格。

**2** 在动画窗格中单击自定义动画列表所需的项目，再单击右侧的向下箭头，从弹出的下拉列表中选择"效果选项"选项。

**3** 在弹出的对话框中单击"效果"选项卡，如果要按字母显示动画，请从"动画文本"下拉列表框中选择"按字母"；如果要逐字显示动画，请从"动画文本"下拉列表框中选择"按字/词"，如图17-24所示。

图17-24 设置按字母或按字/词显示动画文本

**4** 如果要按段落级别或项目符号显示动画，请单击对话框中的"正文文本动画"选项卡，从"组合文本"下拉列表框中选择一个选项，如"按第一级段落"等。

**5** 单击"确定"按钮。

## 窍门3：制作不停闪烁的文字

用户可以利用PowerPoint制作出不停闪烁的文字，具体操作步骤如下。

**1** 选定要闪烁的文字。

**2** 单击"动画"选项卡的"动画"组中的"其他"按钮，出现动画列表。

**3** 单击"强调"→"加粗闪烁"选项，该动画被添加到动画列表中。

**4** 在动画窗格中选定该动画，单击其右侧的向下箭头，从下拉菜单中选择"计时"命令，在出现的"加粗闪烁"对话框中单击"计时"选项卡。

**5** 从"重复"下拉列表框中选择"直到下一次单击"选项，如图17-25所示。

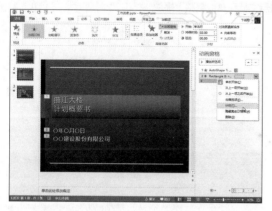

图17-25 选择"直到下一次单击"选项

**6** 在"延迟"文本框中设置动画开始播放前的延迟时间；在"期间"下拉列表框中设置效果的速度或持续时间。

**7** 设置完毕后，单击"确定"按钮。

# 18

## 第 18 章
## 放映幻灯片

制作电子幻灯片的最终目的只有一个，就是为观众放映幻灯片。如果拥有一台大的显示器，在一个小型会议室里用显示器放映就可以了；如果观众很多，可以用一个计算机投影仪或液晶投影板在一个大的屏幕上放映幻灯片。通过本章的学习，用户将学会如何放映演示文稿，包括设置放映方式、启动幻灯片放映、控制幻灯片放映、对幻灯片进行标注、幻灯片放映的高级控制等，最后通过一个综合实例巩固所学内容。

**教学目标** >>>>>>>>>>>>>>>>>>>>>>>

通过本章的学习，你能够掌握如下内容：

※ 设置幻灯片的多种放映方式

※ 灵活控制幻灯片的放映过程

※ 在幻灯片放映过程中对重点地方进行标注

※ 设置放映时间，让幻灯片自动播放

※ 打包演示文稿到其他电脑上播放

# 18.1
## 启动幻灯片放映

如果要放映幻灯片，既可以在PowerPoint程序中打开演示文稿后放映，也可以在不打开演示文稿的情况下直接放映。

### 18.1.1 在 PowerPoint 中启动幻灯片放映

在PowerPoint中打开演示文稿后，启动幻灯片放映的操作方法有以下几种。

- 单击状态栏右侧的"幻灯片放映"按钮。
- 单击"幻灯片放映"选项卡的"开始放映幻灯片"组中的"从头开始"按钮。
- 按 F5 键。

### 18.1.2 在不打开 PowerPoint 时启动幻灯片放映

如果将演示文稿保存为以放映方式打开的类型，扩展名是.ppsx。从"我的电脑"或者"Windows资源管理器"中打开这类文件，它会自动放映。具体操作步骤如下：

**1** 打开要保存为幻灯片放映文件类型的演示文稿。

**2** 单击"文件"选项卡，在弹出的菜单中选择"另存为"命令，选择"计算机"选项，再单击"浏览"按钮，出现如图18-1所示的"另存为"对话框。此时，在"保存类型"下拉列表框中选择"PowerPoint放映"选项。

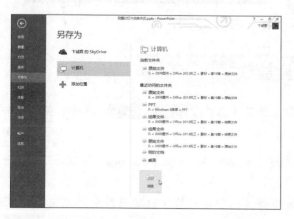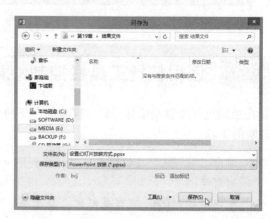

图18-1 "另存为"对话框

**3** 在"文件名"文本框中输入新名称，然后单击"保存"按钮。

# 18.2
## 控制幻灯片的放映过程

当用户采用"演讲者放映（全屏幕）"方式放映演示文稿时，会在全屏幕下显示每张幻灯片。

在幻灯片放映过程中，无论设置放映方式为人工还是自动，都可以利用快捷菜单控制幻灯片放映的各个环节。

控制幻灯片放映的具体操作步骤如下：

**1** 打开要放映的演示文稿。

**2** 切换到功能区中的"幻灯片放映"选项卡，在"开始放映幻灯片"组中单击"从头开始"命令，即可放映演示文稿。

**3** 在放映的过程中，右击屏幕的任意位置，利用弹出快捷菜单中的命令，控制幻灯片的放映，如图18-2所示。

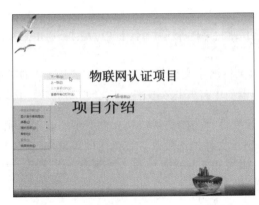

图18-2 控制幻灯片的放映

## 18.2.1 使用快捷工具栏控制幻灯片放映

在放映过程中移动鼠标指针，屏幕的左下角会显示快捷工具栏，其中包括了一些控制放映的工具：

- 单击"下一张"按钮，可以切换到下一张幻灯片；选择"上一张"按钮，可以返回到上一张幻灯片。

- 单击笔按钮，可以选择笔、激光笔、荧光笔等，然后在幻灯片放映中对重点地方进行标注，还可以进一步选择笔的颜色。

- 单击"查看所有幻灯片"按钮，可以切换到幻灯片浏览视图，单击某个幻灯片缩略图，即可从该幻灯片开始继续播放。

- 单击"放大"按钮，然后将鼠标指针移到幻灯片中需要放大的位置，单击鼠标左键即可放大显示该区域，能够将观众的注意力引向要点。要恢复到正常显示，可以用鼠标右键单击幻灯片画面。

- 单击"更多幻灯片放映选项"按钮，在弹出的菜单中可以选择"上次查看过的"、"自定义放映"、"显示者视图"等命令。

## 18.2.2 简易的演示者视图

在PowerPoint 2013中可以使用简易的演示者视图。演示者视图允许用户在自己的监视器上查看备注，而观众只能查看幻灯片。在以前的版本中，很难弄清谁在哪个监视器上查看哪些内容。改进的演示者视图解决了这一难题，使用起来更加简单。

在幻灯片放映过程中，单击"更多幻灯片放映选项"按钮，在弹出的菜单中选择"演示者视图"命令，即可进入如图18-3所示的演示者视图。

图18-3 演示者视图

在演示者视图中执行下列操作：

- 如果要移动到上一张或下一张幻灯片，请单击"上一张"或"下一张"按钮，如图18-4所示。

- 如果要在演示文稿中隐藏或取消隐藏当前幻灯片，可以单击"变黑或还原幻灯片放映"按钮。

图18-4 利用"上一张"或"下一张"按钮快速切换幻灯片

当用户在电脑上连接外部监视器或投影仪时，演示者视图会自动扩展到投影仪或外部监视器。不过，用户可以切换监视器。

要手动确定哪台计算机将在演示者视图中显示备注，哪台计算机将面向观众（幻灯片放映视图），请在演示者视图顶部单击"显示设置"，然后单击"交换演示者视图和幻灯片放映"选项，如图18-5所示。

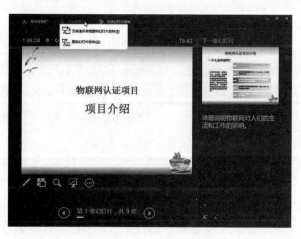

图18-5 切换监视器

**办公专家一点通**

在放映幻灯片的过程中，可以按下F1键来显示幻灯片放映时的键盘控制功能。例如，可以按PageDown键或者空格键切换到下一张幻灯片；按PageUp键或者P键切换到上一张幻灯片等。

# 18.3

## 为幻灯片添加墨迹注释

在演示文稿放映过程中，演讲者可能需要在幻灯片中书写或标注一个重要的项目。在PowerPoint 2013中，不仅可在播放演示文稿时保存所使用的墨迹，而且可将墨迹标记保存在演示文稿中，下次放映时依然可以显示。

### 18.3.1 在放映中标注幻灯片

通过在快捷工具栏上将鼠标指针更改为笔形，可以在播放演示文稿期间在幻灯片上的任何地方添加手写备注，然后用Tablet笔或鼠标标注幻灯片。

为了标注幻灯片，可以按照下述步骤进行操作：

**1** 进入幻灯片放映状态，单击快捷工具栏上的"笔"按钮，从弹出的菜单中选择一种墨迹颜色，然后单击"笔"或"荧光笔"。

**2** 用鼠标在幻灯片上进行书写，如图18-6所示。

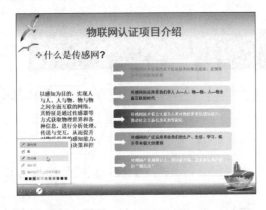
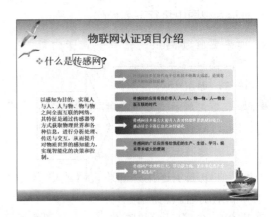

图18-6 标注幻灯片

**3** 如果要使鼠标指针恢复箭头形状，可以按一次Esc键。

**办公专家一点通**

在"笔"菜单中单击"激光笔"选项，此时鼠标指针就像小激光笔一样发光，可以指着幻灯片的重点部分，提醒观众注意。

### 18.3.2 清除墨迹

如果要清除涂写的墨迹，可以单击快捷工具栏上的"笔"按钮，从弹出的菜单中选择"橡皮擦"命令，然后将橡皮擦拖到要删除的墨迹上进行清除。

如果要清除当前幻灯片上的所有墨迹，请从菜单中选择"擦除幻灯片上的所有墨迹"命令，或者按E键。

办公专家一点通

在放映幻灯片期间添加墨迹后，在退出幻灯片放映时会出现如图18-7所示的提示对话框。如果单击"放弃"按钮，则墨迹就永久丢失了；如果单击"保留"按钮，则墨迹在下次编辑演示文稿时仍然可用。

图18-7 提示是否保留墨迹注释对话框

# 18.4
## 设置放映时间

前面介绍了幻灯片的基本放映功能。在放映幻灯片时，可以通过单击的方法人工切换每张幻灯片。另外，还可以为幻灯片设置自动切换的特性，例如在展览会上，会发现许多无人操作的展台前的大型投影仪自动切换每张幻灯片。

用户可以通过两种方法设置幻灯片在屏幕上显示时间的长短：第一种方法是人工为每张幻灯片设置时间，再运行幻灯片放映查看设置的时间是否恰到好处；第二种方法是使用排练计时功能，在排练时自动记录时间。

## 18.4.1 人工设置放映时间

如果要人工设置幻灯片的放映时间（例如，每隔6秒就自动切换到下一张幻灯片），可以按照下述步骤进行操作：

**1** 切换到幻灯片浏览视图中，选定要设置放映时间的幻灯片。

**2** 单击"切换"选项卡，在"计时"组内选中"设置自动换片时间"复选框，然后在右侧的文本框中输入希望幻灯片在屏幕上显示的秒数，如图18-8所示。

**3** 如果单击"全部应用"按钮，则所有幻灯片的换片时间间隔将相同；否则，设置的是选定幻灯片切换到下一张幻灯片的时间。

**4** 设置其他幻灯片的换片时间间隔。

此时，在幻灯片浏览视图中，会在幻灯片缩略图的左下角显示每张幻灯片的放映时间。

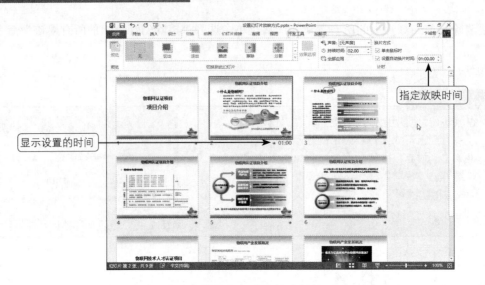

图18-8 设置幻灯片的放映时间

## 18.4.2 使用排练计时

演艺人员对于彩排的重要性是很清楚的；领导在每次发表演示之前都要进行很多次的演练。演示时可以在排练幻灯片放映的过程中自动记录幻灯片之间切换的时间间隔。具体操作步骤如下：

**1** 打开要使用排练计时的演示文稿。

**2** 切换到功能区中的"幻灯片放映"选项卡，在"设置"组中单击"排练计时"按钮，系统将切换到幻灯片放映视图，如图18-9所示。

 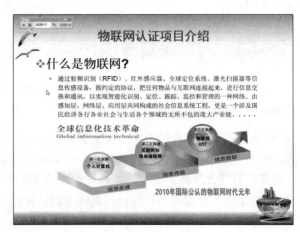

图18-9 幻灯片放映时，开始计时

**3** 在放映过程中，屏幕上会出现如图18-10所示的"录制"工具栏。要播放下一张幻灯片，请单击"下一项"按钮，即可在"幻灯片放映时间"框中开始记录新幻灯片的时间。

**4** 排练放映结束后，会出现如图18-11所示的对话框显示幻灯片放映所需的时间，如果单击"是"按钮，则接受排练的时间；如果单击"否"按钮，则取消本次排练。

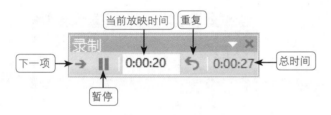

图18-10 "录制"工具栏

图18-11 显示幻灯片放映所需的时间

# 18.5

## 共享演示文稿

如果希望与他人同时观看或者共同编辑演示文稿，可以使用多种方法来分发和提供演示文稿，如将演示文稿打包到文件或CD中、将演示文稿创建为视频文件、广播幻灯片等。

### 18.5.1 将演示文稿打包到文件夹或 CD 中

用户可能遇到这样的情况，用自己的计算机制作好演示文稿后，将其复制到U盘中，然后下午准备到一个客户的计算机中放映这个演示文稿。不幸的是，这个客户的计算机中并没有安装PowerPoint程序。如果经常遇到这样的场面，那么打包演示文稿功能就非常有用。所谓打包就是指将与演示文稿有关的各种文件都整合到同一个文件夹中，只要将这个文件夹复制到其他计算机中，然后启动其中的播放程序，就可以正常播放演示文稿。

如果要对演示文稿进行打包，可以按照下述步骤进行操作：

**1** 打开要打包的演示文稿。

**2** 单击"文件"选项卡，在弹出的菜单中单击"导出"命令，然后选择"将演示文稿打包成CD"命令，再单击"打包成CD"按钮，如图18-12所示。

**3** 出现如图18-13所示的"打包成CD"对话框，在"将CD命名为"文本框中输入打包后演示文稿的名称。

**4** 单击"添加"按钮，可以添加多个演示文稿。

图18-12 选择"打包成CD"按钮

**5** 单击"选项"按钮，出现如图18-14所示的"选项"对话框，可以设置是否包含链接的文件，是否包含嵌入的TrueType字体，还可以设置打开文件的密码等。

图18-13 "打包成CD"对话框　　　　　　　　　　　　图18-14 "选项"对话框

**6** 单击"确定"按钮，保存设置并关闭"选项"对话框，返回到"打包成CD"对话框。

**7** 单击"复制到文件夹"按钮，打开"复制到文件夹"对话框，可以将当前文件复制到指定的位置。

**8** 单击"复制到CD"按钮，弹出如图18-15所示的"Microsoft PowerPoint"对话框，提示程序会将链接的媒体文件复制到你的计算机，直接单击"是"按钮。

**9** 弹出如图18-16所示的"正在将文件复制到CD"对话框并复制文件，复制完成后，用户可以关闭"打包成CD"对话框，完成打包操作。

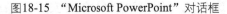

图18-15 "Microsoft PowerPoint"对话框　　　　　　　图18-16 正在复制

**10** 打开光盘文件，可以看到打包的文件夹和文件，如图18-17所示。

图18-17 显示打包的文件

## 18.5.2 将演示文稿创建为视频文件

 实战练习素材：光盘\素材\第18章\原始文件\物联网推荐.pptx
最终结果文件：光盘\素材\第18章\结果文件\物联网推荐.wmv

在PowerPoint 2013中提供了将演示文稿转变成视频文件的功能，可以将当前演示文稿创建为一个全保真的视频，此视频可通过光盘、Web或电子邮件分发。创建的视频中包含所有录制的计时、旁白和激光笔势，还包括幻灯片放映中未隐藏的所有幻灯片，并且保留动画、转换和媒体等。

创建视频所需的时间视演示文稿的长度和复杂度而定。在创建视频时可继续使用PowerPoint应用程序。下面介绍将当前演示文稿创建为视频的操作。

**1** 单击"文件"选项卡，在展开的菜单中单击"导出"命令，在"导出"选项组中单击"创建视频"选项。

**2** 在右侧的"创建视频"选项下，单击"计算机和HD显示"选项，在弹出的下拉列表中选择视频文件的分辨率，如图18-18所示。

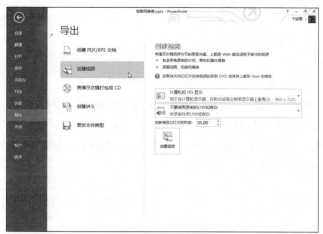

图18-18 选择视频文件的分辨率

**3** 如果要在视频文件中使用计时和旁白，可以单击"不要使用录制的计时和旁白"下拉列表按钮，在弹出的下拉列表中单击"录制计时和旁白"选项。如果已经为演示文稿添加计时和旁白，则选择"使用录制的计时和旁白"选项。

**4** 弹出如图18-19所示的"录制幻灯片演示"对话框，选中"幻灯片和动画计时"复选框和"旁白和激光笔"复选框，单击"开始录制"按钮，它与前面介绍的录制幻灯片演示操作相同。

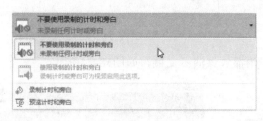
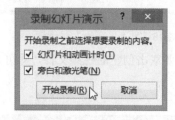

图18-19 "录制幻灯片演示"对话框

**5** 进入幻灯片放映状态，弹出"录制"工具栏，在其中显示当前幻灯片放映的时间，用户可以进行幻灯片的切换，并将演讲者排练演讲的旁白及操作时间、使用激光笔全部记录下来，如图18-20所示。

**6** 当完成幻灯片演示录制后，在"文件"选项卡的"保存并发送"下，单击"创建视频"选项，选中了"使用录制的计时和旁白"选项，然后单击"创建视频"按钮，如图18-21所示。

图18-20 录制幻灯片 图18-21 单击"创建视频"按钮

**7** 弹出如图18-22所示的"另存为"对话框,在"保存位置"下拉列表框中选择视频文件保存的位置,在"文件名"文本框中输入视频文件名,然后单击"保存"按钮。

**8** 此时,在PowerPoint演示文稿的状态栏中,会显示演示文稿创建为视频的进度,如图18-23所示。当完成制作视频进度后,则完成了将演示文稿创建为视频的操作。

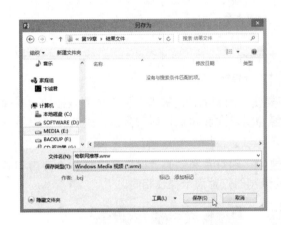

图18-22 "另存为"对话框 图18-23 显示制作视频进度

以后,只要双击创建的视频文件,即可开始播放该演示文稿,如图18-24所示。

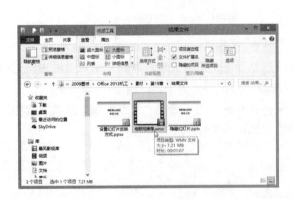

图18-24 播放创建的视频文件

## 18.5.3 联机演示

联机演示用于向可以在Web浏览器中观看的远程查看者广播幻灯片。远程查看者不需要安装程序（如PowerPoint或网上会议软件），并且在播放时，用户可以完全控制幻灯片的进度，观众只需在浏览器中跟随浏览即可。通过使用Office Presentation Service，可以利用PowerPoint放映演示文稿，Office Presentation Service是一项免费的公共服务，它允许其他人在其Web浏览器中观看演示，当然需要Microsoft账户才能启动联机演示文稿。

**1** 单击"文件"选项卡，在展开的菜单中单击"共享"命令，在"共享"选项组中单击"联机演示"选项，然后单击"联机演示"按钮，如图18-25所示。

**2** 弹出如图18-26所示的"联机演示"对话框，单击"连接"按钮。

图18-25 单击"联机演示"按钮

图18-26 "联机演示"对话框

**3** 此时，自动进入正在连接到Office演示文稿服务进度界面，如图18-27所示。

**4** 连接完成后，在"联机演示"对话框中显示远程查看者共享的链接，可以复制链接将其发送给远程查看者，然后单击"启动演示文稿"按钮，如图18-28所示。

图18-27 正在准备联机演示文稿

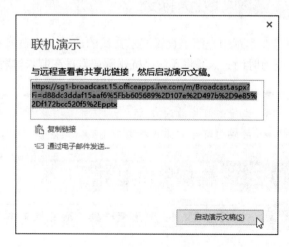

图18-28 链接地址

**5** 此时，进入幻灯片放映视图，可以开始放映当前演示文稿中的幻灯片，如图18-29所示。

**6** 如果远程观看者在IE浏览器中复制了刚才的链接地址，即可开始观看幻灯片，如图18-30所示。

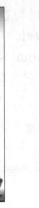

图18-29 放映幻灯片　　　　　　　　　　　　图18-30 远程观看者通过IE浏览器查看幻灯片

**7** 如果要将链接发送给更多的观众，则按下Esc键退出幻灯片放映状态，切换到"联机演示"选项卡，单击"联机演示"组中的"发送邀请"按钮，在弹出的对话框中可以复制链接地址，然后通过QQ等交流工具发送给观众；还可以单击"通过电子邮件发送"，将此链接以电子邮件的方式发送给观众。

**8** 如果要结束演示，只需单击"联机演示"选项卡中的"结束联机演示"按钮。

# 18.6
## 办公实例："杭州游记"的预演

本节将通过一个实例——"杭州游记"的预演，来巩固本章所学的知识，使读者能够真正将知识应用到实际工作中。

## 18.6.1 实例描述

在本章中介绍了设置演示文稿的放映、放映演示文稿的方法和技巧。如今，旅游并用相机记录美景已成为时尚。本节将预演"杭州游记"，在制作过程中主要涉及以下内容：

* 录制幻灯片
* 设置幻灯片放映方式
* 放映幻灯片并添加标注

## 18.6.2 实例操作指南

最终结果文件：光盘\素材\第18章\结果文件\杭州游记.pptx

本实例的具体操作步骤如下：

**1** 启动PowerPoint 2013，打开演示文稿"杭州游记"。切换到功能区中的"幻灯片放映"选项卡，在"设置"组中单击"录制幻灯片演示"按钮，在弹出的菜单中选择"从头开始录制"命令，如图18-31所示。

**2** 弹出如图18-32所示的"录制幻灯片演示"对话框，单击"开始录制"按钮。

图18-31 选择"录制幻灯片演示"命令

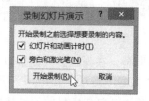

图18-32 "录制幻灯片演示"对话框

**3** 系统切换到全屏放映方式下，开始对着话筒进行声音的输入，录制完一页后单击进入下一页，如图18-33所示。

**4** 录制幻灯片结束后，自动切换到幻灯片浏览视图下，并且在每张幻灯片中添加声音图标，在其下方显示幻灯片的播放时间，如图18-34所示。

图18-33 开始录制幻灯片

图18-34 显示声音图标和幻灯片的播放时间

**5** 切换到功能区中的"幻灯片放映"选项卡，在"设置"组中单击"设置幻灯片放映"按钮，弹出如图18-35所示的"设置放映方式"对话框。在"放映类型"选项组内选中"演讲者放映"单选按钮，单击"确定"按钮。

**6** 切换到功能区中的"幻灯片放映"选项卡，在"开始放映幻灯片"组中单击"从头开始"按钮，即可开始播放幻灯片。

**7** 在播放过程中右击屏幕，在弹出的快捷菜单中选择"指针选项"命令，再选择"笔"命令，如图18-36所示。

图18-35 "设置放映方式"对话框

图18-36 选择"笔"命令

**8** 右击屏幕，在弹出的快捷菜单中选择"指针选项"命令，再选择"墨迹颜色"命令，在"颜色"面板中选择"黄色"选项，如图18-37所示。

**9** 单击并拖动鼠标指针在幻灯片中使用笔，对幻灯片进行标注，如图18-38所示。

图18-37 选择墨迹颜色

图18-38 标注幻灯片

**10** 右击屏幕，在弹出的快捷菜单中选择"指针选项"命令，再选择"箭头选项"命令和"自动"，如图18-39所示。

**11** 单击屏幕继续放映演示文稿，直到演示文稿放映结束，如图18-40所示。

图18-39 选择"箭头"命令

图18-40 继续放映其他幻灯片

### 18.6.3 实例总结

本实例复习了本章所讲的关于设置演示文稿的放映以及控制放映过程的知识和操作方法，主要用到本章所学的以下知识点：

- 录制幻灯片
- 隐藏或显示鼠标指针
- 标注幻灯片

# 18.7
## 提高办公效率的诀窍

## 窍门 1：播放指定的连续幻灯片

在某些特殊的观众场合，可能只需要放映演示文稿中的部分幻灯片。设置放映幻灯片数目的操作步骤如下：

**1** 切换到功能区中的"幻灯片放映"选项卡，单击"设置"组中的"设置幻灯片放映"按钮，打开"设置放映方式"对话框。

**2** 在"放映幻灯片"组内选中"从~到~"单选按钮，设置两个文本框中的数值，如图18-41所示。

**3** 设置完毕后，单击"确定"按钮。

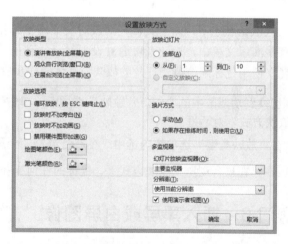

图18-41 设置播放指定的幻灯片

## 窍门 2：播放指定的不连续幻灯片

通过上面的方法可以播放指定的连续幻灯片，当要播放的幻灯片不连续时，可以隐藏不需要播放的幻灯片。这样，在放映时就不会放映隐藏的幻灯片，达到放映指定的不连续幻灯片的目的。具体操作步骤如下：

**1** 切换到普通视图中，在左侧的幻灯片缩图窗格中按住Ctrl键，然后单击选定所有不需要播放的幻灯片。

**2** 单击"幻灯片放映"选项卡，然后单击"设置"组中的"隐藏幻灯片"按钮即可。

## 窍门 3：设置循环放映幻灯片

在无人干预的情况下，如果需要循环放映演示文稿，可以按照下述步骤进行设置：

**1** 切换到功能区中的"幻灯片放映"选项卡，单击"设置"组中的"设置幻灯片放映"按钮，打开"设置放映方式"对话框。

**2** 在"放映选项"选项组内选中"循环放映，按Esc键终止"复选框，单击"确定"按钮。

## 窍门 4：快速取消排练计时

对于创建自动运行的演示文稿来说，幻灯片的计时功能是一个理想的选择。如果不需要幻灯片的排练计时，可以按照下述步骤进行操作：

**1** 切换到"幻灯片放映"选项卡。

**2** 撤选"设置"组中的"使用排练计时"复选框。

这样，放映幻灯片时，将不会再按照所设置的排练计时时间进行放映，但所排练计时设置仍然存在。

## 窍门 5：禁止观众使用鼠标来控制幻灯片的放映

在默认状态下，演示文稿在播放时会显示鼠标指针，并在单击鼠标时自动切换到下一张幻灯片。但在有些演示文稿中，设计者可通过设置演示文稿的放映方式，为幻灯片设置固定的播放时间，目的是禁止观众使用鼠标来控制幻灯片的放映。具体操作步骤如下：

**1** 切换到功能区中的"幻灯片放映"选项卡，单击"设置"组中的"设置幻灯片放映"按钮，打开"设置放映方式"对话框。

**2** 在"放映类型"选项组内选中"在展台浏览（全屏幕）"单选按钮，然后单击"确定"按钮。

在"在展台浏览"放映方式下，鼠标的任何操作不再生效，幻灯片将根据设置的时间完成放映。

## 窍门 6：插入黑屏或白屏图像

在平时演示动画时可能会用到黑屏效果，这样相当于暂时关闭演示功能，但没有必要真正制作一张全黑的图片插入到当前演示页中。

要插入黑屏图像，最简单的办法就是在演示过程中直接按键盘上的B键，即可进入到黑屏状态。如果需要继续放映幻灯片，只要按一下键盘上的任意键，或者单击鼠标左键即可。

如果觉得插入黑屏会将演示气氛变暗，可以按键盘上的W键，这样插入的则是一个纯白图像。

## 窍门 7：单击鼠标不换片

如果在幻灯片中设置了一些可以通过单击触发的动画，但是，在播放时往往因为不小心单击到指定对象以外的空白区而直接跳到下一张幻灯片。如果要禁止这项单击换页的功能，可以按照下述步骤进行操作：

**1** 切换到功能区中的"动画"选项卡，在"切换到此幻灯片"组的"换片方式"中有一个"单击鼠标时"复选框。

**2** 撤选"单击鼠标时"复选框，以后在播放幻灯片时单击到页面空白位置就不会跳到下一张了。

## 窍门 8：快速返回到第一张幻灯片

在放映幻灯片的过程中，如果要快速回转到第一张幻灯片，则可以按键盘上的Home键，即会快速跳转到第一张幻灯片。

**19**

Office 2013是一套优秀的办公自动化软件,它的每个组件都各有所长,例如,Word在处理文字方面有着超强的功能,Excel在处理数值方面有着独特的功能,PowerPoint在处理演示文稿方面技高一筹。如果将Word、Excel和PowerPoint结合在一起工作,则能够相互取长补短,更出色地完成任务。

Office 2013最为亮点的功能集中在"云办公",也是其核心优势所在。本章介绍如何将Office文档保存到网络上,以及利用免费的网络版Office编辑文档。

# 第 19 章
# Office组件的协同共享与云办公

**教学目标** »»»»»»»»»»»»»»»»

通过本章的学习,你能够掌握如下内容:

※ 利用Word与其他组件相互协作
※ 利用Excel与其他组件相互协作
※ 利用PowerPoint与其他组件相互协作
※ 将Office文档保存到云存储空间
※ 在网络版PowerPoint上编辑演示文稿

# 19.1
## Word 与其他组件的协作

在Word文档中除了可以使用图片、图表和艺术字等对象外，还可以使用Excel工作簿和PowerPoint演示文稿等其他组件创建的文档。在Word文档中使用这些文件，能够发挥其他组件的优势，同时使文档的内容更加丰富。

## 19.1.1 在 Word 中使用 Excel 工作表

 实战练习素材：光盘\素材\第19章\原始文件\公司员工登录表.docx；员工登记表.xlsx

下面介绍在Word文档中使用Excel工作表中的数据，具体操作步骤如下。

**1** 启动Word 2013，打开需要使用Excel工作表的Word文档。

**2** 启动Excel 2013，打开含有要复制Excel表格数据的工作簿，然后选中工作表数据，并按Ctrl+C组合键，或者单击"开始"选项卡的"剪贴板"组中的"复制"按钮，如图19-1所示。

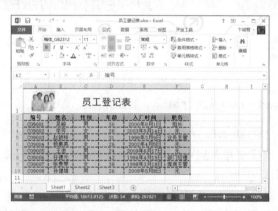

图19-1 选择要复制的工作表数据

**3** 切换到Word中，将插入点放置到要插入工作表数据的位置，然后按Ctrl+V组合键，或者单击"开始"选项卡的"剪贴板"组中的"粘贴"按钮，结果如图19-2所示。

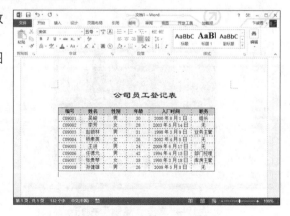

图19-2 将内容粘贴到Word中

办公专家一点通

如果要在Word中插入一个空白工作表，可以在"插入"选项卡中，单击"文本"组中的"对象"按钮，在弹出的"对象"对话框中选择"Microsoft Office Excel工作表"选项，然后单击"确定"按钮，即可在Word文档中创建Excel工作表，如图19-3所示。

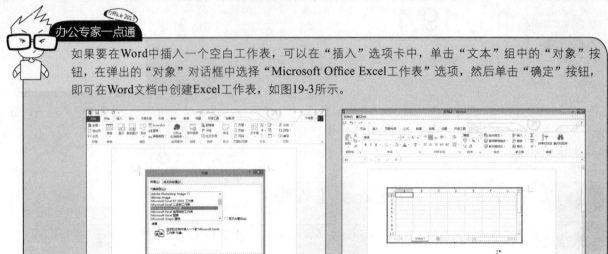

图19-3 在Word中插入空白工作表

## 19.1.2 在 Word 中使用 PowerPoint 演示文稿

 实战练习素材：光盘\素材\第19章\原始文件\大自然的语言.docx；教学课件.pptx

Word文档中的演示文稿能够以对象的形式插入，插入的演示文稿也可以在Word文档中调用PowerPoint对其进行编辑。下面介绍在 Word文档中插入演示文稿的具体操作步骤如下：

**1** 启动PowerPoint 2013，打开包含要插入到Word文档中的演示文稿。

**2** 选择要插入到Word文档中的幻灯片，然后单击"开始"选项卡的"剪贴板"组中的"复制"按钮，如图19-4所示。

**3** 启动Word，在需要数据的地方设置插入点。在"开始"选项卡中，单击"剪贴板"组中的"粘贴"按钮右侧的向下箭头，在下拉列表中选择"选择性粘贴"选项，如图19-5所示。

图19-4 单击"复制"按钮

图19-5 单击"选择性粘贴"选项

**4** 弹出如图19-6所示的"选择性粘贴"对话框，选中"粘贴"单选按钮，在"形式"列表框中选择"Microsoft PowerPoint幻灯片对象"选项。

**5** 单击"确定"按钮，即可在Word文档中嵌入PowerPoint幻灯片，如图19-7所示。

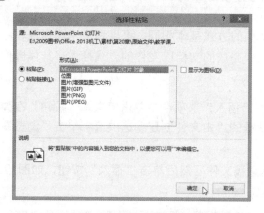

图19-6 "选择性粘贴"对话框

图19-7 嵌入PowerPoint幻灯片

**6** 在文档中右击插入的幻灯片，在快捷菜单中选择"'幻灯片'对象"命令，再选择级联菜单中的"编辑"命令，如图19-8所示。

**7** 在Word文档窗口中打开PowerPoint 2013，此时即可对Word文档中的对象进行编辑处理，如图19-9所示。完成设置后，按Excel键退出演示文稿的编辑状态。

图19-8 选择"编辑"命令

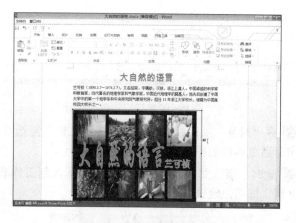

图19-9 编辑演示文稿

# 19.2
## Excel 与其他组件的协作

在Excel工作表中同样可以快速导入其他Office组件创建的内容，这样能够使工作表的内容更加丰富，并提高表格的制作效率。本节将着重介绍在Excel工作表中引用PowerPoint演示文稿和使用外部文本文件数据的操作方法。

## 19.2.1 在 Excel 中引用 PowerPoint 演示文稿

 实战练习素材：光盘\素材\第19章\原始文件\在工作表中使用演示文稿.xlsx；合同流程.pptx

  在Excel工作表中插入Word文档和PowerPoint演示文稿的方式基本相同，可以利用"选择性粘贴"的方式来插入幻灯片，还可以采用"对象"对话框将已制作完成的文档以文件的方式插入。具体操作步骤如下。

**1** 启动Excel 2013，打开需要插入演示文稿的工作表。在"插入"选项卡中单击"文本"按钮，在弹出的菜单中单击"对象"按钮打开"对象"对话框，在对话框的"由文件创建"选项卡中单击"浏览"按钮，如图19-10所示。

**2** 在打开的"浏览"对话框中选择需要插入文档的演示文稿文件，然后单击"插入"按钮，如图19-11所示。

图19-10 单击"浏览"按钮        图19-11 选择需要插入的演示文稿

**3** 在"对象"对话框内选中"链接到文件"复选框和"显示为图标"复选框，然后单击"确定"按钮关闭对话框，如图19-12所示。

**4** 此时，演示文稿以链接文件的形式插入到工作表中，同时显示为图标，如图19-13所示。双击该演示文稿，即可放映该演示文稿。

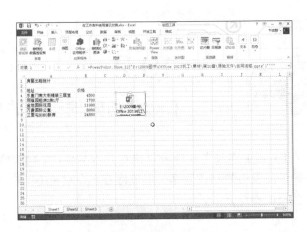

图19-12 设置文档插入方式       图19-13 插入演示文稿

在Office 2013中，使用链接方式插入对象时，对象并没有被真正地放置在目标文档中，插入文档的只是一个指向对象的快捷方式而已。使用这种方式的好处是不会增加文档的大小，当对链接文件进行修改时，在目标文档中将能够及时反映出这种变化，不需要将文档重新插入一次。要注意的是，如果移动了链接文件在磁盘上的位置，那么在目标文档中将会无法再打开链接文件。

## 19.2.2 在 Excel 中导入来自文本文件的数据

 实战练习素材：光盘\素材\第19章\原始文件\在工作表中导入文本文件.xlsx；工资表.docx

在Excel工作表中可以导入文本文件的数据。本节将介绍在Word 2013中将数据表转换为文本的方法以及在Excel 2013中导入文本数据表的操作方法。

**1** 启动Word 2013，在文档中选择整个表格，然后在"布局"选项卡的"数据"组中单击"转换为文本"按钮，如图19-14所示。

**2** 弹出"表格转换成文本"对话框，选中"制表符"单选按钮，然后单击"确定"按钮，如图19-15所示。表格将被转换为文本，如图19-16所示。

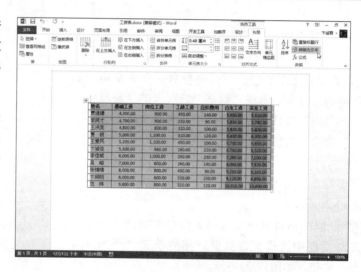

图19-14 单击"转换为文本"按钮

图19-15 "表格转换成文本"对话框

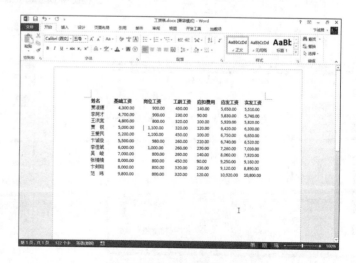

图19-16 表格转换为文本

**3** 单击"文件"选项卡，选择"另存为"命令，单击"计算机"选项，然后单击"浏览"按钮打开"另存为"对话框，选择"保存类型"为"纯文本（*.txt）"，如图19-17所示。

**4** 单击"保存"按钮，弹出"文件转换"对话框，由于已经对表格对象进行了转换，可以单击"确定"按钮，如图19-18所示。

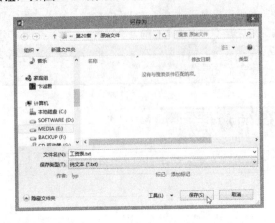

图19-17 设置文档的保存类型

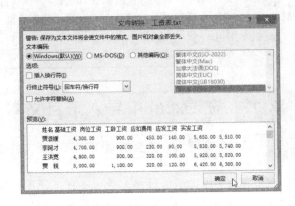

图19-18 "文件转换"对话框

**5** 启动Excel 2013，打开需要导入文本文件数据的工作表。单击"数据"选项卡的"获取外部数据"按钮，在弹出的菜单中单击"自文本"命令，如图19-19所示。

**6** 在打开的"导入文本文件"对话框中选择需要导入的文本文件，单击"导入"按钮，如图19-20所示。

**7** 此时，将打开"文本导入向导"对话框，在对话框中选择文件类型，然后单击"下一步"按钮，如图19-21所示。

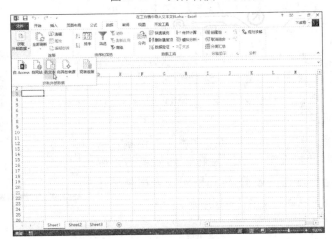

图19-19 单击"自文本"命令

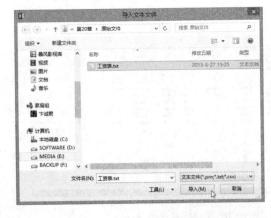

图19-20 选择需要导入的文本文件

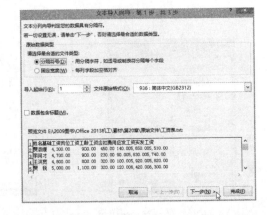

图19-21 "文本导入向导"对话框

**8** 文本导入向导要求选择文本文件使用的分隔符号，这里选中"Tab键"复选框，然后单击"下一步"按钮，如图19-22所示。

**9** 文本向导要求设置列数据格式，选择"常规"单选按钮，单击"完成"按钮完成数据导入的操作，如图19-23所示。

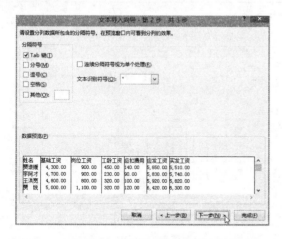

图19-22 选择要使用的分隔符号　　　　　　　　　　图19-23 选择"常规"单选按钮

**10** 此时，Excel 2013给出"导入数据"对话框，要求设置数据在工作表中放置的单元格位置。这里使用插入点光标所在的单元格，完成设置后单击"确定"按钮关闭"导入数据"对话框，如图19-24所示。文本文件的数据将导入到工作表中，如图19-25所示。

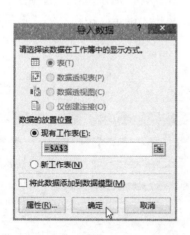

图19-24 "导入数据"对话框

图19-25 文本文件被导入到工作表中

# 19.3
## PowerPoint 与其他组件的协作

　　与Word和Excel一样，在PowerPoint 2013中同样可以使用"插入对象"对话框来插入Word文档、Excel工作表和其他程序创建的内容，实现与其他Office组件的协同工作。同时，使用转换工具可以将

PowerPoint演示文稿转换为Word文档。

## 19.3.1 在 PowerPoint 中使用 Excel 数据

 实战练习素材：光盘\素材\第19章\原始文件\费用开支表.xlsx

使用PowerPoint制作幻灯片时，经常需要使用数据表格，直接使用Excel 2013数据表格能够提高创建演示文稿的效率。下面介绍使用对象粘贴的方法向PowerPoint演示文稿中插入Excel数据的具体操作步骤。

**1** 启动Excel 2013，打开工作表，在工作表中选择数据或图表。在"开始"选项卡的"剪贴板"组中单击"复制"按钮，将选择的数据或图表复制到剪贴板中，如图19-26所示。

**2** 切换到PowerPoint 2013中，在"开始"选项卡的"剪贴板"组中单击"粘贴"按钮右侧的向下箭头，在下拉列表中选择"选择性粘贴"选项，如图19-27所示。在"选择性粘贴"对话框的"作为"列表框中选择"图片（增强型图元文件）"选项，单击"确定"按钮关闭"选择性粘贴"对话框，如图19-28所示。

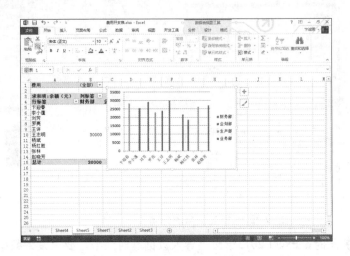

图19-26 复制选择的数据

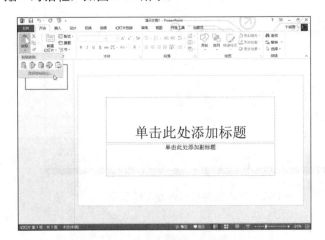

图19-27 选择"选择性粘贴"选项

图19-28 "选择性粘贴"对话框

**3** 此时，Excel中的图表将以图片的形式插入到幻灯片中，拖动对象框上的控点可以调整图表的大小，如图19-29所示。用户还可以像幻灯片的图片那样设置图表的格式，如图19-30所示。

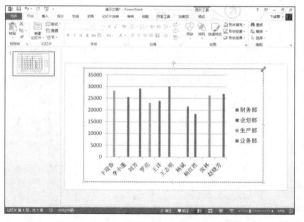

图19-29 调整图表的大小

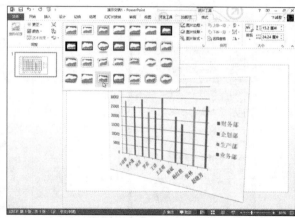

图19-30 设置图表的图片格式

## 19.3.2 将 PowerPoint 演示文稿转换为 Word 文档

 实战练习素材：光盘\素材\第19章\原始文件\成功人士的七种习惯.pptx

演讲者在进行演讲时，往往需要使用Word来创建讲义。PowerPoint提供了将演示文稿转换为Word讲义的功能，用户可以借助于创建完成的演示文稿来制作自己的讲义。具体操作步骤如下：

**1** 启动PowerPoint 2013，并打开演示文稿，然后为一些幻灯片添加备注信息，如图19-31所示。

**2** 单击"文件"选项卡，在弹出的菜单中单击"导出"命令，在中间的"导出"列表中单击"创建讲义"选项，再单击右侧的"创建讲义"按钮，如图19-32所示。

图19-31 为演示文稿添加备注信息

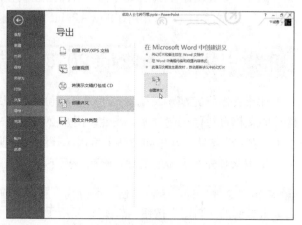

图19-32 单击"创建讲义"按钮

**3** 弹出"发送到Microsoft Word"对话框，在"Microsoft Word使用的版式"栏中选择"备注在幻灯片旁"单选按钮。在"将幻灯片添加到Microsoft Word文档"栏中选择"粘贴"单选按钮，然后单击"确定"按钮，如图19-33所示。

**4** 此时，PowerPoint演示文稿将按照设置的版式布局被转换为Word文档，在文档中幻灯片的右侧可以添加该幻灯片的注释文字，如图19-34所示。

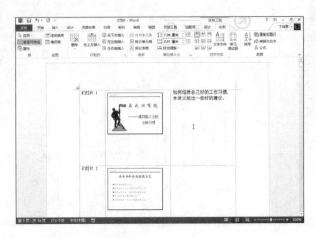

图19-33 "发送到Microsoft Word"对话框　　　　　图19-34 PowerPoint演示文稿转换为Word文档

# 19.4
## 将 Office 文件保存到云网络

　　近来云计算（Cloud Computing）概念逐渐流行起来，它正在成为一个通俗和大众化的词语。在办公领域，云计算引申出云办公的概念。也就是将数据全部存储到网络服务端，我们在任何地方都可以打开并编辑。Microsoft推出的Office 2013提供了多项特色，开启了云办公的新时代。事实上，Office 2013最为亮点的功能集中在"云办公"，也是其核心优势所在。

　　例如，要在网络上放映或者编辑前面已经制作的演示文稿，先将文件上传到网络空间。本节将介绍两种上传文件的方法，先介绍在PowerPoint 2013直接上传文件，再说明从网页上传文件的方法。

## 19.4.1　从 PowerPoint 2013 上传文件到网络空间

　　如果在编辑完演示文稿后，想保存一份到云网络空间，那么在PowerPoint上传是最方便的方法，这样你的文档可与你一起漫游。当然，用户必须先以Microsoft账户登录，只需单击"文件"选项卡，然后单击"账户"按钮，在中间窗格中可以选择注销当前的账户、切换其他的账户等。

　　接下来打开要上传的文件，然后按照下述步骤进行操作：

**1** 单击"文件"选项卡，单击"另存为"按钮，在中间窗格选择当前账户的SkyDrive或SharePoint，然后单击右侧的"浏览"按钮，如图19-35所示。

**2** 弹出"另存为"对话框，再为演示文稿命名并保存文件，上传的工作就完成了，如图19-36所示。

 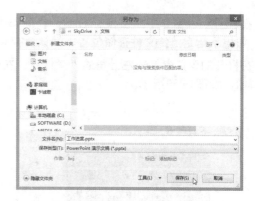

图19-35 单击"浏览"按钮          图19-36 "另存为"对话框

**办公专家一点通**

**了解SkyDrive**

SkyDrive是由微软推出的云存储服务，用户只需通过使用Microsoft账户登录SkyDrive即可开通此项云存储服务。SkyDrive不仅支持Windows及Windows Phone移动平台，而且也支持Mac、iPhone、iPad、Android等设备平台并且提供了相应的客户端应用程序。用户在SkyDrive中可以上传自己的图片、文档、视频等到SkyDrive中进行存储，并且可以在任何时间任何地点通过受信任的设备（例如台式电脑、笔记本电脑、手机等）来访问SkyDrive中存储的数据。

SkyDrive存储空间的大小也是用户所关心的问题，微软提供了多样的空间大小设置。如果是在2012年4月22日之前注册微软Microsft账户的用户，将免费获得25GB存储空间，而在22日之后注册的新用户，将只能获得7GB免费存储空间。

## 19.4.2 在 Windows 8 中将文件上传到云网络空间

如果用户使用Windows 8操作系统，则集成了Metro版SkyDrive应用程序，并且仅支持上传单个不大于100MB的文件。在Metro版SkyDrive应用程序只能对文件和文件夹进行上传和删除、移动、重命名操作，其他操作必须使用Windows 8桌面版SkyDrive应用程序或者使用浏览器访问SkyDrive.com来操作。

**1** 在Windows 8的"开始屏幕"中单击SkyDrive磁贴，打开Metro版SkyDrive客户端窗口，除了默认的有公开、图片、文档三个文件夹之外，还有用户新建的各个文件夹，如图19-37所示。

图19-37 Metro版SkyDrive客户端窗口

**2** 在SkyDrive窗口中单击鼠标右键，在底部弹出的AppBar工具栏上单击"上载"按钮，如图19-38所示。如果不指定上传文件存储位置，默认会存储在SkyDrive根目录。

**3** 在打开的窗口中单击左上角的"文件"，在弹出的列表中可以指定添加计算机内任意的文件夹到待选窗口中，如图19-39所示。

图19-38 上载文件

图19-39 选择要上载的文件

**4** 找到要添加的文件或文件夹，单击将其选中（可以一次选择多个文件或文件夹），然后单击"添加到SkyDrive"按钮，等待上传完毕。

办公专家一点通

如果要删除SkyDrive中的文件或文件夹，可以在SkyDrive窗口中用鼠标右键单击要删除的文件夹或文件，然后在底部弹出的AppBar工具栏中单击"管理"按钮，在弹出的菜单中选择"删除"命令。

## 19.4.3 在 Windows 8 中使用桌面版 SkyDrive 应用程序

桌面版SkyDrive应用程序功能比Metro版SkyDrive客户端更加强大，支持文件或文件夹的复制、粘贴、删除等操作。安装桌面版SkyDrive应用程序之后，程序会在系统托盘添加云朵形状的状态图标，单击图标会提示SkyDrive程序的更新情况，如图19-40所示。双击图标会打开SkyDrive文件夹。另外，在"文件资源管理器"左侧导航窗格中单击SkyDrive图标，也同样可以打开SkyDrive文件夹，如图19-41所示。

图19-40 桌面版SkyDrive任务栏提示框

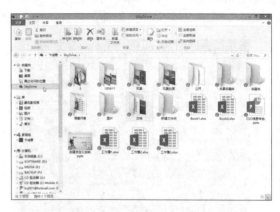

图19-41 桌面版SkyDrive文件夹

此时，用户可以像对待硬盘中的文件一样进行各种操作，上传文件只要复制到相应的文件夹即可。

当对SkyDrive文件夹中的文件或文件夹进行过上传、移动、复制、删除或重命名等操作之后，SkyDrive会自动同步这些变动。如果同步完成，在文件或文件夹的图标左下角会显示绿色小对号。

## 19.4.4 使用网页版 SkyDrive 上传文件

如果用户使用的是其他的Windows操作系统，可以登录https://skydrive.live.com网站输入账户和密码，即可进入网页版SkyDrive，如图19-42所示。网页中SkyDrive的选项都在顶部的菜单栏中，单击其中的 ∨ 按钮，可以查看更多的选项。

图19-42 网页版SkyDrive

使用Internet Explorer 10/9等其他浏览器的用户，可以从计算机直接拖曳文件到SkyDrive文件列表中，程序会自动上载。在文件上载的过程中，用户可以继续浏览网页或使用SkyDrive，而无须等待任务上载完成。

# 19.5
## 使用网络版 PowerPoint 编辑演示文稿

接下来，试试刚才保存的演示文稿是不是能在网络上打开，使用网络版PowerPoint进行编辑。如果是第一次使用此功能，建议先在自己的电脑上测试一次，到了演示现场才能更从容地操作和编辑。

## 19.5.1 在网络版 PowerPoint 中打开文件

在网页版SkyDrive中集成了全新Office Web App功能，可以直接创建.docx、.pptx、.xlsx等Office文档

及OneNote记事本，而且允许信任用户（可以是用户本人或者拥有编辑链接的人）在线编辑。Office Web App相比于其他同类产品最大优势在于：多人同时编辑，可以用本机的Office组件编辑，在线编辑实时保存文件。目前微软已经更新Office Web App中的组件为最新的Office 2013。

下面说明如何将文件打开在网络版PowerPoint中。

**1** 打开浏览器，登录https://skydrive.live.com网站输入账户和密码完成登录。登录之后，单击左侧的"管理存储"，再单击"Office文件格式"，可以选择Office文档默认格式，然后单击"保存"按钮，如图19-43所示。

**2** 单击网页左上角的  SkyDrive 图标返回到SkyDrive窗口，切换到保存文件的文件夹。要修改已经存储在SkyDrive中的Office文档，只需用鼠标右键单击选中文档，在弹出的菜单中选择"在PowerPoint Web App中打开"命令，如图19-44所示。此时，就可以在浏览器中打开演示文稿，如图19-45所示。

图19-43 选择Office Web App默认格式

图19-44 选择打开Office文档的方式

图19-45 在浏览器中打开演示文稿

办公专家一点通

如果从弹出的快捷菜单中选择"在PowerPoint中打开"命令，将调用本机的微软Office组件打开文档进行编辑。

**3** 单击"编辑演示文稿"按钮右侧的向下箭头，在弹出的下拉列表中选择"在PowerPoint Web App中编辑"选项，即可在网页中编辑演示文稿，如图19-46所示。

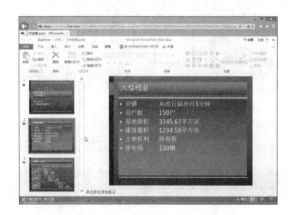

图19-46 在网页中编辑演示文稿

**4** 编辑完演示文稿后，只要关闭文件或退出网页，所有的更改都会自动保存起来。

## 19.5.2 回溯演示文稿的保存版本

每次在网络版PowerPoint编辑文件后，就会自动保存成一个版本，假设你为A客户做演示前，将网络上的演示文稿内容删除了几张不需要的幻灯片，演示后想要恢复刚才的删除操作，可以利用"版本历史记录"功能恢复成原来完整的演示文稿。

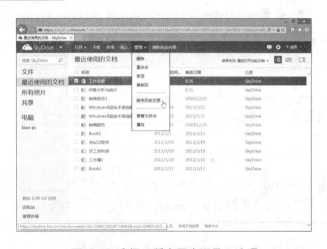

**1** 在网页SkyDrive中单击左侧的"最近使用的文档"，然后在右侧选中刚编辑的演示文稿的复选框。单击"管理"按钮，在弹出的下拉列表中选择"版本历史记录"选项，如图19-47所示。

图19-47 选择"版本历史记录"选项

**2** 此时，网页左侧列出曾经编辑过此文档旧版本信息，可以参考日期来决定还原的版本。如果要还原，则单击"还原"链接，如图19-48所示。

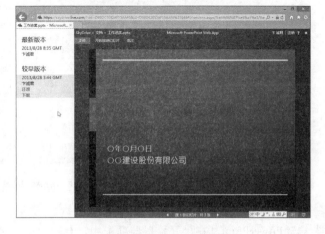

图19-48 恢复原来的版本

# 19.6

## 办公实例：导入"世为培训体系介绍"创建演示文稿

本节将通过一个实例——利用一个Word文档的大纲导入到PowerPoint中来创建幻灯片，从而巩固本章所学的知识，使读者能够真正将知识应用到实际的工作中。

## 19.6.1 实例描述

许多用户喜欢在Word中创建要演示内容的大纲，然后想把大纲导入到PowerPoint中来创建幻灯片。下面以导入Word文档"世为培训体系介绍"创建演示文稿为例，介绍Word和PowerPoint的综合应用技巧。在制作过程中主要涉及以下内容：

- 在 Word 中利用大纲视图整理大纲级别
- 在 PowerPoint 中插入 Word 文档的大纲

## 19.6.2 实例操作指南

实战练习素材：光盘\素材\第19章\原始文件\世为培训体系介绍.docx
最终结果文件：光盘\素材\第19章\结果文件\世为培训体系介绍.pptx

本实例的具体操作步骤如下：

**1** 在Word中打开原始文件，然后单击"视图"选项卡中的"大纲视图"按钮，切换到大纲视图中。利用大纲级别调整要放在不同幻灯片中的大纲级别，比如，1级为每张幻灯片的标题，2级或更低级为幻灯片的正文，如图19-49所示。

图19-49 在Word中调整大纲的级别

**2** 设置完毕后，将其保存并退出。

**3** 启动PowerPoint，在"开始"选项卡中，单击"幻灯片"组中的"新建幻灯片"按钮的向下箭头，在弹出的下拉列表中选择"幻灯片（从大纲）"选项，打开"插入大纲"对话框，创建刚才创建的Word文档，然后单击"插入"按钮，如图19-50所示。

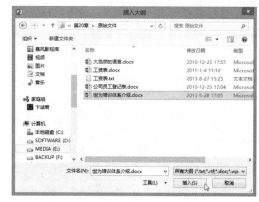

图19-50 "插入大纲"对话框

**4** 此时，即可在PowerPoint中导入Word大纲，如图19-51所示。

**5** 利用PowerPoint提供的工具，对演示文稿进行完善，结果如图19-52所示。

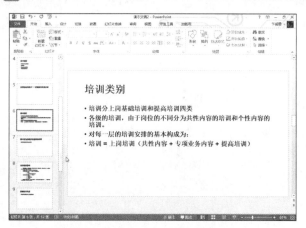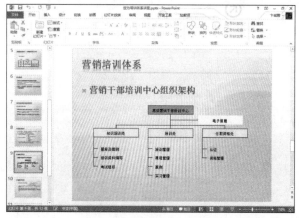

图19-51 导入Word大纲                    图19-52 完善后的演示文稿

**6** 单击"文件"选项卡，选择"保存"命令，将创建的演示文稿保存起来。

## 19.6.3 实例总结

本实例复习了本章讲述的关于在Word文档中利用大纲视图创建演示文稿的大纲以及快速导入到PowerPoint中，主要用到以下知识点：

- 利用 Word 创建演示文稿的大纲
- 从 PowerPoint 中导入 Word 大纲